建筑工程施工与监督管理研究

JIANZHU GONGCHENG SHIGONG YU JIANDU GUANLI YANJIU

杜春环 杨 琳 贾 斌 著

东北林业大学出版社
Northeast Forestry University Press

·哈尔滨·

版权所有　侵权必究

举报电话:0451—82113295

图书在版编目(CIP)数据

建筑工程施工与监督管理研究 / 杜春环,杨琳,贾斌著.—哈尔滨:
东北林业大学出版社,2023.7

ISBN 978-7-5674-3249-9

Ⅰ.①建…　Ⅱ.①杜…②杨…③贾…　Ⅲ.①建筑工程－
工程施工②建筑工程－工程质量监督　Ⅳ.①TU74②TU712.3

中国国家版本馆 CIP 数据核字(2023)第 127744 号

责任编辑:吴剑慈

封面设计:豫燕川

出版发行:东北林业大学出版社

　　　　　(哈尔滨市香坊区哈平六道街 6 号　邮编:150040)

印　　装:北京银祥印刷有限公司

开　　本:787 mm×1092 mm　1/16

印　　张:14

字　　数:323 千字

版　　次:2024 年 1 月第 1 版

印　　次:2024 年 1 月第 1 次印刷

书　　号:ISBN 978-7-5674-3249-9

定　　价:48.00 元

如发现印装质量问题,请与出版社联系调换。(电话:0451—82113296　82191620)

前 言

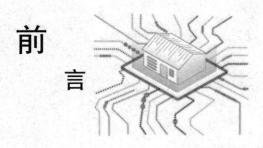

　　建筑施工技术涉及面广，综合性、实践性强，其发展又日新月异。随着高等教育改革的不断深入，如何培养适应建筑市场需求的具备工程素质和岗位技能的应用型人才是摆在土木工程教育者面前的首要问题。建筑施工技术课程在教学内容、教学手段、教学方法和教材建设等各方面都面临更新，为适应地方高校培养应用型高级技术人才的需要，作者着眼于撰写一本具有实用性、创新性、先进性的著作。本书以新颁布的施工验收规范的分部分项工程划分为主线，重点突出主要分部分项工程的施工工艺流程和施工验收标准两大内容，其中施工工艺流程包括施工准备、工序流程及操作要点、常见质量通病预防等主要内容；施工验收方法包括材料取样方法和施工验收规范的相关内容。本书着重培养学生综合运用建筑施工技术理论知识分析、解决工程实践问题的能力。

　　本书属于建筑工程施工与监督管理方向的著作，在了解建筑工程施工准备与设计的基础上，以建筑工程为对象，介绍建筑工程施工。主要内容包括建筑工程流水施工、预应力混凝土工程施工、结构安装工程施工、防水工程施工等，并对建筑工程质量的监督管理以及建筑工程项目风险管理与收尾管理的监督工作进行了全面的分析与探讨。为了反映行业的最新进展，本书对建筑工程与工程质量监督机构进一步加强业务建设，提高监管效能，完善工作程序，强化涉及结构安全和使用功能等方面的质量监督，促进国家强制性标准的执行。各地可结合实际，立足于现行监督模式要求，本着完善、创新的原则，在实际工作中参照运用。

　　本书在撰写的过程中以"简明扼要、综合性强、实践性强、重点突出、结构合理"为宗旨，广泛吸收新工艺、新方法、新规范、新标准，着重突出职业性、实用性、创新性，具有结构新颖、内容全面、通俗易懂等特点。

　　在撰写本书的过程中，作者查阅和借鉴了大量的相关资料，在此向相关作者表示诚挚的感谢。同时本书的出版也得到了相关专家和同行的支持与帮助，在此一并致谢。由于作者水平有限，加之时间仓促，书中难免出现纰漏，敬请广大读者批评指正。

作 者

2023 年 6 月

目 录

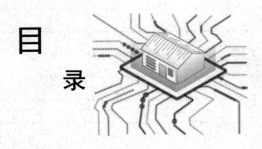

第一章　建筑工程施工准备与设计

第一节　建筑施工准备工作

一、施工准备工作的基础认知

（一）施工准备工作的意义

施工准备工作是为了保证工程顺利开工和施工活动正常进行而必须事先做好的各项准备工作。它是施工程序中的重要环节，不仅体现在开工之前，而且贯穿于整个施工过程。为了保证工程项目能够顺利施工，必须做好施工准备工作。做好施工准备工作具有以下意义。

1.确保施工程序

现代建筑工程施工大多是十分复杂的生产活动，其技术规律和社会主义市场经济规律要求工程施工必须严格按照建筑施工程序进行。只有认真做好施工准备工作，才能取得良好的建设效果。

2.降低施工风险

做好施工准备工作是取得施工主动权、降低施工风险的有力保障。就工程项目施工的特点而言，其生产受外界干扰及自然因素的影响较大，因而施工中可能遇到的风险就多。只有根据周密的分析和多年积累的施工经验，采取有效的防范控制措施，充分做好施工准备工作，加强应变能力，才能有效地降低风险损失。

3.创造施工条件

工程项目施工不仅涉及广泛的社会关系，而且还要处理各种复杂的技术问题，协调各种配合关系，因而只有统筹安排和周密准备，才能使工程顺利开工，也才能提供各种条件，确保施工工程顺利进行。

4.提高企业综合效益

做好施工准备工作，是降低企业工程成本、提高企业综合效益的重要保证。认真做好工程项目施工准备工作，能充分调动各方面的积极因素，合理组织资源，加快施工进度，提高工程质量，降低工程成本，增加企业经济效益，赢得企业社会信誉，实现企业管理现代化，从而提高企业的经济效益和社会效益。

5.推行技术经济责任制

施工准备工作是建筑施工企业生产经营管理的重要组成部分。现代企业管理的重点是生产经营，而生产经营的核心是决策。因此，施工准备工作作为生产经营管理的重要组成部分,主要对拟建工程目标、资源供应、施工方案及其空间布置、时间排列等方面进行选择和施工决策,有利于施工企业搞好目标管理,推行技术经济责任制。

实践证明,施工准备工作的好与坏,会直接影响建筑产品生产的全过程。凡是重视并做好施工准备工作,积极为工程项目创造有利施工条件的,就能顺利开工,取得施工的主动权。同时,还可以避免工作的无序性和资源的浪费,有利于保证工程质量和施工安全,提高效益;反之,如果违背施工程序,忽视施工准备工作,使工程仓促开工,必然在工程施工中受到各种矛盾掣肘,处处被动,以致造成重大的经济损失。

（二）施工准备工作的分类

1.按工程所处施工阶段分类

按工程所处施工阶段分类,施工准备工作可分为开工前的施工准备和开工后的施工准备。

（1）开工前的施工准备

开工前的施工准备是指在拟建工程正式开工前所进行的一切准备工作,目的是为工程正式开工创造必要的施工条件,具有全局性和总体性。若没有这个阶段,则工程不能顺利开工,更不能连续施工。

（2）开工后的施工准备

开工后的施工准备是指开工之后,为某一单位工程、某个施工阶段或某个分部（分项）工程所做的准备工作,具有局部性和经常性。一般来说,冬、雨季施工准备都属于这种施工准备。

2.按准备工作范围分类

按准备工作范围分类,施工准备工作可分为全场性施工准备、单位工程施工条件准备和分部（分项）工程作业条件准备。

（1）全场性施工准备

全场性施工准备是指以整个建设项目或建筑群为对象所进行的统一部署的施工准备工作。它不仅要为全场性的施工活动创造有利条件,而且要兼顾单位工程施工条件的准备。

（2）单位工程施工条件准备

单位工程施工条件准备是指以一个建筑物或构筑物为施工对象而进行的施工条件准备,不仅要为该单位工程做好开工前的一切准备,而且要为分部（分项）工程的作业条件做好准备工作。

在单位工程的施工准备工作完成,具备开工条件后,项目经理部即可申请开工,递交开工报告,报审批后方可开工。实行建设监理的工程,企业还应将开工报告送监理工程师审批,由监理工程师签发开工通知书,在限定时间内开工,不得拖延。

单位工程施工应具备以下开工条件:

①施工图纸已经会审并有记录;

②施工组织设计已经审核批准并已进行交底;

③施工图预算和施工预算已经编制并审定；

④施工合同已签订，施工证件已经审批齐全；

⑤现场障碍物已清除；

⑥场地已平整，施工道路、水源、电源已接通，排水沟渠畅通，能够满足施工的需要；

⑦材料、构件、半成品和生产设备等已经落实并陆续进场，保证连续施工的需要；

⑧各种临时设施已经搭设，能够满足施工和生活的需要；

⑨施工机械、设备的安排已落实，先期使用的已运入现场，已试运转并能正常使用；

⑩劳动力已经安排落实，可以按时进场。现场安全守则、安全宣传牌已建立，安全、防火的必要设施已具备。

（3）分部（分项）工程作业条件准备

分部（分项）工程作业条件准备是指以一个分部（分项）工程为施工对象而进行的作业条件准备。由于某些施工难度大、技术复杂的分部（分项）工程，需要单独编制施工作业设计，因而应对其所采用的施工工艺、材料、机具、设备及安全防护设施等分别进行准备。

（三）施工准备工作的要求

1. 施工准备应该有组织、有计划、有步骤地进行

①建立施工准备工作的组织机构，明确相应的管理人员；

②编制施工准备工作计划表，保证施工准备工作按计划落实；

③将施工准备工作按工程的具体情况划分为开工前、地基基础工程、主体工程、屋面与装饰装修工程等时间区段，分期分阶段、有步骤地进行，为顺利进行下一阶段的施工创造条件。

2. 建立严格的施工准备工作责任制及相应的检查制度

由于施工准备工作项目多、范围广、时间跨度长，因此必须建立严格的责任制，按计划将责任落实到相关部门及个人，明确各级技术负责人在施工准备中应负的责任，使各级技术负责人认真做好施工准备工作。在施工准备工作实施过程中，应定期进行检查，可按周、半月、整月进行检查，主要检查施工准备工作计划的执行情况。

3. 坚持按基本建设程序办事，严格执行开工报告制度

工程项目开工前，若施工准备工作情况达到开工条件要求，应向监理工程师报送工程开工报审表及开工报告等有关资料，由总监理工程师签发，在报建设单位批准后，于规定的时间内开工。

4. 施工准备工作必须贯穿于施工全过程

施工准备工作不仅要在开工前集中进行，而且在工程开工后，也要及时全面做好各施工阶段的准备工作，并贯穿于整个施工过程。

5. 施工准备工作要取得各协作单位的支持与配合

由于施工准备工作涉及面广，因此，除施工单位自身要努力做好准备工作外，还要取得建设单位、监理单位、设计单位、供应单位、银行、行政主管部门、交通运输等的协作及相关单

位的大力支持,以缩短施工准备工作时间,争取早日开工。要做到步调一致,分工负责,共同做好施工准备工作。

(四)施工准备工作的内容

施工准备工作的内容,视该工程本身及其具备的条件而异,有的比较简单,有的却十分复杂。例如,只有一个单项工程的施工项目和包含多个单项工程的群体项目、一般小型项目和规模庞大的大中型项目、新建项目和改扩建项目、在未开发地区兴建的项目和在已开发地区兴建的项目等,都因工程的特殊需要和特殊条件而对施工准备工作提出不同的具体要求。

施工准备工作要贯穿整个施工过程的始终,根据施工顺序的先后,有计划、有步骤、分阶段进行。按施工准备工作的性质,施工准备工作大致归纳为七个方面:建设项目的调查研究、建筑项目资料收集、劳动组织的准备、施工技术资料的准备、施工物资的准备、施工现场的准备和季节性施工的准备。

(五)施工准备工作的重要性

工程项目建设总的程序是按照计划、设计和施工三大阶段进行的,其中施工阶段又分为施工准备、土建施工、设备安装、竣工验收等过程。

施工准备工作的基本任务是为拟建工程提供必要的技术和物质条件,统筹安排施工力量和合理布置施工现场。施工准备工作是施工企业搞好目标管理、推行技术经济承包的重要前提;同时,施工准备工作还是土建施工和设备安装顺利进行的根本保证。因此,认真做好施工准备工作,对于发挥企业优势、合理供应资源、加快施工速度、提高工程质量、降低工程成本、增加企业经济效益等具有重要的意义。

二、原始资料的调查与收集

(一)建设场址勘察

建设场址勘察主要是了解建设地点的地形、地貌、地质、水文、气象以及场址周围环境和障碍物等情况。勘察结果一般可作为确定施工方法和技术措施的依据。

1.地形、地貌勘察

地形、地貌勘察要求提供工程的建设规划图、区域地形图(1/25 000～1/10 000)、工程位置地形图(1/2 000～1/1 000),该地区城市规划图、水准点及控制桩的位置、现场地形和地貌特征、勘察高程及高差等。对地形简单的施工现场,一般采用目测和步测;对地形复杂的场地,可用测量仪器进行观测,也可向规划部门、建设单位、勘察单位等调查了解。这些资料可作为选择施工用地、布置施工总平面图、场地平整及土方量计算、了解障碍物及其数量的依据。

2.工程地质勘查

工程地质勘查的目的是查明建设地区的工程地质条件和特征,包括地层构造、土层的类别及厚度、承载力及地震级别等。应提供的资料包括:钻孔布置图;工程地质剖面图;土层类别、厚度;土壤物理力学指标,包括天然含水量、孔隙比、塑性指数、渗透系数、压缩试验及地基土强度等;地层的稳定性、断层滑块、流沙;最大冻结深度;地基土破坏情况等。工程地质勘查资料可为选择土方工程施工方法、地基土的处理方法以及基础施工方法提供依据。

3.水文地质勘查

水文地质勘查所提供的资料主要包括以下两个方面:

（1）地下水文资料

地下水文资料包括地下水最高、最低水位及时间,水的流速、流向、流量;地下水的水质分析及化学成分分析;地下水对基础有无冲刷、侵蚀影响等。所提供资料有助于选择基础施工方案、选择降水方法以及拟定防止侵蚀性介质的措施。

（2）地面水文资料

地面水文资料包括邻近江河湖泊距工地的距离;洪水、平水、枯水期的水位、流量及航道深度;水质分析;最大、最小冻结深度及结冻时间等。调查的目的是为确定临时给水方案、施工运输方式提供依据。

4.气象资料调查

气象资料一般可向当地气象部门进行调查,调查资料作为确定冬、雨季施工措施的依据。主要气象资料具体如下。

第一,降雨、降水资料,包括全年降雨量、降雪量;日最大降雨量;雨期起止日期;年雷暴天数等。

第二,气温资料,包括年平均、最高、最低气温;最冷、最热月及逐月的平均温度。

第三,风向资料,包括主导风向、风速、风的频率;大于或等于 8 级风全年天数,并应将风向资料绘成风玫瑰图。

5.周围环境及障碍物调查

周围环境及障碍物调查包括施工区域现有建筑物、构筑物、沟渠、水井、树木、土堆、电力架空线路、地下沟道、人防工程、上下水管道、埋地电缆、煤气及天然气管道、地下杂填积坑、枯井等。

（二）技术资料调查

技术资料调查的目的是查明建设地区地方工业、资源、交通运输、动力资源、生活福利设施等经济因素,获取建设地区技术条件资料,以便在施工组织中尽可能利用地方资源为工程建设服务,同时也可作为选择施工方法和确定费用的依据。

1.建设地区的能源调查

能源一般指水源、电源、气源等。能源资料可向当地城建、电力、燃气供应部门及建设单位等进行调查,主要用于选择施工用临时供水、供电和供气的方式,提供经济分析比较的依据。

建设地区的能源调查内容主要有:施工现场用水与当地水源连接的可能性、供水距离、接管距离、地点、水压、水质及水费等资料;利用当地排水设施排水的可能性、排水距离、去向等;可供施工使用的电源位置、引入工地的路径和条件,可以满足的容量、电压及电费;建设单位、施工单位自有的发变电设备、供电能力;冬季施工时附近蒸汽的供应量、接管条件和价格;建设单位自有的供热能力;当地或建设单位提供煤气、压缩空气、氧气的能力及其到工地的距离等。

2.建设地区的交通调查

交通运输方式一般有铁路、公路、水路、航空等。交通资料可向当地铁路、交通运输和民航等管理局的业务部门进行调查。收集交通运输资料是调查主要材料及构件运输通道的情况,包括道路、街巷、途经的桥涵宽度、高度,允许载重量和转弯半径限制等资料。

当有超长、超高、超宽或超重的大型构件、大型起重机械和生产工艺设备需整体运输时,还要调查沿途架空电线、天桥的高度,并与有关部门商议避免大件运输对正常交通产生干扰的路线、时间及解决措施。所收集的资料主要用作组织施工运输业务、选择运输方式、提供经济分析比较的依据。

3.主要材料及地方资源调查

主要材料及地方资源调查的内容包括三大材料(钢材、木材和水泥)的供应能力、质量、价格、运费情况;地方资源如石灰石、石膏石、碎石、卵石、河砂、矿渣、粉煤灰等能否满足建筑施工的要求;开采、运输和利用的可能性及经济合理性。这些资料可向当地计划、经济等部门进行调查,是确定材料的供应计划、加工方式、储存和堆放场地及建造临时设施的依据。

4.建筑基地情况调查

建筑基地情况调查主要调查建设地区附近有无建筑机械化基地、机械租赁站及修配站;有无金属结构及配件加工;有无商品混凝土搅拌站和预制构件等。这些资料可用来确定构配件、半成品及成品等货源的加工供应方式、运输计划和规划临时设施。

5.社会劳动力和生活设施情况调查

社会劳动力和生活设施情况调查内容包括当地能提供的劳动力人数、技术水平、来源和生活安排;建设地区已有的可供施工期间使用的房屋情况;当地主副食、日用品供应、文化教育、消防治安、医疗单位的基本情况以及能为施工提供的支援能力。这些资料是制订劳动力安排计划、建立职工生活基地、确定临时设施的依据。

6.参与施工的各单位能力调查

参与施工的各单位能力调查内容包括施工企业的资质等级、技术装备、管理水平、施工经验、社会信誉等有关情况。这些可作为了解总包、分包单位的技术及管理水平与选择分包单位的依据。

在编制施工组织设计时,为弥补原始资料的不足,有时还可借助一些相关的参考资料作为编制依据,如冬雨季参考资料、机械台班产量参考指标、施工工期参考指标等。这些参考资料可利用现有的施工定额、施工手册、施工组织设计实例或通过平时的施工实践活动来获得。

三、技术资料准备

（一）熟悉与审查图纸

熟悉与审查图纸可以保证按设计图纸的要求进行施工；使从事施工与管理的工程技术人员充分了解、掌握设计图纸的设计意图、构造特点和技术要求；通过审查发现图纸中存在的问题和错误，为拟建工程的施工提供一份准确、齐全的设计图纸。

1. 熟悉图纸

第一，熟悉图纸工作的组织。施工单位项目经理部收到拟建工程的设计图纸和有关技术文件后，应尽快组织有关的工程技术人员熟悉和自审图纸，写出自审图纸的记录。自审图纸的记录应包括对设计图纸的疑问和对设计图纸的有关建议，以便于图纸会审时提出问题并解决。

第二，熟悉图纸的要求。具体要求如下：

①基础部分，核对建筑、结构、设备施工图中关于留口、留洞的位置及标高，地下室排水方向，变形缝及人防出口做法，防水体系的包圈与收头要求，特殊基础形式做法等；

②主体部分，弄清建筑物、墙、柱与轴线的关系，主体结构各层所用的砂浆、混凝土强度等级，梁、柱的配筋及节点做法，悬挑结构的锚固要求，楼梯间的构造，卫生间的构造，对标准图有无特别说明和规定等；

③屋面及装修部分，熟悉屋面防水节点做法，施工时应为装修施工提供的预埋件和预留洞，内外墙和地面等材料及做法，防火、保温、隔热、防尘、高级装修等的类型和技术要求；

④设备安装工程部分，弄清设备安装工程各管线型号、规格及布置走向，各安装专业管线之间是否存在交叉和矛盾，建筑设备的型号、规格、尺寸是否正确，设备的位置及预埋件做法与土建是否存在矛盾。

第三，审查拟建工程的地点、建筑总平面图与国家、城市或地区规划是否一致，以及建筑物或构筑物的设计功能和使用要求是否符合环境卫生、防火及美化城市等方面的要求。

第四，审查设计图纸与说明书在内容上是否一致，以及设计图纸与其各组成部分之间有无矛盾和错误。

第五，审查设计图纸是否完整、齐全，以及是否符合国家有关工程建设设计、施工方面的方针和政策。

第六，审查建筑总平面图与其他结构图在几何尺寸、坐标、标高、说明等方面是否一致，技术要求是否正确。

第七，审查地基处理和基础设计与拟建工程地点的工程水文、地质等条件是否一致，审查建筑物或构筑物与地下建筑物或构筑物、管线之间的关系。

第八，审查工业项目的生产工艺流程和技术要求，掌握配套投产的先后顺序和相互关系，以及审查设备安装图纸与其相配套的土建施工图纸上的坐标、标高是否一致；审查土建施工质量是否满足设备安装的要求。

第九,明确拟建工程的结构形式和特点,复核主要承重结构的强度、刚度和稳定性是否满足设计要求,审查设计图纸中复杂、施工难度大和技术要求高的分部(分项)工程或新结构、新材料、新工艺。

第十,明确主要材料、设备的数量、规格、来源和供货日期,以及建设期限、分期分批投产或交付使用的顺序和时间。

第十一,明确建设、设计和施工等单位之间的协作、配合关系,以及建设单位可以提供的施工条件。

2. 图纸会审

(1)图纸会审的组织

图纸会审的组织一般由建设单位组织并主持会议,设计单位交底,施工单位、监理单位参加。对于重点工程或规模较大及结构、装修较复杂的工程,如有必要可邀请各主管部门、消防、防疫与协作单位参加。

图纸会审的程序:设计单位做设计交底,施工单位对图纸提出问题,有关单位发表意见,与会者研究、协商,逐条解决问题并达成共识,组织会审单位将会审内容汇总成文,各单位会签,形成图纸会审纪要,会审纪要作为与施工图纸具有同等法律效力的技术文件使用。

(2)图纸会审的要求

第一,设计是否符合国家有关方针、政策和规定。

第二,设计规模、内容是否符合国家有关技术规范要求,尤其是强制性标准的要求;是否符合环境保护和消防安全的要求。

第三,建筑设计是否符合国家有关技术规范要求,尤其是强制性标准的要求;是否符合环境保护和消防安全的要求。

第四,建筑平面布置是否符合核准的按建筑红线划定的详图和现场实际情况;是否提供符合要求的永久性水准点或临时水准点位置。

第五,图纸及说明是否齐全、清楚、明确。

第六,结构、建筑、设备等图纸本身及相互之间是否存在错误和矛盾之处,图纸与说明之间有无矛盾。

第七,有无特殊材料(包括新材料)要求,其品种、规格、数量能否满足需要。

第八,设计是否符合施工技术装备条件,如需采取特殊技术措施,技术上有无困难,能否保证安全施工。

第九,地基处理及基础设计有无问题,建筑物与地下构筑物、管线之间有无矛盾。

第十,建(构)筑物及设备的各部分尺寸、轴线位置、标高、预留孔洞及预埋件、大样图及做法说明有无错误和矛盾。

(二)编制施工图预算和施工预算

在设计交底和图纸会审的基础上,施工组织设计已被批准,预算部门即可着手编制单位工程施工图预算和施工预算,以确定人工、材料和机械费用的支出,并确定人工数量、材料消耗数量和机械台班使用量等。

施工图预算是由施工单位主持的,在拟建工程开工前的施工准备工作期间所编制的确定建筑安装工程造价的经济文件,是施工企业签订工程承包合同,工程结算,银行拨款、贷款,进行企业经济核算的依据。

施工预算是根据施工图预算、施工图样、施工组织设计和施工定额等文件,综合企业和工程实际情况所编制的,在工程确定承包关系以后进行,是施工单位内部经济核算和班组承包的依据。

（三）编制施工组织设计

施工组织设计是指导施工现场全过程的、规划性的、全局性的技术、经济和组织的综合性文件,是施工准备工作的重要组成部分。施工组织设计可以为施工企业编制施工计划及实施施工准备工作计划提供依据,保证拟建工程施工的顺利进行。

四、施工现场准备

（一）建设单位施工现场准备工作

建设单位应按合同条款中约定的内容和时间完成以下工作:

第一,办理土地征用、拆迁补偿、平整施工场地等工作,使施工场地具备施工条件,在开工后继续负责解决以上事项遗留问题。

第二,将施工所需水、电、电信线路从施工场地外部接至专用条款约定地点,保证施工期间的需要。

第三,开通施工场地与城乡公共道路的通道,以及专用条款约定的施工场地内的主要道路,应满足施工运输的需要,保证在施工期间畅通无阻。

第四,向承包人提供施工场地的工程地质和地下管线资料,并对资料的准确性负责。

第五,办理施工许可证及其他施工所需证件、批件和临时用地、停水、停电、中断道路交通、爆破作业等的申请批准手续(证明承包人自身资质的文件除外)。

第六,确定水准点与坐标控制点,以书面形式交给承包人,进行现场交验。

第七,协调处理施工场地周围地下管线和邻近建筑物、构筑物(包括文物保护建筑)、古树名木的保护工作,承担有关费用。

（二）施工单位现场准备工作

施工单位现场准备工作即通常所说的室外准备,施工单位应按合同条款中约定的内容和施工组织设计的要求完成以下工作:

第一,根据工程需要,提供和维护非夜间施工使用的照明、围栏设施,并负责安全保卫工作。

第二,按专用条款约定的数量和要求,向发包人提供施工场地办公和生活的房屋及设施,发包人承担由此产生的费用。

第三，遵守政府有关主管部门对施工场地交通、施工噪声以及环境保护和安全生产等的管理规定，按规定办理有关手续，并以书面形式通知发包人，发包人承担由此产生的费用，因承包人责任造成的罚款除外。

第四，按条款约定做好施工场地地下管线和邻近建(构)筑物(包括文物保护建筑)、古树名木的保护工作。

第五，保证施工场地清洁，符合环境卫生管理的有关规定。

第六，建立测量控制网。

第七，工程用地范围内的平整场地工作应由其他单位承担，但建设单位也可要求施工单位完成，费用仍由建设单位承担。

第八，搭建现场生产和生活用地临时设施。

(三)施工现场准备的主要内容

1.清除障碍物

施工场地内的一切障碍物，无论是地上的还是地下的，都应在开工前清除完毕。这一工作通常由建设单位完成，有时也委托施工单位完成。清除时，一定要摸清情况，尤其是在老城区内，由于原有建筑物和构筑物情况复杂，而且资料不全，在清除前应采取相应的措施，防止事故发生。

对于房屋，一般在切断水源、电源后即可进行拆除。若房屋较大且坚固，则有可能采用爆破的方法，这需要由专业的爆破作业人员实施，并且需经有关部门批准。

架空电线(电力、通信)、埋地电缆(电力、通信)、自来水管、污水管、煤气管道等的拆除，都要与有关部门取得联系并办理手续，一般最好由专业公司拆除。场内的树木需报请园林部门批准方可砍伐。

拆除障碍物后，留下的渣土等杂物都应清出场外。运输时，应遵守交通、环保部门的有关规定，运土的车辆要按指定的路线和时间行驶，并采取封闭运输车辆或在渣土上直接洒水等措施，以免渣土飞扬而污染环境。

2.做好"七通一平"

在工程用地范围内，接通施工用水、用电、道路和平整场地的工作，简称"三通一平"。其实，工地上实际需要的往往不只是水通、电通、路通，有的工地还需要供应蒸汽、架设热力管线，称为"热通"；通煤气，称为"气通"；通电话作为联络通信工具，称为"电信通"；因为施工中的特殊要求，可能还有其他的"通"。通常，把"道路通""给水通""排水通""热力通""电通""电信通""燃气通"称为"七通"，"一平"指的是场地平整。一般而言，最基本的还是"三通一平"。

3.进行测量放线

按照设计单位提供的建筑总平面图及接收施工现场时建设方提交的施工场地范围、规划红线桩、工程控制坐标桩和水准基桩进行施工现场的测量与定位。这一工作是确定拟建工程平面位置的关键，测量中必须保证精度、杜绝错误。

施工时应根据建设单位提供的由规划部门给定的永久性坐标和高程,按建筑总图上的要求,进行现场控制网点的测量,妥善设立现场永久性标准,为施工全过程的测量创造条件。

在测量放线前,应做好检验校正仪器、校核红线桩(规划部门给定的红线,在法律上起着控制建筑用地的作用)与水准点,制定测量放线方案(如平面控制、标高控制、沉降观测和竣工测量等)等工作。如发现红线桩和水准点有问题,应提请建设单位处理。

建筑物应通过设计图中的平面控制轴线来确定其轮廓位置,测定后提交有关部门和建设单位验线,以保证定位的准确性。沿红线的建筑物,还要由规划部门验线,以防止建筑物压红线或超红线,为建筑工程的顺利施工创造条件。

4. 搭建临时设施

现场生活和生产用地临时设施,要遵照当地有关规定进行规划布置,如房屋的间距和标准是否符合卫生和防火要求,污水和垃圾的排放是否符合环境的要求等。临时建筑平面图及主要房屋结构图应报请城市规划、市政、消防、交通、环境保护等有关部门审查批准。

为了施工方便和行人的安全,对于指定的施工用地的周界,应用围墙围护起来。围墙的形式和材料应符合市容管理的有关规定和要求,并在主要出入口处设置标牌,标明工地名称、施工单位、工地负责人等。各种生产、生活用的临时设施,均应按批准的施工组织设计规定的数量、标准、面积、位置等要求搭建,不得乱搭乱建,并尽可能利用原有建筑物,减少临时设施的搭设,以便节约用地,节约投资。

各种生产、生活用的临时设施,包括仓库、混凝土搅拌站、预制构件场、机修站、生产作业棚、办公用房、宿舍、食堂、文化生活设施等,均应按批准的施工组织设计规定的数量、标准、面积、位置等要求修建。大、中型工程可分批分期修建。

5. 组织施工机具进场、安装和调试

按照施工机具需要量计划,分期、分批组织施工机具进场,根据施工总平面布置图,将施工机具安置在规定的地点或存储的仓库内。对于固定的机具,要做好归位、搭设防护棚、接电源、保养和调试等工作。对所有施工机具,都必须在开工前进行检查和试运转。

6. 组织材料、构配件制品进场存储

按照材料、构配件等需要量计划组织物资、周转材料进场,并依据施工总平面图规定的地点和指定的方式进行储存和定位堆放。同时,按进场材料的批量,依据材料试验、检验要求,及时采样并提供建筑材料的试验申请计划,严禁不合格的材料在现场存储。

第二节　建筑施工总体设计

一、概述

(一)施工组织设计的作用及注意事项

1. 施工组织设计的作用

施工组织设计是运用生产技术和科学管理技术,对拟建工程的施工方案、施工进度计划

和资源需要量计划、施工平面布置等做出设计。

施工组织设计根据工程特点和施工要求进行编制，既有技术要求，又有经济要求，既有技术措施，又有组织措施。施工组织设计与国家计划和企业施工计划有着密切的关系。施工企业的各级施工进度计划，必须以国家的基建计划和施工组织设计为依据来编制。"计划是龙头"，施工组织设计是编制计划的基础和依据。可见施工组织设计在施工组织中具有重要的地位和作用。施工组织设计不是可有可无的，它必须在前期施工准备工作中完成，是建设程序中的重要环节之一。

施工组织设计的主要作用如下：

①确定工程设计施工的可能性和经济的合理性；

②为建设项目主管部门编制基本建设年度计划和施工企业编制施工计划提供依据；

③从施工全局出发，做好施工部署，选择施工方法和施工机具；

④合理安排施工的先后顺序，确定相互搭接和工作时间，从而确定施工进度安排；

⑤合理计算劳力和各种物资资源的需要量，以便组织供应；

⑥对施工现场平面和空间进行合理的布置，以便统筹和有效地利用；

⑦提出施工组织、技术、质量、安全、节约等措施；

⑧保证及时进行施工准备工作，解决生产和生活基地的建设与发展的有关问题。

2. 发挥施工组织设计作用的注意事项

自 20 世纪 50 年代以来，我国的不少施工企业认真编制和贯彻施工组织设计，并不断改进、完善，在一些工程中取得了"多快好省"的效果。但也有个别单位，虽例行公事地进行了编制、执行，却并未取得应有的效果。要发挥施工组织设计的作用，必须注意解决好以下几个问题。

第一，施工组织设计必须根据工程的特点和施工的要求进行编制，编制的依据必须可靠，做出的设计必须切实可行。分析施工组织设计的编制和执行的经验教训，凡结合工程施工实际，按照施工要求编制的施工组织设计，尽管施工条件恶劣，施工环境复杂或场地狭小，但只要事前认真规划设计，就能取得较好的经济效果。相反，如果脱离工程客观实际条件，片面追求高指标，缺乏综合平衡，必然造成资金不足、物资短缺等，使施工组织设计失去可靠依据而得不到实施，因此编制施工组织设计时，必须面对工程实际，认真研究已定的和可变的所有资料，经多方比较后，选择施工方案，所选择的施工方案既要具有技术的先进性，又要具有经济的合理性。

第二，选定施工方案后，接下来就是施工组织设计的核心工作，即确定施工进度计划。由于施工组织设计确定的进度计划不是正式计划，所以施工组织设计确定的工期要求和进度计划，还必须通过各级指令性计划来贯彻。如不正确处理好施工组织设计与各级计划的关系，在编制各级计划时，把施工组织设计制订的进度计划丢在一边，得不到指令性计划的保证，这样施工组织设计相当于名存实亡。造成的结果是一方面忽视设计成果，挫伤了设计人员的工作积极性；另一方面又会使制订的计划缺乏严密的分析和科学的比较，必然出现盲目性。正确处理施工组织设计和各级计划的关系，使之成为互为依据、互相补充的关系，这是发挥施工组织设计作用的关键所在。

第三,施工组织设计具有阶段性,工程设计的各个阶段均应编制施工组织设计,工程设计是分阶段来进行的。一般工业与民用建设分两阶段设计,即初步设计和概算、施工图设计和预算。而大型、复杂,采用新技术、新工艺或缺乏设计经验的工程采用三阶段设计,即在上述两阶段设计中间,还经历了技术设计和修正概算阶段。施工组织设计是科学地组织建筑、安装施工活动的设计,所以在工程设计的各个阶段都应编制相应的施工组织设计。

第四,注意培养和提高施工组织设计人员的水平,广泛应用生产技术和施工组织与管理的先进技术,提高施工组织设计质量。施工组织设计批准后,应认真贯彻执行。在施工条件发生变化时,应及时修改和调整施工组织设计,使其符合指导施工的需要。

(二)施工组织设计的分类

1. 施工条件设计

施工条件设计要在工程初步设计阶段编制,主要解决施工条件的有关问题,着重于对附属生产企业和生活基地的建设做出规划等;此外还包括建设的轮廓进度计划,主要资源的年度需要量计划,附属生产企业建设、供电、供水、供气设计等内容。

(1)阶段

初步设计。

(2)对象

整个工程的施工条件。

(3)参加单位

施工、设计、建设、监理。

2. 施工组织总设计

施工组织总设计在技术设计或初步设计批准后编制,解决现场施工中具有全局性的施工部署、施工总方案、施工总进度计划、资源总需要量计划、施工总平面图布置等。施工组织总设计一般以该工程的总承建单位为主,由建设、设计和分包单位参加共同编制。施工组织总设计批准后,即形成指导整个工程施工活动、带全局性的技术经济文件,它是有关施工企业修建全工地性大型暂设工程、进行施工准备和编制年度施工计划的依据。

(1)阶段

初设(初步设计)或扩初(扩大初步设计)批准后。

(2)对象

全过程、整个过程。

(3)单位

由总承建单位牵头,由设计分包单位参加。

(4)内容

施工组织总设计包括施工部署、施工总方案、施工总进度计划、资源总需要量计划、施工总平面布置。

（5）作用

施工组织总设计是规划、指导全工程施工、保证施工工作正常开展的重要条件。

3.单位工程施工设计

按照总体规划要求,从单位工程总体出发,选择有效的方案施工,确定各分部(分项)工程的配合施工,保质保量。

单位工程施工设计是在施工图设计完成并经施工图会审后,在施工组织总设计指导下,以单位工程为对象编制的指导该单位工程具体施工活动的局部性的技术经济文件,一般由直接组织施工的基层单位工程处或工区进行编制。批准后的单位工程施工组织设计,是施工单位进行施工准备和编制季(月)度施工计划的依据。

当某些专业性分部(分项)工程,由专业化施工单位施工时,一般应由总承建单位负责与其共同研究编制单位工程施工组织设计。所编制的进度计划和施工平面图称为综合进度计划和综合施工平面图。

单位工程施工组织总设计编制内容的广度和深度,应视工程规模、技术复杂程度和施工条件及要求而定。一般有以下两种类型。①单位工程施工设计内容全面,用于重点、规模大、技术复杂或采用新技术的设备安装工程。②简明单位工程施工设计(施工方案)通常主要编制施工方案,并附以施工进度计划、资源计划和施工平面布置图,一般用于常见的或采用通用图纸施工的设备安装工程。

（1）阶段

施工图会审后。

（2）对象

单位工程。

（3）单位

项目部或班组。

（4）内容

施工方案、进度计划、资源需用量计划、平面布置图。

（5）作用

单位工程施工设计是施工准备和编制计划的依据,同时也是指导局部工程或单位工程的技术经济性文件。

4.分部(分项)工程作业设计

分部(分项)工程作业设计,是在单位工程施工组织设计指导下,以工程规模大、技术复杂或施工难度大的分部(分项)工程为对象编制的工程作业设计技术文件。这项工作一般在开工前由负责施工的施工队进行编制,是施工队用以指导现场施工和编制月(旬)作业计划的依据。

（1）阶段

施工图会审后。

(2)对象

技术难度大、施工复杂的分部分项工程。

(3)单位

作业班组。

(4)内容

施工方法、施工进度。

(5)作用

指导分部(分项)工程施工。

必须指出,施工组织设计的阶段和分类,对一项具体工程而言,并不是一成不变和缺一不可的。如果在城市进行施工,已有一定生产基础也具有运输条件,施工条件设计则不必进行,此时只需编制施工组织总设计和各个局部工程的施工设计。当进行某些改、扩建工程时,其施工对象比较单一,则只进行某些局部工程的施工设计,施工组织总设计可大大简化。在施工组织设计过程中,各个阶段之间往往又没有明确的界限,其中的某些部分是互相结合在一起的。

施工组织设计一经批准,就必须坚决贯彻执行。多年的建设经验证明,用施工组织设计指导施工,是卓有成效的;忽视施工组织的科学性,就会造成施工的混乱和严重的浪费。

为了有利于施工组织设计的编制和贯彻,在编制方法上,应由总(主任)工程师负责,与有关方面协调配合。接到承建任务后,在广泛调查研究的基础上,根据编制施工组织设计的依据和组织施工的原则,密切结合工程实际,先由领导、工程技术人员和工人代表共同研究,提出初步设想,再与建设、设计和施工分包单位或协作单位共同协商,从而编制出合理的施工方案、相对优化的施工进度、资源良好和平面布置切实可行的施工组织设计。在执行时,应与施工人员交流,让他们了解怎样施工是关键所在。当遇到某些因素改变时,应及时与有关部门协商,做出修改、补充,及时征得原审批单位同意并通知有关方面贯彻执行。

二、施工组织总设计

(一)施工组织总设计的编制内容及依据

1.施工组织总设计及其作用

施工组织总设计是以整个建设项目或建筑群为对象,根据初步设计图或扩大初步设计图以及其他有关资料和现场施工条件编制的,用以指导其施工全过程中各项施工活动的技术经济的综合性文件。它一般由建设总承包公司或大型工程项目经理部的总工程师主持,组织有关人员编制。其主要作用有以下几方面:

①建设项目或建筑全体工程施工阶段做出全局性的战略部署;

②做好施工准备工作,保证资源供应;

③为组织全工地性施工业务提供科学方案和实施步骤;

④为施工单位编制工程项目生产计划和单位工程的施工组织设计提供依据;

⑤为业主编制工程设计计划提供依据;

⑥为确定设计方案的施工可行性和经济合理性提供依据。

2. 施工组织总设计的编制依据

为了保证施工组织总设计的编制工作顺利进行并提高质量,使施工组织设计文件能更密切地结合工程实际情况,更好地发挥其在施工中的指导作用,在编制施工组织总设计时,应以下列资料为依据。

①设计文件及有关资料。主要包括建设项目的初步设计、扩大初步设计或技术设计的有关图纸、设计说明书、建筑区域平面图、建筑总平面图、建筑竖向设计、总概算或修正概算等。

②计划文件及有关合同。主要包括国家批准的建设计划、可行性研究报告、工程项目一览表、分期分批施工项目和投资计划;地区主管部门的批件、施工单位上级主管部门下达的施工任务计划;招投标文件及签订的工程承包合同;工程材料和设备的订货指标;引进材料和设备供货合同等。

③工程勘察技术和技术经济资料。主要包括建设地区的工程勘察资料,即地形、地貌,工程地质及水文地质、气象等自然条件;建设地区技术经济条件,即可能为建设项目服务的建筑安装企业、预制加工企业的人力、设备、技术和管理水平;工程材料的来源和供应情况;交通运输情况,水、电供应情况;商业和文化教育水平和设施情况等。

④现行规范、规程和有关技术规定。主要包括国家现行的施工及验收规范、操作规程、定额、技术规定和技术经济指标。

⑤类似建设项目的施工组织总设计和有关总结资料。

3. 施工组织总设计的内容

施工组织总设计的内容,主要包括工程概况和施工特点分析、施工部署和主要项目施工方案、施工总进度计划、全场性的施工装备工作计划、施工资源总需要量计划、施工总平面图和各项主要技术经济评价指标等。但是由于建设项目的规模、性质、建筑和结构的复杂程度不同,以及建筑施工场地的条件差异和施工复杂程度不同,其内容也不完全一样。

工程概况和特点分析是对整个建设项目的总说明和分析。

(1)建设项目的主要情况

建设项目的主要情况包括工程性质、建设地点、建设规模、总占地面积、总建筑面积、总工期、分批投入使用的项目和工期;主要工种工程量、设备安装及其吨数;总投资额、建筑安装工作量、工厂区和生活区的工作量;生产流程和工艺特点;建筑结构类型、新技术、新材料的复杂程度和应用情况等。

(2)建设地区的自然条件和技术经济条件

建设地区的自然条件和技术经济条件包括气象、地形地貌、水文、工程地质和水文地质情况;地区的施工能力、资源供应情况、交通和水电等条件。

（3）建设单位或上级主管部门对施工的要求

建设单位或上级主管部门对施工的要求包括土地征用范围居民搬迁情况等与建设项目施工有关的主要情况。

（二）施工部署

施工部署是对整个建设项目全局做出的统筹规划和全面安排，其主要解决影响建设项目全局的重大战略问题。施工部署由于建设项目的性质、规模和客观条件不同，其内容和侧重点也会有所不同，一般包括确定工程开展程序、拟定主要工程项目的施工方案、明确施工任务划分与组织安排、编制施工准备工作计划等。

1. 确定工程开展程序

根据建设项目总目标的要求，合理确定工程分期分批施工的开展程序。对于一些大型工业企业项目，如冶金联合企业、化工联合企业、火力发电厂等项目都是由许多工厂或车间组成的，确定施工开展程序时，应考虑以下几点。

（1）在保证工期的前提下，实行分期分批建设

实行分期分批建设，既可使各具体项目迅速建成，尽早投入使用，又可在全局上实现施工的连续性和均衡性，减少工程数量，降低工程成本。

为了充分发挥国家工程建设投资的效果，对于大中型工业建设项目，一般应在保证工期的前提下分期分批建设。至于分几期施工，各期工程包含哪些项目，则主要根据生产工艺要求、建设单位或业主要求、工程规模大小和施工难易程度、资金、技术资源情况，由建设单位或业主和施工单位共同研究确定。例如一个大型火力发电厂工程，按其工艺过程大致可分为以下几个系统，即热工系统、燃料供应系统、除灰系统、水处理系统、供水系统、电气系统、生产辅助系统、全厂性交通及公用工程、生活福利系统等。每个系统都包含许多工程项目，建设周期为4～7年。又如我国某大型火力发电厂工程，由于技术、资金、原料供应等原因、工程分两期建设。一期工程装两台20万千瓦国产汽轮发电机组和各种辅助生产、交通、生活福利设施。建成投产两年后，继续建设二期工程，安装一台60万千瓦国产汽轮发电机组，最终形成了100万千瓦的发电能力。

对于小型企业或大型建设项目的某个系统，由于工期较短或生产工艺的要求，可不必分期分批建设，采取一次性建成投产。

（2）统筹安排各类项目施工

保证重点，兼顾其他，确保工程项目按期投产。按照各工程项目的重要程度，应优先安排的工程项目如下：

①按生产工艺要求，须先期投入生产或起主导作用的工程项目；

②工程量大、施工难度大、工期长的项目；

③运输系统、动力系统，如厂区内外道路、铁路和变电站等；

④生产上需先期使用的机修、车床、办公楼及部分家属宿舍等；

⑤供施工使用的工程项目,如采砂(石)场、木材加工厂、各种构件加工厂、混凝土搅拌站等施工附属企业及其他为施工服务的临时设施。

对于建设项目中工程量小、施工难度不大、周期较短而又不急于使用的辅助项目,可以考虑与主体工程相配合,作为平衡项目穿插在主体工程的施工中进行。

(3)考虑季节对施工的影响

例如,大规模土方工程和深基础施工,最好避开雨季。寒冷地区入冬以后最好封闭房屋并转入室内作业和设备安装。

对于大中型的民用建设项目(如居民小区),一般应按年度分批建设。除考虑住宅以外,还应考虑幼儿园、学校、商店和其他公共设施的建设,以便交付使用后能保证居民的正常生活。

2.拟定主要工程项目的施工方案

施工组织总设计中要拟定一些主要工程项目的施工方案。这些项目通常是建设项目中工程量大、施工难度大、工期长、对整个建设项目的完成起关键性作用的建筑物(或构筑物),以及全场范围内工程量大、影响全局的特殊分项工程。拟定主要工程项目的施工方案的目的是进行技术和资源的准备工作,同时也为了施工进程的顺利开展和现场的合理布置。其内容包括确定施工方法、施工工艺流程、施工机械设备等。

对施工方法的确定要兼顾技术工艺的先进性和经济上的合理性,在各个工程上能够实现综合流水作业,减少其拆、装、运的次数;对于辅助配套机械,其性能应与主导施工机械相适应,以充分发挥主导施工机械的工作效率。

3.明确施工任务划分与组织安排

在明确施工项目管理体制、机构的条件下,划分各参与施工单位的工作任务,明确总包与分包的关系,建立施工现场统一的组织领导机构及职能部门,确定综合的和专业化的施工组织,明确各单位之间分工与协作的关系,划分施工阶段,确定各单位分期分批的主要项目和穿插项目。

4.编制施工准备工作总计划

根据施工开展程序和主要工程项目施工方案,编制好施工项目全场性的施工准备工作计划。

①安排好场内外运输、施工用主干道、水、电、气来源及其引入方案;

②安排好场地平整方案和全场性排水、防洪工作;

③安排好生产和生活基地建设,包括商品混凝土搅拌站、预制构件厂、钢筋、木材加工厂、金属结构制作加工厂、机修厂等;

④安排好建筑材料、成品、半成品的货源和运输、储存方式;

⑤安排好现场区域内的测量工作,设置永久性测量标志,为放线定位做好准备;

⑥编制新技术、新材料、新工艺、新结构的试制试验计划和职工技术培训计划;

⑦安排好冬、雨季施工所需的特殊准备工作。

（三）施工总进度计划

施工总进度计划是施工现场各项施工活动在时间上的体现。编制施工总进度计划就是根据施工部署中的施工方案和工程项目的开展程序,对全工地的所有工程项目做出时间上的安排。其作用在于确定各个施工项目及其主要工种工程、准备工作和全工地性工程的施工期限及其开工和竣工日期,从而确定建筑施工现场劳动力、材料、成品、半成品、施工机械的需要数量和调配情况,以及现场临时设施的数量、水电供应数量和能源、交通的需要量等,因此正确编制施工总计划进度是保证各项目以及整个建设工程按期交付使用、充分发挥投资效益、降低建筑工程成本的重要条件。

编制施工总进度计划的基本要求是:保证拟建工程在规定的期限内完成;迅速发挥投资效益;施工的连续性和均衡性;节约施工费用。

根据施工部署中建设工程分期分批投产顺序,将每个交工系统的各项工程分别列出,在控制的期限内进行各项工程的具体安排;若建设项目的规模不太大,各交工系统工程项目不多,也可不按分期分批投产顺序安排,而直接安排总进度计划。

1.列出工程项目一览表并计算工程量

施工总进度计划主要起到控制总工期的作用,因此项目的划分不宜过细。通常按照分期分批投产顺序和工程开展程序列出,并突出每个交工系统的主要工程项目,一些附属项目及小型工程、临时设施可以合并列出工程一览表。

在工程项目一览表的基础上,按工程的开展顺序,以单位工程计算主要实物工程量。此时计算工程量的目的是选择施工方案和主要的施工、运输机械;初步规划主要施工过程的流水施工;估算各项目的完成时间;计算劳动力和技术物资的需要量。因此,工程量只需粗略计算即可。

计算工程量,可按初步设计(或扩大初步设计)图纸并根据各种定额手册进行计算。

2.确定各单位工程的施工期限

由于各施工单位的施工技术与管理水平、机械化程度、劳动力和材料供应情况等不同,建筑物的施工期限有很大差别。因此应根据各施工单位的具体条件,并考虑施工项目的建筑结构类型、体积大小和现场地形工程与水文地质、施工条件等因素加以确定。此外,也可参考有关的工期定额来确定各单位工程的施工期限。工期定额(或指标)是根据我国各部门多年来的施工经验,经统计分析对比后制定的。

3.确定各单位工程的开竣工时间和相互搭接关系

在施工部署中已经确定了总的施工期限、施工程序和各系统的控制期限及搭接时间,但对每一个单位工程的开竣工时间尚未具体确定。通过对各主要建筑物或构筑物的工期进行分析,确定了每个建筑物或构筑物的施工期限后,就可以进一步安排各建筑物或构筑物的搭接施工时间。通常应考虑以下主要因素。

(1)保证重点,兼顾一般

在安排进度时要分清主次、抓住重点,同时期进行的项目不宜过多,以免分散有限的人力和物力。主要工程项目指工程量大、工期长、质量要求高、施工难度大、对其他工程施工影响大、对整个建设项目的顺利完成起关键性作用的工程子项。这些项目在各系统的控制期内应优先安排。

（2）满足连续、均衡施工要求

在安排施工进度时应尽量使各工种施工人员、施工机械在全工地内连续施工，同时尽量使劳动力、施工机具和物资消耗量在全工地上达到均衡，避免出现突出的高峰和低谷，以利于劳动力的调度、原材料供应和充分利用临时设施。为达到这种要求，应考虑在工程项目之间组织大流水施工，即在相同结构特征的建筑物或主要工种工程之间组织流水施工，从而实现人力、材料和施工机械的综合平衡。另外，为实现连续性均衡施工，还要留出一些后备项目，如宿舍、附属或辅助车间、临时设施等，作为调节项目，穿插在主要项目的流水中。

（3）满足生产工艺要求

工业企业的生产工艺系统是串联各个建筑物的主动脉，要根据工艺所确定的分期分批建设方案，合理安排各个建筑物的施工顺序，使土建施工、设备安装和试生产实现"一条龙"工作模式，以缩短建设周期，尽快发挥投资效益。

（4）满足设计规范，安排进度计划

工业企业建设项目的建筑总平面设计应在满足有关规范要求的前提下，使各建筑的布置尽量紧凑，这可以节省占地面积，缩短场内各种道路、管线的长度，但同时由于建筑物紧密，也会导致施工场地狭小，使场内运输、材料构件堆放、设备组装和施工机械布置等产生困难。为减少这方面的困难，除采取一定的技术措施外，对相邻各建筑物的开工时间和施工顺序予以调整，以避免或减少相互影响也是重要措施之一。

（5）全面考虑各种条件限制

在确定各建筑物施工顺序时，还应考虑各种客观条件的限制。如施工企业的施工力量，各种原材料、机械设备的供应情况，设计单位提供图纸的时间、各年度建设投资数量等，对各项建筑物的开工时间和先后顺序予以调整。同时，由于建筑施工受季节、环境影响较大，因此，经常会对某些项目的施工时间提出具体要求，从而对施工的时间和顺序安排产生影响。

4.安排施工总进度

施工总进度计划可以用横道图表达，也可以用网络图表达。由于施工总进度计划只是起控制性作用，因此不必搞得过细。当用横道图表达总进度时，项目的排列可按施工总体方案所确定的工程展开程序排列。横道图上应表达出各施工项目的开竣工时间和施工持续的时间。

5.施工总进度计划的调整与修改

施工总进度计划表绘制完后，将同一时期各项工程的工作量加在一起，用一定的比例画在施工总进度计划的底部，即可得出建设项目资源需要的动态曲线。若曲线上存在较大的高峰或低谷，则表明在该时间里各种资源的需求量变化较大，需要调整一些单位工程的施工速度或开竣工时间，以便消除高峰或低谷，使各个时期的资源需求量尽可能达到均衡。

（四）资源需用量计划

施工总进度计划编好以后，就可以编制各种主要资源的需要量计划。

1. 综合劳动力和主要工种劳动力计划

劳动力综合需要量计划是确定暂设工程规模和组织劳动力进场的依据。编制时首先根据各工种工程量汇总表中列出的各个建筑物专业工种的工程量，查找相应定额，便可得到各个建筑物几个主要工种的劳动量，再根据总进度计划表中各单位工程工种的持续时间，即可得到某单位工程在某段时间里的平均劳动力人数。用同样方法可计算出各个建筑物的各主要工种在各个时期的平均工人数。将总进度计划纵坐标方向上各单位工程同工种的人数叠加在一起并连成一条曲线，即为某工种的劳动力动态曲线图和计划表。

2. 材料、构件及半成品需要量计划

根据各工种工程量汇总表所列出各建筑物和构筑物的工程量，查找定额或概算指标便可得出各建筑物或构筑物所需的建筑材料、构件和半成品的需要量。然后根据总进度计划表，估算出某些建筑材料在某季度的需要量，从而编制出建筑材料、构件和半成品的需要量计划。它是材料和构件等落实组织货源、签订供应合同、确定运输方式、编制运输计划、组织进场、确定暂设工程规模的依据。

3. 施工机具需要量计划

主要施工机械，如挖土机、起重机等的需要量，根据施工进度来计划主要的建筑物施工方案和工程量，并套用机械产量定额求得；辅助机械可以根据建筑安装工程每十万元扩大概算指标求得；运输机械的需要量根据运输量计算。最后编制施工机具需要量计划，施工机具需要量计划除为组织机械提供需要外，还可作为施工用电、选择变压器容量等的计算和确定停放场地面积的依据。

（五）全场性暂设工程

为满足工程项目施工需要，在工程正式开工之前，要按照工程项目施工准备工作计划的要求，建造相应的暂设工程，为工程项目创造良好的施工条件。暂设工程的类型和规模因工程而异，其主要内容有工地加工厂组织、工地仓库组织、工地运输组织、办公及福利设施组织、工地供电组织等。

1. 工地加工厂组织

（1）工地加工厂类型和结构

①工地加工厂类型。通常工地加工厂类型主要有钢筋混凝土预制构件加工厂、木材加工厂、粗木加工厂、细木加工厂、钢筋加工厂、金属结构构件加工厂和机械修理厂等。

②工地加工厂结构。各种加工厂的结构形式应根据使用期限而定，使用期限较短者采用简易结构，如一般油毡、铁皮或草屋面的竹木结构；使用期限较长者宜采用瓦屋面的砖木结构、砖石结构或装拆活动房屋等。

（2）工地加工厂面积确定

工地加工厂的建筑面积主要取决于设备尺寸、工艺过程、设计和安全防火要求，通常可参考有关经验指标等资料确定。

2.工地仓库组织

(1)工地仓库类型和结构

①工地仓库类型。工地仓库的类型包括转运仓库、中心仓库、现场仓库、加工厂仓库等。转运仓库是指设在车站/码头等地用来转运货物的仓库。

中心仓库是专门用来贮存整个建筑工地(或区域型建筑企业)所需贵重材料及需要整理配套的材料的仓库。

现场仓库是专为某项工程服务的仓库,一般就近建在现场。

加工厂仓库是指专供某加工厂贮存原材料和加工半成品、构件的仓库。

②工地仓库结构。工地仓库的结构分为露天仓库、库棚、封闭仓库等。

露天仓库用于堆放不因自然条件而影响性能、质量的材料,如砖、砂石、装配式混凝土构件等的堆场。

库棚用于堆放防止阳光雨雪直接侵蚀的材料,如细木做零件、珍珠岩、沥青等的半封闭式仓库。

封闭仓库用于储存防止风霜雨雪直接侵蚀变质的物品,贵重建筑用材料、五金器具以及细巧容易散失或损坏的材料。

(2)工地仓库规划

材料储备一方面要确保工程施工的顺利进行,另一方面还要避免材料的大量积压,以免仓库面积过大,增加投资,积压资金。通常储备量根据现场条件、供应条件和运输条件来确定。

对于用量少、不经常使用或储备期较长的材料,如耐火砖、石棉瓦、水泥管、电缆等可按储备量计算(以年度需要量的百分比储备)。

3.工地运输组织

(1)工地运输方式及特点

工地运输方式有铁路运输、水路运输、汽车运输和马车运输等。

①铁路运输。铁路运输具有运量大、运距长、不受自然条件限制等优点,但其投资大、筑路技术要求高,只有在拟建工程需要铺设永久性铁路专用线或者工地需从国家铁路上运输大量物料(年运输量在20万吨以上者)时,方可采用铁路运输方式。

②水路运输。水路运输是最经济的一种运输方式,在可能条件下,应尽量采用水路运输方式。采用水路运输时应注意与工地内部运输配合,码头上通常要有转运仓库和卸货设备,同时还要考虑洪水、枯水期对运输的影响。

③汽车运输。汽车运输是目前应用最广泛的一种运输方式,其优点是机动性大、操作灵活、行驶速度快,适合各类道路和物料,可直接运到使用地点。汽车运输适合于货运量不大、货源分散或地形复杂,不适合铺设轨道以及城市和工业区的运输。

④马车运输。马车运输适合于较短距离(3~5 km)运送大量货物,具有使用灵活、对道路要求较低、费用低廉的特点。

（2）工地运输规划

①确定运输量。运输总量按工程的实际需要量来确定，同时还要考虑每日最大运输量以及各种运输工具的最大运输密度。

②确定运输方式。工地运输在选择运输方式时，必须考虑各种因素的影响，如材料的性质、运输量的大小，超重、超高、超大、超宽设备及构件的形状尺寸、运距和期限，现有机械设备、利用永久性道路的可能性，现场及场外道路的地形、地质及水文自然条件。在有几种运输方案可供选择时，应进行全面的技术经济分析比较，确定最合适的运输方式。

③确定运输道路。工地运输道路应尽可能利用永久性道路，或先修永久性道路路基并铺设简易路面。主要道路应布置成环形，次要道路可布置成单行线，但应有回车场，要尽量避免与铁路交叉。

4. 办公及福利设施组织

（1）办公及福利设施类型

①行政管理和生产用房。包括建筑安装机构办公室、传达室、车库及各类材料仓库和辅助性修理车间等。

②居住生活用房。包括家属宿舍、职工单身宿舍、招待所、商店、医务所、浴室等。

③文化生活用房。包括俱乐部、学校、托儿所、图书馆、邮亭、广播室等。

（2）办公及福利设施规划

①确定建筑工地人数。主要包括以下几类人员。

直接参加建筑施工生产的工人，包括机械维修工人、运输及仓库管理人员、动力设施管理工人、冬季施工的附加工人等。

行政及技术管理人员，即为建筑工地上居民生活服务的人员。

以上各项人员的家属。

上述人员的比例，可按国家有关规定或工程实际情况计算，家属人数可按职工人数的一定比例计算，通常占职工人数的 10%～30%。

②确定办公及福利设施的建筑面积。建筑施工工地人数确定后，就可按实际使用人数确定建筑面积，计算所需要的各种办公及生活所用房屋。应尽量利用施工现场及其附近的永久性建筑物，或者提前修建能够利用的永久性建筑。不足部分修建临时建筑物。修建临时建筑物时，应遵循经济、实用、装拆方便的原则，按照当地的气候条件、工期长短确定房屋结构。通常有帐篷、装拆式房屋或利用地方材料修建的简易房屋等。

5. 工地供电组织

计算用电总量，选择电源，确定变压器，确定导线截面面积，并布置配电线路。

（1）工地总用电计算

施工现场用电量大体上可分为动力用电量和照明用电量两类。在计算用电量时，应考虑以下三点：

①全工地使用的电力机械设备、工具和照明的用电功率；

②施工总进度计划中，施工高峰期同时用电数量；

③各种电力机械的利用情况。

单位施工时,最大用电负荷量以动力用电量为准,不考虑照明用电。

各种机械设备以及室外照明用电可参考有关定额。

(2)选择电源

①完全由工地附近的电力系统供电,包括在全面开工之前把永久性供电外线工程做好,设置变电站。

②工地附近的电力系统能供应一部分,工地尚需增设临时电站以补充不足。

③利用附近的高压电网,申请临时加设配电变压器。

④工地处于新开发地区,没有电力系统时,完全由自备临时电站供给。

采用何种方案,须根据工程实际,经过分析比较后确定。通常将附近的高压电,应设在工地的变压器降压后,引入工地。

(3)确定配电导线截面图

配电导线要正常工作,必须具有足够的力学强度、耐受电流通过所产生的温升并且使得电压损失在允许范围内,因此选择配电导线应注意以下事项。

①按机械强度确定。导线必须具有足够的机械强度以防止受拉或机械损伤而折断,导线按机械强度要求所必需的最小截面可参考有关资料。

②按允许电流强度选择。导线必须能承受负荷电流长时间通过所引起的温度升高。

③按允许电压降确定。导线上的电压降必须限制在一定限度内。

所选用的导线截面应同时满足以上三项要求,即以求得的三个截面积中最大者为准,从导线的产品目录中选用线芯。通常先根据负荷电流的大小选择导线截面,然后再根据机械强度和允许电压降进行复核。

(六)施工总平面图

施工总平面图是拟建项目施工场地的总布置图。它按照施工方案和施工进度的要求,对施工现场的道路交通、材料仓库、附属企业、临时房屋、临时水电管线等做出合理的规划布置,从而正确处理全工地施工期间所需各项设施和永久性建筑、拟建工程之间的空间关系。

1. 施工总平面图设计的内容

(1)建设项目施工总平面图上的位置和尺寸

这里所说的位置和尺寸是指建设项目施工总平面图中一切地上、地下已有的和拟建的建筑物、构筑物以及其他临时设施的位置和尺寸。

(2)一切为全工地施工服务的临时设施的位置布置

布置施工临时设施时应考虑以下方面:

①施工用地范围、施工用各种道路;

②工厂、制备站及有关机械的位置;

③各种建筑材料、半成品、构件的仓库和生产工艺设备主要堆场、取土弃土位置;

④行政管理房、宿舍、文化生活福利建筑等;

⑤水源、电源、变压器位置,临时给排水管线和供电、动力设施;

⑥机械站、车库位置;

⑦一切安全、消防设施位置。

(3)永久性测量放线标桩位置

许多规模巨大的建筑项目,其建设工期往往很长。随着工程的进展,施工现场的面貌会不断发生改变。在这种情况下,应按不同阶段分别绘制若干张施工总平面图,或者根据工地的变化情况,及时对施工总平面图进行调整和修正,以便符合不同时期的需要。

2．施工总平面图设计的原则

①尽量减少施工用地,少占农田,使平面布置紧凑合理。

②合理组织运输,减少运输费用,保证运输方便通畅。

③施工区域的划分和场地的确定,应符合施工流程要求,尽量减少专业工种和各工程之间的互相干扰。

④充分利用各种永久性建筑物、构筑物和原有设施为施工服务,降低临时设施的费用。

⑤各种生产生活设施应方便工人的使用。

⑥满足安全防火、劳动保护的要求。

3．施工总平面图设计的依据

①各种设计资料,包括建筑总平面图、地形地貌图、区域规划图、建筑项目范围内有关的一切已有和拟建的各种设施位置。

②建设地区的自然条件和技术经济条件。

③建设项目的建筑概况、施工方案、施工进度计划,以便了解各施工阶段情况,合理规划施工场地。

④各种建筑材料、构件、加工品、施工机械和运输工具需要量一览表,以便规划工地内部的储放场地和运输线路。

⑤各构件加工厂规模、仓库及其他临时设施的数量和外廓尺寸。

4．施工总平面图的设计步骤

(1)场外交通的引入

设计全工地性施工总平面图时,应研究从大宗材料、成品、半成品、设备等进入工地的运输方式入手。当大批材料由铁路运来时,要先解决铁路的引入问题;当大批材料是由水路运来时,应考虑原有码头的运用和是否增设专用码头问题;当大批材料是由公路运入工地时,由于汽车线路可以灵活布置,因此一般先布置场内仓库和加工厂,然后再布置场外交通的引入。

①铁路运输。当大量物资由铁路运入工地时,应首先解决铁路由何处引入及如何布置问题。一般大型工业企业、厂区内都设有永久性铁路专用线,通常可将其提前修建,以便为工程施工服务。但由于铁路的引入将会严重影响场内施工的运输和安全,因此铁路的引入应靠近工地一侧或两侧。只有当大型工地分为若干个独立的工区进行施工时,铁路才可引入工地中央。此时,铁路应位于每个工区的侧面。

②水路运输。当大量物资由水路运进现场时,应充分利用原有码头的吞吐能力。若需要增设码头,则卸货码头应不少于两个,且宽度应大于 2.5 m,一般用石或钢筋混凝土结构建造。

③公路运输。当大量物资由公路运进现场时,由于公路布置较灵活,一般先将仓库、加工厂等生产性临时设施布置在最经济合理的地方,再布置通向场外的公路线。

（2）仓库与材料堆场的布置

仓库与材料堆场的布置通常应考虑布置在运输方便、位置适中、运距较短并且安全防火的地方。可根据不同材料、设备和运输方式来布置。

①当采用铁路运输时,仓库通常沿铁路线布置,并且要留有足够的装卸前线。如果没有足够的装卸前线,必须在附近设置转运仓库。布置铁路沿线仓库时,应将仓库设置在靠近工地一侧,以免内部运输跨越铁路。同时仓库不宜设置在弯道处或坡道上。

②当采用水路运输时,一般应在码头附近设置转运仓库,以缩短船只在码头上的停留时间。

③当采用公路运输时,仓库的布置较灵活。一般将中心仓库布置在工地中央或靠近使用的地方,也可以布置在靠近外部交通连接处。砂石、水泥、石灰、木材等仓库或堆场宜布置在搅拌站、预制场和木材加工厂附近;砖、瓦和预制构件等直接使用的材料应该直接布置在施工对象附近,以免二次搬运。工业项目建筑工地还应考虑主要设备的仓库（或堆场）,笨重设备应尽量放在车间附近,其他设备仓库可布置在外围或其他空地上。

（3）加工厂和搅拌站的布置

各种加工厂和搅拌站的布置,应以方便使用、安全防火、运输费用最少、不影响建筑安装工程施工的正常进行为原则。应将加工厂集中布置在同一个地区,且多处于工地边缘。各种加工厂应与相应的仓库或材料堆场布置在同一地区。

①混凝土搅拌站。根据工程的具体情况可采用集中、分散或集中与分散相结合的三种布置方式。当现浇混凝土量大时,宜在工地设置混凝土搅拌站;当运输条件好时,采用集中搅拌或选用商品混凝土最有利;当运输条件较差时,以分散搅拌为宜。

②预制加工厂。一般布置在建设单位的空闲地带上,如材料堆场专用线转弯的扇形地带或场外临近处。

③钢筋加工厂。区别不同情况,采用分散或集中的方式布置。对于需进行冷加工、对焊、点焊钢筋和大片钢筋网,宜设置中心加工厂,其位置应靠近预制构件加工厂;对于小型加工件,利用简单机具成型的钢筋加工,可在靠近使用地点的分散的钢筋加工棚里进行。

④木材加工厂。要视木材加工的工作量、加工性质和种类决定是集中布置还是分散布置几个临时加工棚。一般原木、锯材堆场布置在铁路专用线、公路或水路沿线附近;木材加工厂亦应布置在这些地段附近;锯木、成材、细木加工和成品堆放,应按工艺流程布置。

⑤砂浆搅拌站。对于工业建筑工地,由于砂浆量小分散,可以分散布置在使用地点附近。

⑥金属结构、锻工、电焊和机修等车间。由于它们在生产上联系密切,应尽可能布置在

一起。

（4）内部运输道路的布置

根据各加工厂、仓库及各施工对象的相对位置,研究货物转运图,区分主要道路和次要道路,进行道路的规划。规划厂区内道路时,应考虑以下几点。

①合理规划临时道路与地下管网的施工程序。在规划临时道路时,应充分利用拟建的永久性道路,提前修建永久性道路或者先修路基和简易路面,作为施工所需的道路,以达到节约投资的目的。若地下管网的图纸尚未出全,必须采取先施工道路、后施工管网的顺序时,临时道路就不能完全建造在永久性道路的位置,而应尽量布置在无管网地区或扩建工程范围地段上,以免开挖管道沟时破坏路面。

②保证运输畅通。道路应有两个以上的进出口,道路末端应设置回车场地,且尽量避免临时道路与铁路交叉。厂内道路干线应采用环形布置,主要道路宜采用双车道,宽度不小于6 m;次要道路宜采用单车道,宽度不小于 3.5 m。

③选择合理的路面结构。临时道路的路面结构,应当根据运输情况和运输工具的不同类型而定。一般场外与省、市公路相连的干线、因其以后会成为永久性道路,因此一开始就建成混凝土路面;场区内的干线和施工机械行驶路线,最好采用碎石级配路面,以利于修补。场内支线一般为土路或砂石路。

（5）行政与生活临时设施的布置

行政与生活临时设施的布置包括办公室、汽车库、职工休息室、开水房、小卖部、食堂、俱乐部和浴室等。根据工地施工人数,可计算这些临时设施的建筑面积。应尽量利用建设单位的生活基地或其他永久性建筑,不足部分再另行建造。

一般全工地性行政管理用房宜设在全工地入口处,以便对外联系;也可设在工地中间,便于全工地管理。工人用的福利设施应设置在工人较集中的地方,或工人必经之处。生活基地应设在场外,以距工地 500～1 000 m 为宜。食堂可布置在工地内部或工地与生活区之间。

（6）临时水电管网及其他动力设施的布置

当有可以利用的水源、电源时,可以将水电从外面接入工地,沿主要干道布置干管、主线,然后与各用户接通。临时总变电站应布置在高压电引入处,不应放在工地中心;临时水池应放在地势较高处。

当无法利用现有水电时,为了获得电源,可在工地中心或工地中心附近设置临时发电设备,沿干道布置主线;为了获得水源可以利用地表水或地下水,并设置抽水设备和加压设备(简易水塔或加压泵),以便储水和提高水压。然后接出水管,布置管网。施工现场供水管网有环状、枝状和混合式三种形式。

根据工程防火要求,应设立消防站,一般设置在易燃建筑物(木材、仓库等)附近,并须有通畅的出口和消防车道,其宽度不宜小于 6 m,与拟建房屋的距离不得大于 25 m,也不得小于 5 m,沿道路布置消防栓时,其间距不得大于 100 m,消防栓到路边的距离不得大于 2 m。

临时配电线路布置与水管网相似。工地电力网,一般 3～10 kV 的高压线采用环状,沿主干道布置;380 V/220 V 低压线采用枝状布置。工地上通常采用架空布置,距路面或建筑物不小于 6 m。

上述布置应采用标准图例绘制在总平面图上,比例一般为 1:1 000 或 1:2 000。需要指出的是,上述各设计步骤不是截然分开、各自孤立进行的,而是互相联系、互相制约的,需要综合考虑、反复修正才能确定下来。当有几种方案时,应该进行方案比较。

5.施工总平面图设计优化方法

在设计施工总平面图时,为使场地分配、仓库位置确定,管线道路布置更为经济合理,需要采用一些优化计算方法。下面简单介绍几种常用的优化计算方法。

(1)场地分配优化法

施工总平面图通常要划分为几块场地,供几个专业工程施工使用。根据场地情况和专业工程施工要求,某一块场地可能会适用一个或几个专业化工程使用。但在施工中,一个专业工程只能使用一块场地,因此需要对场地进行合理分配,满足各自施工的要求。

(2)区域叠合优化法

施工现场的生活福利设施主要是为全工地服务的,因此它的布置应力求位置适中,使用方便,节省往返时间,各服务点的受益大致均衡。确定这类临时设施的位置可采用区域叠合优化法。

区域叠合优化法是一种纸面作业法,其步骤如下:

①在施工总平面图上将各服务点的位置一一列出,按各点所在位置画出外形轮廓图;

②将画好的外形轮廓图剪下,进行第一次折叠,要求折过去的部分最大限度地重合在其余面积之内;

③将折叠的图形展开,把折过去的面积用一种颜色涂上(或用一种线条、阴影区分);

④再换一个方向,按以上方法折叠,涂色。如此重复多次(与区域凸顶点个数大致相同次数),最后剩下一小块未涂颜色区域,即为最优点最适合区域。

(3)选点归邻优化法

各种生产性临时设施如仓库、混凝土搅拌站等,各服务点的需要量一般是不同的,要确定其最佳位置必须同时考虑需要量与距离两个因素,使总的运输量最小。

6.仓库位置的确定

第一标准:使最大服务距离最小。

第二标准:使运输量达到最小(吨·千米)。

按最大服务距离最小的标准设置服务站点(仓库)。

该标准是在所有服务设置备选方案中,以最大服务距离最小选择服务站点。

7.施工总平面图的科学管理

①建立统一的施工总平面图管理制度,划分总图的管理范围。各区、各片有人负责,严格控制各种材料、构件、机具的位置、占用时间和占用面积。

②实行施工总平面图动态管理,定期对现场平面进行实录、复核,修正其不合理的地方,定期召开总平面执行检查会议,奖优罚劣,协调各单位关系。

③做好现场的清理和维护工作,不得擅自拆迁建筑物和水电线路,不得随意挖断道路。大型临时设施和水电管路不得随意更改和移位。

三、单位工程施工组织设计

（一）单位工程施工组织设计编制程序

单位工程施工组织设计是由工程项目经理部编制的、用以指导施工全过程施工活动的技术、经济文件。它是施工前的一项重要准备工作，也是施工企业实现生产科学管理的重要手段。

在实际工作中，单位工程施工组织设计根据用途可以将施工组织设计分为两类：一类用于施工单位投标，另一类用于指导施工。前一类的目的是获得工程，由于时间关系和侧重点的不同，其施工方案可能比较粗糙，但工程的质量、工期和单位的机械化程度、技术水平、劳动生产率等，则较为详细；后一类的重点在于施工方案。

由于单位工程施工组织设计是施工单位用于指导施工的文件，由项目经理组织，因此在编制前应会同有关部门和人员，在调查研究的基础上，共同研究和讨论其主要的技术措施和组织措施。

（二）编制依据

1. 任务

单位工程施工组织设计的任务，就是根据编制施工组织设计的基本原则、施工组织总设计和有关原始资料，并结合实际施工条件，从整个建筑物或构筑物施工的全局出发，选择合理的施工方案，确定科学合理的各分部（分项）工程间的搭接、配合关系，以及设计符合施工现场情况的平面布置图，从而以最少的投入，在规定的工期内，生产出质量好、成本低的建筑产品。

2. 编制依据

①主管部门的批示文件及建设单位的要求，如上级主管部门或发包单位对工程的开竣工日期、土地申请和施工执照等方面的要求，施工合同中的有关规定等。

②施工图纸及设计单位对施工的要求，即单位工程的全部施工图纸、会审记录和标准图等有关设计资料，对于较复杂的建筑工程还要有设备图纸和设备安装对土建施工的要求，以及设计单位对新结构、新材料、新技术和新工艺的要求。

③施工企业年度生产计划对该工程的安排和规定的有关指标，如进度、其他项目穿插施工的要求等。

④施工组织总设计或大纲对该工程的有关规定和安排。

⑤资源配备情况，如施工中需要的劳动力、施工机具和设备、材料、预制构件和加工品的供应能力和来源情况。

⑥建设单位可能提供的条件和水、电供应情况，如建设单位可能提供的临时房屋数量，水、电供应量，水压、电压能否满足施工要求等。

⑦施工现场条件和勘察资料，如施工现场的地形、地貌、地上与地下的障碍物、工程地质和水文地质、气象资料、交通运输道路及场地面积等。

⑧预算文件和国家规范等资料,工程的预算文件等提供了工程量和预算成本。国家的施工验收规范、质量规范、操作规程和有关定额是确定施工方案、编制进度计划等的主要依据。

(三)编制内容、工程概况及施工特点分析

1.编制内容

单位工程施工组织设计的内容,根据工程性质、规模、繁简程度的不同,其内容和深广度要求也不同,不强求一致,但内容必须简明扼要,使其真正能起到指导现场施工的作用。

单位工程施工组织设计较完整的内容一般应包括以下几点:

①工程概况及施工特点;

②施工方案选择;

③施工进度计划;

④施工准备工作计划;

⑤劳动力、材料、构件、加工品、施工机械和机具等需要量计划;

⑥施工平面图;

⑦保证质量、安全、降低成本和冬、雨季施工的技术组织措施;

⑧各项技术经济指标。

对于一般常见的建筑结构类型和规模不大的单位工程,施工组织设计可以编制得简单一些,其主要内容为施工方案、施工进度计划和施工平面图,并辅以简明扼要的文字说明。

2.工程概况及施工特点分析

单位工程施工组织设计中的工程概况,是对拟建工程的工程特点、地点特征和施工条件等所做的一个简要的、突出重点的文字介绍。为了弥补文字叙述的不足,一般需附以拟建工程的平、立、剖面简图,图中注明轴线尺寸、总长、总宽、总高及层高等主要建筑尺寸。为了说明主要工程的任务量,一般还会附上主要工程一览表。

工程概况及施工特点分析的主要内容如下。

(1)工程建设概况

拟建工程可建设单位,工程名称、性质、用途、作用和建设目的,资金来源及工程投资额、开竣工日期,设计单位、施工单位、施工图纸情况,施工合同、主管部门的有关文件或要求,以及组织施工的指导思想等。

(2)工程施工概况

工程施工概况主要是根据施工图纸,结合调查资料,简练地概括工程全貌、综合分析,突出重点问题。对新结构、新材料、新技术、新工艺及施工的难点尤其应重点说明。

①建筑设计特点。拟建工程的建筑面积、平面形状和平面组合情况、层数、层高、总高、总宽、总长等尺寸及室内外装修的情况。

②结构设计特点。基础的类型、埋置深度、设备基础的形式、主体结构的类型、预制构件的类型及安装位置等。

③建设地点和特征。拟建工程的位置、地形、工程与水文地质条件、不同深度土壤的分析、冻结期间与冻层厚度、地下水位、水质、气温、冬雨季起止时间、主导风向、风力等。

④施工条件。水、电、道路及平整的情况，施工现场及周围环境情况，当地的交通运输条件，预制构件生产及供应情况，施工企业机械、设备、劳动力的落实情况，内部承包方式，劳动组织形式及施工管理水平，现场临时设施、供水供电问题的解决等。

（3）工程施工特点

通过上述分析，应指出单位工程的施工特点和施工中的关键问题，以便在选择施工方案、组织资源供应和技术力量设备，包括在施工准备工作方面采取有效措施，使解决关键问题的措施落实于施工之前，保证施工顺利进行，提高施工企业的经济效益和管理水平。

不同类型的建筑、不同条件下的工程施工，均有其不同的施工特点，如现浇钢筋混凝土高层建筑的施工特点是对结构和施工机具设备的稳定性要求高；钢材加工量大、混凝土浇筑难度大，对脚手架搭设要进行设计计算等。

（四）施工方案设计

施工方案设计是单位工程施工组织设计的核心问题，施工方案合理与否将直接影响工程的施工效率、质量、工期和技术经济效果，因此必须引起足够重视。

施工方案的设计一般包括确定施工程序、施工起点流向、施工顺序、选择施工方法和施工机械。

1. 确定施工程序

接受任务阶段→开工前准备阶段→全面施工阶段→交工验收阶段。每一阶段必须完成规定的工作内容，并为下一阶段工作创造条件。

（1）接受任务阶段

接受任务阶段是其他各个阶段的前提条件，施工单位在这个阶段承接施工任务、签订施工合同、明确拟施工的单位工程。施工单位承接的工程施工任务，有的是通过上级主管部门直接下达的或者接受建设单位或业主邀请而承担的施工任务，有的是通过投标，在中标后承接的施工任务。无论是哪种方式承接的施工任务，施工单位均需检查该项工程是否有经上级批准的正式文件、投资是否落实。如两项均满足要求，施工单位应与建设单位签订工程承包合同，明确双方应承担的技术经济责任及奖励、处罚条款。对于施工技术复杂、工程规模较大的工程，还需确定分包单位，签订分包合同。

（2）开工前准备阶段

开工前准备阶段是继接受任务阶段之后，为单位工程开工创造必要条件的阶段。一般开工前必须具备以下条件：施工执照已办理；施工图纸经过会审，施工预算已编制；施工组织设计已经批准并已交底；场地土石方平整、障碍物的清除和场内外交通道路已经基本完成；施工用水、电、排水均可满足施工需要；永久性或半永久性坐标和水准点已经设置；附属加工企业各种设施的建设基本能满足开工后生产和生活的需要；材料、成品、半成品和必要的工业设备有适当的储备，并能陆续进入现场，保证连续施工；施工机械设备已进入现场，并能保证正常运转；劳动力计划落实，随时可以调动进场，并已经过必要的技术安全防火教育。

准备工作阶段的一系列工作就是使单位工程具备上述开工条件,然后写出开工报告,并经上级主管部门审查批准后方可正式开工。

(3)全面施工阶段

①先地下后地上。先地下后地上主要是指首先完成管道、管线等地下设施、土方工程和基础工程,然后开始地上工程施工;对于地下工程也应按先深后浅的程序进行,以免造成施工返工或对上部工程造成干扰,使施工不便,影响施工质量,造成浪费。

②先主体后围护。先主体后围护主要是指先施工框架结构,再进行围护结构的施工。

③先结构后装饰。先结构后装饰主要是指先进行主体结构施工,后进行装修工程的施工。但是必须指出,随着新建筑体系的不断涌现和建筑工业化水平的提高,某些装饰与结构构件均在工厂完成。

④先土建后设备。先土建后设备主要是指一般的土建工程与水暖电等工程的总体施工程序,至于设备安装的某一工序要穿插在土建的某一工序之前,这实际上属于施工顺序问题。工业建筑的土建工程与设备安装工程之间的程序,主要取决于工业建筑的种类,如对于精密仪器厂房,一般要求土建、装饰工程完成后工艺安装设备;重型工业厂房,一般先安装工艺设备后建设厂房或设备安装与土建施工同时进行,如冶金车间、发电厂的主厂房、水泥厂的主车间等。

(4)交工验收阶段

单位工程施工完成以后,施工单位应内部预先验收,严格检查工程质量,整理各项技术经济资料。然后经建设单位、施工单位和质检站交工验收,经检查合格后,双方办理交工验收手续及有关事宜。

在编制单位工程施工组织设计时,应按施工程序,结合工程的具体情况,明确各阶段的主要工作内容及顺序。

2.确定施工起点流向

确定施工起点流向就是确定单位工程在平面上竖向上施工开始的部位和开展的方向。对单位建筑物,如厂房,除按其车间、工段或跨间,分区分段地确定出在平面上的施工流向外,还必须确定厂房的层或单元在竖向上的施工流向。如多层房屋的现场装饰工程是自下而上,还是自上而下进行。它牵涉到一系列施工活动的开展和进程,是组织施工活动的重要环节。

①车间的生产工艺流程,往往是确定施工流向的关键因素,因此从生产工艺上考虑影响其他工段试车投产的工段应该先施工,如B车间生产的产品需受A车间生产的产品影响,A车间划分为三个施工段,因此二、三段的生产受一段的约束,故其施工起点流向应从A车间的一段开始。

②建设单位对生产和使用的需要。一般应考虑建设单位对生产或使用急的工段或部位先施工。

③施工的繁简程度。一般技术复杂、施工进度较慢、工期较长的区段或部位应先施工。

④房屋高低层或高低跨。如柱子的吊装应从高低跨并列处开始;屋面防水层施工应按先高后低的方向施工,同一屋面则由檐口到屋脊方向施工;基础有深浅时,应按先深后浅的

顺序开工。

⑤工程现场条件和施工方案。施工场地的大小、道路布置和施工方案中采用的施工方法和机械是确定施工起点与流向的主要因素。例如土方工程由于边开挖边将余土外运,则施工起点应确定在离道路远的部位和由远及近的进展方向。

⑥分部(分项)工程的特点及其相互关系。室内装修工程除平面上的起点和流向以外,在竖向上还要决定其流向,而竖向的流向确定更显得重要。密切相关的分部(分项)工程的流水,一旦前导施工过程的起点流向确定,则后续施工过程也就随之确定了。如单层工业厂房的挖土工程的起点流向决定柱基础施工过程和某些预制、吊装施工过程的起点流向。

需要指出的是,在流水施工中,施工起点流向决定了各施工段的施工顺序,因此在确定施工起点流向的同时,应当将施工段的划分及编号都确定下来。

下面以多层建筑物装饰工程为例加以说明。根据装饰工程的工期、质量和安全要求,以及施工条件,其施工起点流向一般分为室内装饰工程自上而下和自下而上、自中而下再自上而中以及室外装饰工程自上而下三种流水施工方案。

室内装饰工程自上而下的施工起点流向通常是指主体结构工程封顶、做好屋面防水层后,从顶层开始,逐层往下进行。其施工流向有水平向下和垂直向下两种情况,通常采用水平向下的流向较多。

这种起点流向的优点是主体结构完成后,有一定的沉降时间,能保证装饰工程的质量;做好屋面防水层后,可防止在雨季施工时因雨水渗漏而影响装饰工程的质量;并且,自上而下的流水,各工序之间交叉少,便于组织施工,保证施工安全,从上往下清理垃圾方便。其缺点是不能与主体施工搭接,因而工期较长。

室内装饰工程自上而下的流水施工方案,是指当主体结构工程的砖墙砌到2～3层以上时,装饰工程从一层开始,逐层向上进行,其施工流向有水平向上和垂直向上两种情况。

这种起点流向的优点是可以和主体砌墙工程进行交叉施工,故工期相对短。其缺点是工序之间交叉多,需要很好地组织施工,并采取安全措施。当采用预制楼板时,由于板缝填灌不实,以及靠墙一边较易渗漏雨水和施工用水,影响装饰工程质量,为此在上下两相邻楼层中,应首先抹好上层地面,再做下层无棚抹灰。

自中而下再自上而中的流水方案,综合了上述两者的优缺点,适用于中、高层建筑的装饰工程。室外装饰工程一般采用自上而下的起点流向的流水施工方案。

3.确定施工顺序

(1)分部(分项)工程施工的先后次序

合理地确定施工顺序是编制施工进度的需要。

①遵循施工程序。

②符合施工工艺,如预制钢筋混凝土柱的施工顺序为支模板、绑钢筋、浇混凝土,而现浇钢筋混凝土柱的施工顺序为绑钢筋、支模板、浇混凝土。

③与施工方法一致。对于单层工业厂房吊装工程的施工顺序,如果采用分件吊装法,则施工顺序为吊柱→吊梁→吊屋盖系统。

④按照施工组织的要求。如一般安排室内外装饰工程施工顺序时,可按施工组织规定

的先后顺序。

⑤考虑施工安全和质量。屋面采用三毡四油防水层施工时,外墙装饰一般安排在其后进行;为了保证质量,楼梯抹面最好安排在上一层的装饰工程全部完成之后进行。

⑥考虑当地气候的影响。如冬季在室内施工时,应先安装玻璃,后做其他装修工程。

(2)多层混合结构居住房屋的施工顺序

①基础工程的施工顺序。基础工程阶段是指室内地坪(± 0.000)以下的所有工程的施工阶段。

施工顺序:挖土→做垫层→砌基础→铺设防潮层→回填土。

如果有地下障碍物、防空洞、软弱地基,需先进行处理;如果有桩基础,应先进行桩基础施工;如果有地下室,则在基础砌完或砌完一部分后,砌筑地下室墙,在做完防潮层后安装地下室顶板,最后回填土。

需注意,挖土与垫层施工搭接要紧凑,间隔时间不宜太长,以防下雨后基槽积水,影响地基承载力。此外,垫层施工后要留有技术间歇时间,使其具有一定强度后,再进行下道工序。各种管沟的挖土、管道铺设等应尽可能与基础施工配合,平行搭接进行。一般回填土在基础完工后依次分层夯填,为后续施工创造条件。对于室内回填土,最好能与基槽回填土同时进行;如不能,也可留在装饰工程之前,与主体结构施工同时交叉进行。

②主体结构工程的施工顺序。主体结构工程阶段的工作,通常包括搭脚手架、墙体砌筑、安装窗框、安预制过梁、安预制楼板、现浇卫生间楼板、雨篷和圈梁,安楼梯或现浇楼梯、安屋面板等分项工程。其中墙体砌筑与安装楼板为主导工程。现浇卫生间楼板的支模、绑筋可安排在墙体砌筑的最后一步插入,在浇筑圈梁的同时浇筑卫生间楼板。各层预制楼梯段的安装必须与砌墙和安楼板紧密配合,一般应在砌墙、安楼板的同时或相继完成。若采用现浇楼梯,更应与楼层施工紧密配合;否则由于养护时间影响,后续工程将不能如期进行。

③屋面和装饰工程的施工顺序。这个阶段具有施工内容多、劳动消耗量大、手工操作多、需要时间长等特点。

屋面工程的施工顺序:找平层→隔气层→保温层→找平层→防水层→保护层。

对于刚性防水屋面的现浇钢筋混凝土防水层、分格缝施工应在主体结构完成后开始并尽快完成,以便为室内装饰创造条件。一般情况下,屋面工程可以和装饰工程搭接或平行施工。

装饰工程可分为室外装饰(外墙抹灰、勒脚、散水、台阶、明沟、水落管等)和室内装修(天棚、墙面、地面、楼梯、抹灰、门窗扇安装、油漆、油墙裙、做踢脚线等)。室内外装饰工程的施工顺序通常有先内后外、先外后内、内外同时进行三种顺序,具体确定哪种顺序应视施工条件和气候条件而定。通常室外装饰应避开冬、雨季。当室内为水磨石楼面时,为防止楼面施工时渗漏水对外墙面的影响,应先完成水磨石施工;如果为了加速脚手架周转或要赶在冬雨季到来之前完成外装修,则应采取先外后内的顺序。

同一层的室内抹灰施工顺序为地面→天棚→墙面和天棚→墙面→地面两种。

前一种顺序便于清理地面,地面质量易于保护,且便于收集墙面和天棚的落地灰,节省材料。但由于地面需要养护时间及采取保护措施,使墙面和天棚抹灰时间推迟,影响工期。

后一种顺序在做地面前必须将天棚和墙面上的落地灰和渣子扫清洗净后再做面层；否则会影响地面层与预制楼板间的黏结，造成地面起鼓。

底层地面一般多在各层天棚、墙面、楼面做好之后进行。楼梯间和踏步抹面，由于其在施工期间易损坏，通常在其他抹灰工程完成后，自上而下统一施工。门窗扇安装一般在抹灰之前或之后进行，视气候和施工条件而定。门窗安装玻璃一般在门窗扇刷完油漆之后进行。

室外装饰工程应在由上而往下每层装饰、落水管等分项工程全部完成后，再拆除每一层的脚手架，然后进行散水坡及台阶的施工。

室内外装饰各施工层与施工段之间的施工顺序由施工起点流向确定。

④水暖电等工程的施工顺序。水暖电工程不同于土建工程，可以分为几个明显的施工阶段，它一般与土建工程中有关分部（分项）工程之间进行交叉施工，紧密配合。

在基础工程施工时，先将相应的上下水管沟和暖气管沟的垫层、管沟墙做好，然后再回填土。

在主体结构施工时，应在砌砖墙或现浇钢筋混凝土楼板的同时，预留出上下水管和暖气立管的孔洞、电线孔槽或预埋木砖和其他预埋件。

在装饰工程施工前，应先安装相应的各种管道和电气照明用的附墙暗管、接线盒等。水暖电安装一般在楼地面和墙面抹灰前或抹灰后穿插施工。若电线采用明线，则应在室内粉刷后施工。

室外外网工程的施工可以安排在土建工程之前或与土建工程同时进行。

（3）装配式钢筋混凝土单层工业厂房的施工顺序

装配式钢筋混凝土单层工业厂房的施工可分为基础工程、预制工程、结构安装工程、围护工程和装饰工程五个施工阶段。

①基础工程的施工顺序。

基础工程的施工顺序：基坑挖土→垫层→绑筋→支基础模板→浇混凝土基础→养护→拆模→回填土。

当中、重型工业厂房建设在土质较差的地区时，一般需采用桩基础，此时为了缩短工期，常将打桩工程安排在准备阶段进行。

对于厂房的设备基础，由于其与厂房柱基础施工顺序的不同，常常会影响到主体结构的安装方法和设备安装投入的时间，因此需根据不同情况决定。

当厂房柱基础的埋置深度设备基础埋置深度时，则采用"封闭式"施工，即厂房柱基础先施工，设备基础后施工。

通常，当厂房施工在雨季或冬季施工，或设备基础不大，在厂房结构安装后对厂房结构的稳定性无影响，或对于较大较深的设备基础采用了特殊的施工方法（如沉井）时，可采用"封闭式"施工。

当设备基础埋置深度大于厂房基础的埋置深度时，通常采用"开敞式"施工，即厂房柱基础和设备基础同时施工。

如果设备基础与柱基础埋置深度相同或接近,则可任意选择两种施工顺序。只有在设备较大、较深,其基坑的挖土范围已经与柱基础的基坑挖土范围连成一片或比厂房柱基础深,以及厂房所在地点的土质不佳时,方采用设备基础先施工的顺序。

在单层工业厂房基础施工前,和民用房屋一样,也要先处理好其下部的松软土、洞穴等,然后分段进行流水施工。在安排各分项工程之间的搭接时,应根据当时的气温条件,加强对钢筋混凝土垫层和基础的养护,在基础混凝土达到拆模强度后即可拆除,并及早进行回填土,从而为现场预制工程创造条件。

②预制工程的施工顺序。

单层工业厂房构件的预制方式,一般可采用加工厂预制和现场预制相结合的方法。通常对于质量较大或运输不便的大型构件,可在拟建车间现场就地预制,如柱、托架梁、屋架、吊车梁等。中小型构件可在加工厂预制,如大型屋面板等标准构件和木制品宜在专门的加工厂预制。但在具体确定预制方案时,应结合构件技术特征、当地加工的生产能力、工期要求,以及现场施工、运输条件等因素进行技术经济分析之后确定。一般来说,预制构件的施工顺序与结构吊装方案有关。

采用分件吊装法时,预制构件的施工有三种方案:当场地狭小而工期又允许时,构件制作可分别进行,首先预制柱和吊梁车,待柱和梁安装完毕再进行屋架预制;当场地宽敞时,可在柱、梁预制完成后进行屋架预制;当场地狭小而工期又紧时,可将柱和梁等预制构件在拟建车间内预制,同时在拟建车间外进行屋架预制。

采用综合吊装法时,构件需一次制作。此时视场地具体情况确定构件是全部在拟建车间内预制,还是一部分在拟建车间外预制。

现场后张法预应力屋架的施工顺序:场地平整夯实→支模(地胎模或多节脱模)→扎筋(有时先扎筋后支模)→预留孔道→浇筑混凝土→养护→拆模→预应力钢筋张拉→锚固→灌浆。

③结构安装工程的施工顺序。

结构安装施工的施工顺序取决于吊装方法。当采用分件吊装时,其顺序为:第一次开行吊装柱,并进行校正和固定;待接头混凝土强度达到设计的70%后,第二次开行吊装吊车梁、连系梁和基础梁;之后第三次开行吊装屋盖构件。采用综合吊装法时,其顺序为:先吊装第一节间四根柱,迅速校正和临时固定,再安装吊车梁及屋盖等构件,如此依次逐一节间安装,直至整个厂房安装完毕。抗风柱的吊装可采用两种顺序:一是在吊装柱的同时先安装同跨一端抗风柱,另一端则在屋盖吊装完毕后进行;二是全部抗风性的吊装均待屋盖吊装完毕后进行。

结构吊装的流向应与预制构件制作的流向一致。但车间如为多跨又有高低跨时,吊装流向应从高低跨柱列开始,以适应吊装工艺的要求。

④围护工程的施工顺序。

围护工程阶段的施工包括内外墙体砌筑、搭脚手架、安装门窗框和屋面工程等。在厂房结构安装工程结束后,或安装完一部分区段后即可开始内外墙砌筑工程的分段施工。此时,不同的分项工程之间可组织立体交叉平行流水施工,砌筑完工后,即开始屋面施工。

脚手架应配合砌筑和屋面工程搭设,在室外装饰之后、散水坡施工前拆除。内隔墙的砌筑则应根据内隔墙的基础形式而定,有的需在地面工程完后进行,有的则可在地面工程之前进行。

屋面工程的施工顺序同混合结构居住房屋的屋面施工顺序。

⑤装饰工程的施工顺序。

装饰工程的施工分为室内装饰(地面的整平、垫层、面层,门窗扇安装、玻璃安装、油漆、刷白等)和室外装饰(勾缝、抹灰、勒脚、散水坡等)两部分。

一般单层厂房的装饰工程与其他施工过程穿插进行。地面工程应在设备基础、墙体工程完成一部分和转入地下的管道及电缆或管道沟完成之后随即进行,或视具体情况穿插进行。钢门窗安装一般与砌筑工程穿插进行。或在砌筑工程完成后进行,视具体条件而定。门窗油漆可在内墙刷白后进行,也可与设备安装同时进行,刷白应在墙面干燥和大型屋面板灌缝后进行,并在油漆开始前结束。

水暖电安装工程与混合结构居住房屋的施工顺序基本相同,但应注意空调设备安装的安排。生产设备的安装,一般由专业公司承担,由于这类安装专业性强、技术要求高,因而应遵照有关专业顺序进行。

以上所述的施工过程和顺序,仅适用于一般情况。建筑施工是一个复杂的工程。建筑结构、现场条件、施工环境不同,均会对施工过程和施工顺序的安排产生不同的影响,因此对每一个单位工程,必须根据其施工特点和具体情况,合理确定施工顺序,最大限度地利用空间,为施工争取时间。为此应组织立体交叉平行流水作业,以期达到时间和空间的充分利用。

4.选择施工方法和施工机械

选择施工方法和施工机械是施工方案中的关键问题,它直接影响施工进度、施工质量和安全,以及工程成本。编制施工组织设计时,必须根据工程的建筑结构、抗震要求、工程量的大小、工期长短、资源供应情况、施工现场的条件和周围环境,制定可行方案,并且进行技术经济比较,确定出最优方案。

(1)选择施工方法

选择施工方法时,应着重考虑影响整个单位工程施工的分部(分项)工程,对于工程量大,且在单位工程中占重要地位的分部(分项)工程、施工技术复杂或采用新技术、新工艺及对工程质量起关键作用的分部(分项)工程,以及不熟悉的特殊结构工程,由专业施工单位采用特殊的施工方法;而对于按照常规做法和工人熟悉的分项工程,则不必详细拟定,只需提出应注意的特殊问题即可。

第一,土石方工程。

①计算土石方工程量,确定土石方开挖或爆破方法,选择土石方施工机械。

②确定放坡坡度系数或土壁支撑形式和打设方法。

③选择排除地面、地下水的方法,确定排水沟、集水井或井点布置。

④确定土石方平衡调配方案。

第二,基础工程。

①浅基础中垫层、混凝土基础和钢筋混凝土基础施工的技术要求,以及地下室施工的技术要求;

②桩基础施工的施工方法以及施工机械选择。

第三,砌筑工程。

①砖墙的组砌方法和质量要求。

②弹线及皮数杆的控制要求。

③确定脚手架搭设方法及安全网的挂设方法。

第四,钢筋混凝土工程。

①确定模板类型及支模方法,对于复杂的还需进行模板设计及绘制模板放样图。

②选择钢筋的加工、绑扎和焊接方法。

③选择混凝土的搅拌、输送及浇筑顺序的方法,确定混凝土搅拌振捣等,设备的类型和规格,确定施工缝的留设位置。

④确定预应力混凝土的施工方法、控制应力和张拉设备。

第五,结构安装工程。

①确定结构安装方法和起重机械。

②确定构件运输及堆放要求。

第六,屋面工程。

①屋面各个分项工程施工的操作要求。

②确定屋面材料的运输方式。

第七,装饰工程。

①各种装修的操作要求及方法。

②选择材料运输方式及储存要求。

(2)选择施工机械

选择施工方法必然涉及施工机械的选择问题。机械化施工是改变建筑工业生产落后面貌、实现建筑工业化的基础,因此施工机械的选择是施工方法选择的中心环节。选择施工机械时,应着重考虑以下几方面。

①选择施工机械时,应首先根据工程的特点选择适宜的主导工程的施工机械。如在选择装配式单层工业厂房结构安装用的起重机类型时,若工程量较大而且集中,可以采用生产率较高的塔式起重机;但当工程量较小或工程量虽大却相当分散时,则采用无轨自行式起重机较经济;在选择起重机型号时,应使起重机在起重臂外伸长度一定的条件下能适应其质量加安装高度的要求。

②各种辅助机械或运输工具应与主导机械的生产能力协调配套,以充分发挥主导机械

的效率。如土方工程中采用汽车运土时,汽车的载重量应为挖土机斗容量的整倍数,汽车的数量应保证挖土机连续工作。

③在同一工地上,应尽量减少建筑机械的种类和型号,以利于施工机械管理。为此,工程量大且分散时,宜采用多用途机械施工,如挖土机既可用于挖土,又能用于装卸、起重和打桩。

④机械的选择应充分考虑发挥施工单位现有机械的能力。当本单位的机械能力不能满足工程需要时,则应购置或租赁所需新型机械或多用途机械。

(3)施工方案的技术经济评价

对施工方案进行技术经济评价是选择最优施工方案的重要环节之一。因为任何一个分部(分项)工程,都有几个可行的施工方案,而施工方案技术经济评价的目的就是对每一个分部(分项)工程的施工方案进行选择,选出一个工期短、质量好、材料省、劳动力安排合理、工程成本低的最优方案。

施工方案技术经济评价涉及的因素多而复杂,一般只需对一些主要分部工程的施工方案进行技术经济比较,当然有时也需对一些重大工程项目的总体施工方案进行全面的技术经济评价。

一般来说,施工方案的技术经济评价有定性分析评价和定量分析评价两种。

①定性分析评价。施工方案的定价技术经济分析是指结合施工实际经验,对若干施工方案的优缺点进行分析比较。例如,技术上是否可行、施工复杂程度和安全可靠性如何、劳动力和机械设备能否满足需要、是否能充分发挥现有机械的作用、保证质量的措施是否完善可靠、对冬季施工带来多大困难等。

②定量分析评价。施工方案的定量技术经济分析评价是指通过计算各方案的几个主要技术经济指标,进行综合比较分析,从中选择技术经济指标较佳的方案。

具体指标包括:第一,工期指标。当要求工程尽快完成以便尽早投入生产或使用时,选择施工方案就要在确保工程质量、安全和成本较低的条件下,优先考虑缩短工期。第二,劳动量指标。它能反映施工机械化程度和劳动生产率水平。通常,在方案中劳动消耗量越小,机械化程度和劳动生产率越高。劳动消耗指标以工日数计算。第三,主要材料消耗指标,反映若干施工方案的主要材料节约情况。第四,成本指标。反映施工方案的成本高低,一般需计算方案所用的直接费用和间接费用。第五,投资额指标。当选定的施工方案需要增加新的投资时,如需购买新的施工机械或设备,则需增加投资额的指标,进行比较。

(五)单位工程施工平面布置图

1.单位工程施工平面图设计的依据

①与工程有关的设计资料,如标有现场的一切已建和拟建建筑物、构筑物的地形、地貌的建筑总平面图,现场原有的地下管网图,土方调配图。

②现场可利用的建筑设施、场地、道路、水源、电源、通信源等条件。

③环境对施工的限制条件,如施工现场周围的建筑物和构筑物的影响、交通运输条件,以及对施工现场的废气、废液、废物、噪声和环境卫生的特殊要求。

④施工组织设计资料施工方案、进度计划、资源需要量计划等,以确定各种施工机械、材

料和构件堆场、施工人员办公和生活用房的位置、面积和相互关系。

2.单位工程施工平面图设计的内容

①施工现场内已建和拟建的地上和地下的一切建筑物、构筑物及其他设施。

②塔式起重机的位置、运行轨道,施工电梯或井架的位置,混凝土和砂浆搅拌站的位置。

③测量轴线及定位线标志,测量放线桩和永久水准点的位置。

④为施工服务的一切临时设施的位置和面积。一是场地内外的临时道路、可利用的永久性道路;二是各种材料、构件、半成品的堆场及仓库;三是装配式结构构件制作和拼装的地点;四是行政、生产和生活用的临时设施;五是临时水、电、气管线;六是一切安全和消防设施的位置。

3.单位工程施工平面图设计的基本原则

①在满足施工的条件下,平面布置要力求紧凑,尽可能减少施工用地。

②在保证施工顺利进行的前提下,尽可能减少临时设施,减少施工用临时管线,应充分利用施工现场或附近的原有建筑物作为临时设施用房,以达到降低施工费用的目的。

③最大限度地缩短场内运输,减少场内材料、构件的二次搬运;各种材料、构件应按计划分期分批进场,以充分利用场地;材料、构件的堆场应尽可能靠近使用地点和垂直运输机械的位置,以减少劳动力和材料运转中的消耗。

④临时设施的位置,应有利于施工管理和工人的生产、生活。如办公室应靠近施工现场,生活福利设施最好能与施工区分开。

⑤施工平面布置要符合劳动保护、技术安全和消防的要求。例如施工现场的灰浆池和沥青锅应布置在生活区的下风处,木工棚和易燃物品仓库也应远离生活区,且要注意防火。

四、组织施工的基本原则

安装工程施工与土建工程有着密切的联系。安装工程是介于土建工程与生产之间的一项重要工程,是土建工程结束或基本结束后与生产开始前的一项复杂而精致的工程。

(一)按期完成施工任务

组织施工的根本目的在于迅速建成施工项目,保证质量并尽早交付生产或使用。总工期较长的建设项目,应根据生产的需要和各生产作业线间的相互依存及相互制约关系,对工程做网络计划分析,从而找出关键所在和各单位工程之间的有机联系,为安排年度计划和施工作业计划提供科学依据。一旦承担了施工任务,就应按工期的要求,根据施工的具体情况,做好各项施工准备工作,组织好人力、材料、施工机械设备等,并做好施工的全面控制,以确保按期完成施工任务。

(二)合理安排施工程序

工程施工有其本身的客观规律,按照合理的施工程序组织施工,就能保证各项施工活动相互促进、紧密衔接,避免造成不必要的返工或混乱,对加快施工速度、缩短工期等具有十分重要的作用。

虽然工程施工程序随工程性质、施工条件和使用要求等有所不同,但是大量工程实践证明,在安排施工程序时,通常应考虑以下几点。

1.及时完成施工准备工作,为正式施工创造良好的条件

如果没有做好必要的施工、生产及生活的准备就贸然动工,必然会造成施工现场混乱、前方和后方失调、返工浪费或窝工等不应有的损失。如大型设备的水平运输和垂直吊装,其运输道路可能涉及桥涵、空间通过性及道路的转弯半径、路基承载能力以及施工机械的调度配合、检测技术等多方面的问题,施工前都必须通盘考虑。不仅要考虑设备本身的运输和吊装问题,而且要考虑邻近工程的开、竣工时间以及可能造成的障碍和损失等有关问题,同时还要考虑施工的季节或时间问题等。只有将施工的有关问题一一考虑周全,并制定设计计划,才可动工。当然,正式施工也不是要求把所有的一切准备工作都做好再开始,只要能满足开工要求即可开工,大量的施工准备工作还要在开工后,视施工的需要而不断地完成。

2.施工时应先进行全场性公用工程施工,再进行其他工程施工

所谓全场性公用工程是指涉及全工地的平整场地,修筑道路,铺电缆,安装水、电、气及管网等。在施工初期完成这些工程,有利于工地内部各局部工程的运输、设备的堆放、组装、给排水和施工用电等。在安排道路、管线施工程序时,一般宜先场外后场内;场外由远至近,场内先主干后分支;地下工程要先深后浅;室内、室外工程要考虑季节、天气等,统筹安排,条件允许时,应先进行室外工程,后进行室内工程。

3.合理利用空间场地

合理利用空间场地问题,实际上是解决施工流向问题。施工流向必须根据生产需要,既能保证工程质量,又有利于缩短工期的要求来决定。在决定施工流向后,应统筹安排各工种开展的顺序。解决它们在时间上的搭接和配合问题,使它们的施工既有利于保证质量,又有利于相互之间的创造条件,达到充分利用工作面和争取时间的目的。在安排这类工程的施工程序时,一般先进行地下隐蔽工程,后进行地面工程。在进行地下隐蔽工程时,应先进行深处工程,然后再进行浅层管线的敷设。在安装地面塔罐等设备时,应先安装重、高、大型骨干设备,后安装小型、管廊、辅助和配套设备等。因大型设备对运输、组装、试验等的场地有着特殊的要求,在吊装过程中使用大型设备,占用着较大的空间。如使用桅杆式起重机械进行吊装时,配用的卷扬机多、缆风绳也多,几乎在吊装高度四五倍的平面上布置着施工机具。所以首先进行大型设备安装,不然会影响整个工程的进行。

4.可供施工时使用的永久性建筑

这类永久性建筑如铁路、仓库、宿舍、办公房屋、饭厅等,可以先建造,以减少暂设工程,节约投资。

(三)组织流水施工

采用流水施工方法组织施工,能使施工连续、均衡和有节奏地进行,能合理使用人力、物力和财力,多快好省地完成建设任务。施工中,应尽量采用。

(四)合理安排冬、雨季施工项目

工程施工受季节和气候影响大。我国东北、西北冬季严寒;南方虽处温带,但春雨较多、夏日炎热、秋雨连绵。这些情况都不利于施工的进行,因此在安排施工进度计划时,应注意季节性特点,把受气候影响较小的工程安排在冬季、雷季或夏季;把一些辅助性或附属工程予以适当的穿插;还应安排一些后备项目作为施工中的转移项目等。这样,可使施工中各专业机构、各工程的工人和施工机械等能够不间断地、有次序地进行施工,不但能增加全年的施工日数,而且能使施工对象的转移变得容易和迅速,从而加强施工的连续性、均衡性和节奏性创造了条件。在施工组织中,如果不通盘考虑、注意气候和季节特点地去安排任务,一方面会使施工断断续续,导致人工或机械得不到合理充分地利用;另一方面在工期即将到来之前,势必出现突击赶工,增加资源负荷,造成工人劳动过分紧张,导致工程质量降低、安全事故增多、材料浪费和工程成本增加等不良后果。

(五)提高机械化利用程度

工程施工中以机械代替手工劳动,特别是设备的装卸、运输、吊装等繁重劳动的施工过程实现机械化,并且在一般设备都组装好以后,才进行整体安装就位的工艺过程,可以大大减轻劳动强度,对保证工程质量、提高劳动生产率具有重要意义。

机械化施工通常分为局部机械化施工和全盘机械化施工两种类型。局部机械化施工包括机械化施工和半机械化施工。机械化施工是指某一工种工程的主要工序或几个工序是通过动力装置、传动装置和工作装置三个部分组成的机械或联动机构来完成的。半机械化施工是指某一工种工程的施工使用不具有动力装置的施工机械,仍然由人力等推动或转动的施工机械来完成的施工。全盘机械化施工,也称为综合机械化施工,是指一个工种工程的全部工序基本上都是由施工机械完成的施工。

目前,我国建筑业的技术装备水平相对较低,施工机械的数量还不能满足施工的需要。因此在进行施工时,应充分利用现有施工机械设备,力求把使用大型机械设备和中小型机械设备结合起来,把使用机械化施工和半机械化施工结合起来,扩大机械化施工的范围,提高机械化施工的程度,提高施工机械设备的利用率。

(六)采用先进施工技术

先进的施工技术是提高劳动生产率、改善工程质量、加快施工进度和降低工程成本的重要前提条件,因此在组织施工时,必须根据施工的具体条件,广泛采用国内外先进的施工技术,汲取成功的经验和方法。

选择施工方案如何,在很大程度上决定着施工组织的水平。在选择施工方案时,必须在多方案技术经济比较的基础上,择优选择合理的施工方案,使方案具有技术的先进性和经济的合理性,以保证工程质量和安全生产。

(七)减少施工用临时设施

施工用临时设施应在施工结束后拆除,必须注意减少暂设工程和临时设施的数量,以便节约投资和用地。为此,可以采取以下措施。

①尽量利用原有及已建房屋和构筑物,满足施工生产和生活的需要。

②安排施工顺序时,应优先考虑能够为施工服务的房屋、车间、道路、水、电、气管网等,尽量提前施工,以便后续施工中加以使用。

③尽可能使用便于移动、装拆的房屋和施工机械。

④合理组织材料、设备供应，减少库存量，把仓库、堆场的面积压缩到最低限度；运输费用在设备安装工程费用中一般占 10％左右，在组织施工时，应尽量利用当地资源，减少物资运输量。在运输材料或设备时，应根据当地条件，合理选择运输工具和方式，降低运输费用。

减少暂设工程数量和减少物资运输量，不仅可以节约工程投资、节约施工用地，而且可以减少施工准备工作，从而缩短施工工期，因此在组织施工时，应充分利用时间和空间，合理布置施工平面，节约施工用地。

第二章　建筑工程流水施工

第一节　流水施工原理

统筹法与流水线在建筑施工中得到应用,合理地进行建筑工程的施工组织与管理,应考虑以下几点基本要求,即连续性、协调性、均衡性、平行性和适应性。

建筑工程的"流水施工"来源于工业生产安装的"流水作业",实践证明,它是组织施工的一种行之有效的方法。下面主要叙述建筑工程流水施工的基本概念、基本方法和具体应用。

一、流水施工

（一）施工组织方式

任何一个建筑装饰工程都是由许多施工过程组成的,而每一个施工过程又可以组织一个或多个施工班组来进行施工。如何组织各施工班组的先后顺序或平行搭接施工,是组织施工中一个最基本的问题。通常,施工组织分为依次施工、平行施工和流水施工三种方式,现将这三种方式的特点和效果分析如下。

1. 依次施工组织方式

依次施工又称"顺序施工",是各施工段或施工过程依次开工、依次完成的一种施工组织方式。它是一种最基本的、最原始的施工组织方式。

优点:每天投入的劳动力较少,机具、设备使用不集中,材料供应较单一,施工现场管理简单,便于组织和安排。

缺点:班组施工及材料供应无法保持连续、均衡,工人有窝工的情况或不能充分利用工作面,工期长。

采用依次施工不但工期拖得较长,而且在组织安排上也不尽合理。当工程规模较小且施工工作面又有限时,采用依次施工的方式比较适合,也比较常见。

2. 平行施工组织方式

平行施工组织方式是指所有工程任务的各施工段同时开工、同时完工的一种施工组织方式。

优点:完全利用了工作面,大大缩短了工期。

缺点:施工的专业工作队数目大大增加,工作队的工作仍然有间歇,劳动力及物资资源的消耗相对集中。

平行施工组织方式的特点是能够充分利用工作面,完成工程任务的时间最短;施工队组成倍增加时,机具设备也相应增加,材料供应集中;临时设施、仓库和堆场面积也要增加,从而造成组织安排和施工管理困难,增加了管理费用。

平行施工一般适用于工期要求紧、大规模建筑群及分期组织施工的工程任务。该方法只有在各方面的资源供应有保障的前提下,才是合理的。

3.流水施工组织方式

流水施工组织方式是指所有施工过程按一定的时间间隔依次施工。各个施工过程陆续开工、陆续竣工,使同一施工过程的施工班组保持连续、均衡施工,不同的施工过程尽可能采用平行搭接施工的组织方式。

流水施工所需的时间比依次施工短,各施工过程投入的劳动力比平行施工少;各施工队组的施工和物资的消耗具有连续性与均衡性,前后施工过程尽可能平行搭接施工,比较充分地利用了施工工作面;机具、设备、临时设施等比平行施工少,节约施工费用支出;材料等组织供应均衡。组织流水施工具有较好的经济效益,其优点如下。

第一,充分、合理地利用施工工作面,减少或避免"窝工"现象,缩短工期。

第二,资源消耗均衡,从而降低了工程费用。

第三,能保持各施工过程的连续性与均衡性,从而提高了施工管理水平和技术经济效益。

第四,能使各施工班组在一定时期内保持相同的施工速度和连续均衡施工,从而有利于提高劳动生产率。

(二)组织流水施工的条件

流水施工的实质是分工协作与成批生产。在社会化大生产条件下,分工已经形成,由于建筑装饰产品体型庞大,通过划分施工段可以将单件产品变成假想的多个产品。组织流水施工的条件主要有以下几点。

1.划分分部(分项)工程

将拟建装饰工程根据工程特点及施工要求,划分为若干个分部工程,每个分部工程又根据施工工艺要求、工程量大小、施工队组的组成情况,划分为若干个施工过程(即分项工程)。

2.划分施工段

根据组织流水施工的需求,将所建工程在平面或空间上,划分为工程量大致相等的若干个施工区段。

3.组织独立的施工班组

在流水施工中,每个施工过程尽可能组织独立的施工班组。其形式可以是专业队,也可以是混合班组,这样可以使每个施工队组按照施工顺序依次地、连续地、均衡地从一个施工段转移到另一个施工段进行相同的施工操作。

4.施工班组必须连续、均衡施工

对工程量大、施工时间长的施工过程,必须组织连续、均衡地施工;对其他次要施工过程,可考虑与相邻的施工过程合并或在有利缩短工期的前提下,安排其间断施工。

5.组织平行搭接施工

按照施工先后顺序要求,在有施工工作面的条件下,除必要的技术和组织间歇时间外,尽可能组织平行搭接施工。

二、建筑工程流水施工的分类

建筑工程施工流水作业按不同的分类标准,可划分为不同的类型。

（一）按流水施工的组织范围划分

①分项工程流水施工(细部流水)。分项工程流水施工是指一个工作队利用同一生产工具,依次连续地在各施工区域中完成同一施工过程的施工组织方式,如天棚抹灰、内墙面抹灰等。

②分部工程流水施工。分部工程流水施工是指若干个工作队,各队利用同一种工具,依次连续地在各施工区域中完成同一施工过程的施工组织方式。

③单位工程流水施工。单位工程流水施工是指所有工作队在同一个施工对象的各施工区域中依次连续地完成各自同样工作的施工组织方式。

④建筑群流水施工。建筑群流水施工是指所有工作队在一个建筑群的各施工区域中依次连续地完成各自同样工作的组织方式。

⑤分别流水施工。分别流水施工是将若干个分别组织的分部工程流水,按照施工工艺顺序和要求搭接起来,组织成一个单位工程或建筑群的流水施工。

前两种流水是流水施工的基本形式,其中以分部工程流水施工较为普遍。

（二）按流水节拍的特征划分

①节奏性专业流水施工。

②非节奏性专业流水施工。

流水施工的表达方式有三种,分别是横道图、斜线图和网络图。

三、组织的流水施工

组织合理流水,具有较好的经济效果。主要表现为以下几个方面。

第一,前后施工过程衔接紧凑,消除了不必要的时间间歇,使施工得以连续进行,后续工作尽可能提前在不同的工作面上开展,从而加快施工进度,缩短工程工期。根据各施工企业开展流水施工的效果比较,发现流水施工比依次施工总工期可缩短 1/3 左右。

第二,各个施工过程均采用专业班组操作,可提高工人的熟练程度和操作技能,从而提高工人的劳动生产率;同时,工程质量也得到了保证和提高。

第三,采用流水施工,使得劳动力和其他资源的使用比较均衡,从而可避免劳动力和资源的使用出现大起大落的现象,减轻施工组织者的压力,为资源的调配、供应和运输带来方便。

第四,由于工期缩短、工作效率提高、资源消耗等因素的共同作用可以减少临时设施及其他一些不必要的费用,从而减少工程的直接费用,最终降低工程总造价。

上述经济效果都是在不需要增加任何费用的前提下取得的,可见,流水施工是实现施工管理科学化的重要组成内容,是与建筑设计标准化、构配件生产工厂化、施工机械化等现代施工内容紧密联系、相互促成的,是实现施工企业进步的重要手段。

第二节 流水施工参数

流水施工参数是在组织拟建工程项目流水施工时,用以表达流水施工在工艺流程、空间布置和时间排列等方面开展状态的参数,且流水施工就是在研究工程特点和施工条件的基础上,通过一系列流水参数的计算来实现的。按其性质不同,流水施工的主要参数有工艺参数、空间参数和时间参数。

一、工艺参数

(一)施工过程

建筑工程的施工通常由许多施工过程(如挖土、垫层、支模、扎筋、浇筑混凝土等)组成。当然,施工过程所包括的范围可大可小,既可以是分部(分项)工程,也可以是单位工程或单项工程。根据工艺性质不同,施工过程可分为制备类施工过程、运输类施工过程和建筑安装类施工过程。根据具体情况,把一个工程项目划分为若干道具,有独自施工工艺特点的个别施工过程,叫作施工过程数(工序),施工过程数一般用字母"n"表示。

一般将施工对象所划分的工作项目称为施工过程,如室内装饰工程:吊顶→细木装饰→裱糊→电器安装→铺地板→油漆。厨房装饰工程:涂料→砌筑台柜→细木装饰→墙面、柜面→贴饰瓷砖→电器、电热水器安装→铺贴地面材料→油漆→煤气接管等。

施工过程划分的数目多少和粗细程度,通常与下列因素有关(划分施工过程的影响因素)。

①施工计划的性质和作用。

②施工方案及工程结构。

③工程量的大小与劳动力的组织。

④施工的内容和范围。

(二)流水强度

流水强度是指某施工过程在单位时间内所完成的工程量,用"V_i"表示。

(1)机械施工过程的流水强度,其计算公式为

$$V_i = \sum R_i S_i$$

$$(2\text{-}1)$$

式中:R_i——某施工过程的某种施工机械台数;

S_i——某施工过程的某种施工机械产量定额。

（2）手工操作施工过程的流水强度，其计算公式为

$$V_i = R_i S_i$$

（2-2）

式中：R_i——某施工过程的施工班组人数；

　　S_i——某施工过程的施工班组平均产量定额。

二、空间参数

空间参数主要有工作面、施工段和施工层。

（一）工作面

在建筑领域，工作面是指某专业工种的工人在从事建筑产品施工过程中所必须具备的活动空间。

（二）施工段

在组织流水施工时，通常把拟建工程项目在平面上划分为劳动量相等或大致相等的若干个施工区段，这些施工区段称为"施工段"。一般用"m"表示。

划分施工段的目的，是使各施工队（组）能在不同的工作面上平行作业，为各施工队（组）依次进入同一工作面进行流水施工作业创造条件。

1. 划分施工段的一般部位

①设置有伸缩缝、沉降缝的建筑工程，可以此缝为界划分施工段。

②单元式的住宅工程，可以单元为界分段。

③道路、管线等可按一定长度划分施工段。

④多幢同类型建筑，可以以一幢房屋为一个施工段。

⑤装饰工程一般以单元或楼层划分施工段。

2. 划分施工段的原则

①各施工段上所消耗的劳动量相等或大致相等，以保证各施工班组施工的连续性和均衡性。

②施工段的数目及分界要合理。

③施工段的划分界限要以保证施工质量且不违反操作规程为前提。

④当组织楼层结构流水施工时，每一层的施工段数必须大于或等于其施工过程数。即 $m \geqslant n$。

（三）施工层

为满足竖向流水施工的需要，在建筑物垂直方向上划分的施工区段，称为施工层，一般用"r"表示。

三、时间参数

流水施工的时间参数一般有流水节拍、流水步距、平行搭接时间、技术组织间歇时间、工

期等。

（一）流水节拍

从事某一个施工过程的施工班组在一个施工段上完成施工任务所需的持续时间，称为流水节拍。用符号"t_i"表示。

1.流水节拍的计算方法

（1）定额计算法

$$t_i = \frac{Q_i}{S_i R_i N_i} = \frac{P_i}{R_i N_i}$$

（2-3）

$$t_i = \frac{Q_i H_i}{R_i N_i} = \frac{P_i}{R_i N_i}$$

（2-4）

式中：t_i——某施工过程在施工段上的流水节拍；

Q_i——某施工过程在施工段上要完成的工程量；

S_i——某施工班组的计划产量定额；

H_i——某施工班组的计划时间定额；

N_i——某专业工作队的工作班次；

P_i——某施工班组在第 i 施工段上的劳动量或机械台班量；

R_i——某施工班组的工作人数或机械台数。

（2）工期计算法

工期计算法又称倒排进度法，具体步骤如下。

根据工期倒排进度，确定某施工过程的工作延续时间。

确定某施工过程在某施工段上的流水节拍。若同一施工过程的流水节拍不等，则用估算法；若流水节拍相等，则用下式计算：

$$t = T/m$$

（2-5）

（3）经验估算法

$$t = (a + 4c + b)/6$$

（2-6）

式中：t——某施工过程在某施工段上的流水节拍；

a——某施工过程在某施工段上的最短估算时间；

b——某施工过程在某施工段上的最长估算时间；

c——某施工过程在某施工段上的最可能估算时间。

2.确定流水节拍应考虑的因素

①施工班组人数要适宜，既要满足最小劳动组合人数的要求，又要满足最小工作面的要求。

最小劳动组合就是指某一施工过程进行正常施工所必需的最低限度的班组人数及其合

理组合,如门窗安装就要按技术工人和普通工人的最少人数及合理比例组成施工班组,人数过少或比例不当都会引起劳动生产率下降。

最小工作面是指施工班组为保证安全生产和有效操作所必需的工作面。它决定了最高限度可安排多少工人,不能为了赶工期而无限制地增加人数,否则将因为工作面的不足而产生窝工。

②工作班制要恰当。工作班制的确定要看工期的要求。当工期不紧迫,工艺上又无连续施工要求时,可采用一班制;当组织流水施工时,为了给第二天连续施工创造条件,某些施工过程可考虑在夜晚进行,即采用二班制;当工期较紧或工艺上要求连续施工,或为了提高施工机械的使用率时,某些项目考虑三班制。

③机械的台班效率或机械台班产量的大小。

④流水节拍值一般取整数或取 0.5 天(台班)的整数倍。

（二）流水步距

两个相邻施工过程的施工班组先后进入同一施工段开始施工的时间间隔,称为"流水步距"。用"$K_{i,i+1}$"表示,即第 $i+1$ 个施工过程必须在第 i 个施工过程开始工作后的 K 天后,再开始与第 i 个施工过程平行搭接。

流水步距一般要通过计算才能确定。

流水步距的大小或平行搭接的多少,对工期影响很大。在施工段不变的情况下,流水步距越小,即平行搭接多,则工期短;反之,则工期长。

流水步距的个数取决于参加流水的施工过程数,如果有 n 个施工过程,则流水步距的总数为 n-1 个。

1.确定流水步距的原则

①始终保持两个相邻施工过程的先后工艺顺序。

②保证各专业工作队都能连续作业。

③保证相邻两个专业队在开工时间上最大限度地、合理地搭接。

④保证工程质量,满足安全生产。

2.确定流水步距的公式计算法

$$K_{i,i+1}=\begin{cases} t_i+t_j\text{-}t_d & (t_i \leqslant t_{i+1}) \\ mt_i\text{-}(m\text{-}1)t_{i+1}+t_j\text{-}t_d & (t_i > t_{i+1}) \end{cases}$$

(2-7)

式中:$K_{i,i+1}$——流水步距;

t_i——第 i 个施工过程的流水节拍;

t_{i+1}——第 $i+1$ 个施工过程的流水节拍;

m——施工段数;

t_d——平行搭接时间;

t_j——技术组织间歇时间。

（三）平行搭接时间

在组织流水施工时,有时为了缩短工期,在工作面允许的条件下,如果前一个专业工作队完成部分施工任务后，能够提前为后一个专业工作队提供工作面，使后者提前进入一个施工段，那么两者就是在同一个施工段上平行搭接施工。

（四）技术组织间歇时间

技术间歇时间，即由于工艺原因引起的等待时间，如砂浆抹面或油漆的干燥时间等。

组织间歇时间，即由于组织技术的因素而引起的等待时间，如砌筑墙体之前的弹线、施工人员、机械转移等。

（五）工期

工期是指完成一项工程任务或一个流水组施工所需要的时间。其计算公式为

$$T = \sum K_{i,i+1} + T_n$$

$$(2\text{-}8)$$

式中：$K_{i,i+1}$——流水步距；

T_n——最后一个施工过程的施工持续时间。

第三节　流水施工的组织方式

流水施工根据流水施工节奏的不同分为有节奏流水施工和非节奏流水施工。

一、有节奏流水施工

有节奏流水施工是指同一施工过程在各个施工段上的流水节拍都相等的一种流水施工方式。

等节奏流水施工是指同一施工过程在各个施工段上的流水节拍都相等，并且不同施工过程之间的流水节拍也相等的一种流水施工方式。

根据流水步距不同，等节奏流水施工可分为等节拍等步距流水施工、等节拍不等步距流水施工、成倍节拍流水施工。

（一）等节拍等步距流水施工

等节拍等步距流水施工（全等节拍专业流水施工）是指在所组织的流水施工范围内，所有施工过程的流水节拍均为相等的常数的一种流水施工方法。

特点：各施工过程的流水节拍都相等；其流水步距均相同且等于一个流水节拍；每个专业工作队都能连续施工，施工段没有空闲；专业工作队队数等于施工过程数。

其中：

$$K = t$$
$$T = (m+n\text{-}1)K \ \text{或} \ T = (m+n\text{-}1)t$$

$$(2\text{-}9)$$

（二）等节拍不等步距流水施工

等节拍不等步距流水施工即各施工过程的流水节拍相等，但各流水步距不相等。

特点：同一施工过程各施工段上的流水节拍相等，不同施工过程同一施工段上的流水节

拍不一定相等;各个施工过程之间的流水步距不一定相等。

主要参数:

$$K_{i,i+1}=\begin{cases}t_i+t_j-t_d & (t_i\leqslant t_{i+1})\\ mt_i-(m-1)t_{i+1}+t_j-t_d & (t_i>t_{i+1})\end{cases}$$

$$T=\sum K_{i,i+1}+T_n$$

(2-10)

(三)成倍节拍流水施工

在组织流水施工时,如果各装饰施工过程在每个施工段上的流水节拍均为其中最小流水节拍的整数倍,为了加快流水施工的速度,可按倍数关系确定相应的专业施工队数目,即构成了成倍节拍流水施工。

特点:不仅所有专业施工队都能连续施工,而且实现了最大限度的合理搭接,从而大大缩短了施工工期。

1.成倍节拍专业流水的概念

成倍节拍专业流水施工是指同一施工过程在各个施工段上的取值节拍彼此相等,不同的施工过程之间流水节拍不完全相等,但各个施工过程的流水节拍均为其中最小流水节拍的整数倍。例如,某分部工程有 A、B、C、D 四个施工过程,其中,$t_A=2d$、$t_B=4d$、$t_C=2d$、$t_D=6d$,就是一个成倍节拍专业流水。

2.成倍节拍专业流水的特点

①同一施工过程在各个施工段上的流水节拍彼此相等,不同的施工过程在同一施工段上的流水节拍彼此不相等,但互为倍数关系。

②流水步距彼此相等,且等于流水节拍的最大公约数。

③各专业工作队都能保证连续施工,施工段没有空闲。

④专业工作队数大于施工过程数,即 $n_1>n$。

3.成倍节拍专业流水的主要参数的确定

①流水步距 $K_{i,i+1}$。流水步距均相等,且等于各流水节拍的最大公约数,即

$$K_{i,i+1}=t_{min}$$

(2-11)

②施工段数 m。在确定施工段数以前,必须先确定各施工过程所需的工作队数,即

$$b_i=t_i/t_{min}$$

(2-12)

式中:b_i——施工过程 i 所需要组织的施工队数;

t_{min}——流水节拍(所有流水节拍中最小的流水节拍)。

专业工作队总数 n_1 的计算公式:

$$n_1=\sum b_i$$

(2-13)

$$m = n_1$$

(2-14)

③总工期。

$$T = (m + n_1 - 1)K_{i,i+1}$$

(2-15)

二、非节奏流水施工

非节奏流水施工也称无节奏流水施工或分别流水施工,是指同一施工过程在各个施工段上的流水节拍不完全相等的一种流水施工方式。当各施工段的工程量不相等,各施工班组生产效率各有差异,并且不可能组织全等节拍式或成倍节拍流水时,则可组织非节奏流水施工。

(一)非节奏流水施工的特点

各施工班组可以依次在各施工段上连续施工,但各施工段上并不经常都有施工班组工作。因为非节奏流水施工中,各工序之间不像组织节拍流水那样有一定的时间约束,所以,在进度安排上比较灵活。

(二)非节奏流水施工的实质

各专业施工班组连续流水作业,流水步距经计算确定,使工作班组之间在一个施工段内互不干扰,或前后工作班组之间工作紧密衔接。因此,组织非节奏流水施工作业的关键在于计算流水步距。

(三)非节奏流水施工主要参数的确定

1.计算流水步距

非节奏流水施工的流水步距按照"累加数列错位斜减取大差"(简称取大差法)的方法计算。它是由潘特考夫斯基提出的,所以,又称潘特考夫斯基法,这种方法的具体步骤如下:

第一步,将每个施工过程的流水节拍逐段累加;

第二步,错位相减;

第三步,取差值最大者作为流水步距。

2.计算工期

$$T = \sum K_{i,i+1} + T_n$$

(2-16)

第三章　预应力混凝土工程施工

第一节　预应力混凝土的材料及分类

一、预应力混凝土的材料

（一）预应力筋

预应力筋是指在预应力结构中用于建立预加应力的单根或成束的预应力钢丝、钢绞线或钢筋等。预应力筋的发展趋势为高强度、低松弛、粗直径、耐腐蚀。

对预应力筋的要求具体如下：

①强度越高越好。

②为避免在超载情况下发生脆性破断，预应力筋还必须具有一定的塑性；同时还要求具有良好的加工性能，以满足对钢筋焊接、镦粗的加工要求。

③与混凝土有良好的黏结性能，通常采用刻痕或压波方法来提高预应力筋与混凝土的黏结强度。

④具有低松弛应力损失。

预应力筋宜采用螺旋肋钢丝、刻痕钢丝和低松弛钢绞线，也可采用热处理钢筋。冷拔低碳钢丝和冷拉钢筋由于存在残余应力、屈强比低，已逐渐被螺旋肋钢丝、刻痕钢丝或 1×3 钢绞线取代，不再作为预应力筋使用。

1. 预应力钢丝

常用的预应力钢丝有螺旋肋钢丝和刻痕钢丝。螺旋肋钢丝是通过专用拔丝模冷拔使钢丝表面沿长度方向产生规则间隔肋条的钢丝，直径为 4～9 mm，标准抗拉强度为 1 570～1 770 N/mm²。螺旋肋能增加钢丝与混凝土的握裹力，可用于先张法构件。刻痕钢丝是用冷轧或冷拔方法使钢丝表面产生周期性变化的凹痕或凸纹的钢丝，直径为 5 mm、7 mm，标准抗拉强度为 1 570 N/mm²。钢丝表面的凹痕或凸纹能增加钢丝与混凝土的握裹力，可用于先张法构件。

2. 预应力钢绞线

钢绞线是由多根碳素钢丝在绞线机上成螺旋形绞合，并经低温回火消除应力制成的。钢绞线的整根破断力大、柔性好，施工方便，具有广阔的发展前景，但价格比钢丝贵。钢绞线可分为光面钢绞线、无黏结钢绞线、模拔钢绞线、镀锌钢绞线、环氧涂层钢绞线、不锈钢钢绞线等。

3.热处理钢筋和精轧螺纹钢筋

热处理钢筋是由普通热轧中碳合金钢筋经淬火和回火调质热处理制成的,具有高强度、高韧性和高黏结力等优点,直径为 6～10 mm。成品钢筋为直径 2 m 的弹性盘卷,开盘后自行伸直,每盘长度为 100～120 m。热处理钢筋的螺纹外形有带纵肋和无纵肋两种。

精轧螺纹钢筋是用热轧方法在钢筋表面上轧出不带肋的螺纹外形。钢筋的接长用连接螺纹套筒,端头锚固用螺母。精轧螺纹钢筋具有锚固简单、施工方便、无须焊接等优点。目前,国内生产的精轧螺纹钢筋品种有 φ25 和 φ32 两种,其屈服点分别为 750 MPa 和 900 MPa。

4.预应力筋的验收及存放

预应力筋的验收包括标牌检查和外观检查两种,并应按有关规定取样进行力学性能检验。

(1)标牌检查

预应力钢筋出厂,每捆(盘)应挂有两个标牌(注明厂名、品名、规格、生产工艺及日期、批号等),并有随货同行的出厂质量证明书。每验收批由同一牌号、同一规格、同一生产工艺的预应力钢筋组成,每批数量不超过 60 t。

(2)外观检查

钢丝和钢绞线的外观检查均应逐盘进行,钢丝表面不得有油污、氧化铁皮、裂纹或机械损伤。钢丝直径检查按总盘数的 10% 选取,但不少于 6 盘;钢绞线表面不得有油污、锈斑或机械损伤。镀锌、涂环氧钢绞线、无黏结钢绞线等涂层表面应均匀、光滑、无裂纹、无明显褶皱。无黏结预应力筋每验收批应抽取三个试件检验油脂质量和护套厚度。精轧螺纹钢的外观检查应逐根进行。钢筋表面不得有锈蚀、油污、横向裂缝、结疤。

(3)力学性能检验

在每批钢丝中任意选取总盘数的 10%(不少于 6 盘),每盘在任意位置截取两根试件,一根做拉伸试验,另一根做弯曲试验,若有一项试验不合格,则该盘钢丝为不合格品;另外,从该批未经检验的钢丝盘中抽取双倍数量的试件进行检验,若仍有一项不合格,则该批钢丝为不合格品;或逐盘检验取用合格品。在每批钢绞线中任意选取 3 盘,每盘在任意位置截取一根试件做拉伸试验,若其中有某一项试验结果不合标准要求,则该不合格盘报废;另外,从未经检验过的钢绞线中抽取双倍数量的试件进行复检,若依然有一项不合格,则该批钢绞线为不合格品。从每批钢筋中抽取总盘数的 10%(不小于 25 盘)进行力学性能试验,试验结果如有一项不合格,该不合格盘应报废,并在从未试验过的钢筋中取双倍数量的试样进行复验,若仍有一项不合格,则该批钢筋为不合格品。每批钢筋的质量应不大于 60 t。

(4)运输存放

预应力筋在运输或存放过程中要避免遭受雨淋、湿气或腐蚀介质的侵蚀,以免发生锈蚀,降低质量,若钢筋表面出现腐蚀坑,严重的还会造成钢筋脆断。

(二)混凝土

在预应力结构中,混凝土的强度等级应不低于 C30,当采用钢绞线、钢丝、热处理钢筋做预应力筋时不得低于 C40；目前，在一些重要的预应力混凝土结构中，已开始采用 C50～C60 的高强混凝土，并逐步向更高强度等级的混凝土发展。在预应力混凝土构件的施工中，不能掺用对钢筋有侵蚀作用的氯盐、氯化钠等，否则会发生严重的质量事故。对混凝土的配置要求是高强度、低收缩、徐变小。施工采取的措施是控制水灰比、选用高标号水泥、控制水泥掺入量、注意掺和料的选择、加强振捣和养护。施加预应力时的混凝土强度要求应遵守设计规定，设计无规定时应经计算确定，并不低于设计强度的 75％。

（三）预应力锚固体系

预应力锚固体系包括锚具、夹具和连接器。锚固体系的种类很多，且呈现出配套化、系列化和工厂化生产的模式。

1. 锚具

锚具是在后张法结构或构件中，用于保持预应力筋的拉力并将其传递到混凝土（或钢结构）上所用的夹持预应力筋的永久性锚固装置。锚具应符合《预应力筋用锚具、夹具和连接器》标准，受力安全可靠、预应力损失小、构造简单、紧凑、制作方便、用钢量少、张拉锚固方便迅速，设备简单。锚具还应满足分级张拉、补张拉和放松预应力筋等张拉工艺要求；锚固多根预应力筋用的锚具，除应具有整束张拉的性能外，还应具有单根张拉的可能性。锚具的分类很多，按其传力锚固的受力原理，可以分为以下几类。

（1）依靠摩阻力锚固的锚具

这类锚具如楔形锚具、锥形锚具、JM 型锚具、夹片式锚具等。

（2）依靠承压锚固的锚具

这类锚具如镦头锚具、钢筋螺纹锚具等。

（3）依靠黏结力锚固的锚具

这类锚具如先张法的预应力钢筋锚具、后张法固定端的钢绞线压花锚具等。

常见的几种锚具如图 3-1 至图 3-3 所示。

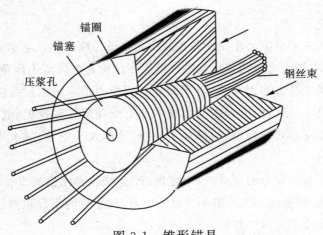

图 3-1　锥形锚具

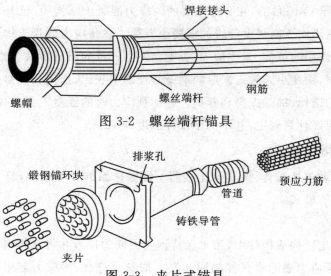

图 3-2　螺丝端杆锚具

图 3-3　夹片式锚具

2.夹具

夹具是在先张法构件施工时,用于保持预应力筋的拉力并将其固定在生产台座(或设备)上的临时性锚固装置;或是在后张法结构或构件施工时,在张拉千斤顶或设备上夹持预应力筋的临时性锚固装置(又称为工具锚)。先张法中钢丝的夹具分为两类,一类是将预应力筋锚固在台座上的锚固夹具;另一类是张拉时夹持预应力筋用的夹具。锚固夹具与张拉夹具都是重复使用的工具。夹具的种类繁多,常用的钢绞线夹具是 QM 预应力体系中的 JXS 型、JXL 型、JXM 型夹具。钢筋锚固常用圆套筒三片式夹具,由套筒和夹片组成。

3.连接器

连接器是用于连接预应力筋的装置。永久留在混凝土结构或构件中的连接器,应符合锚具的性能要求;用于先张法施工且在张拉后还将放张和拆卸的连接器应符合夹具的性能要求。

(四)张拉设备

预应力张拉设备主要有电动张拉设备和液压张拉设备两大类。电动张拉设备仅用于先张法,液压张拉设备可用于先张法与后张法。液压张拉设备由液压千斤顶、高压油泵和外接油管组成。张拉设备应装有测力仪器,以准确建立预应力值。张拉设备应由专人使用和保管,并定期维护和校验。常用的电动张拉机械主要有电动螺杆张拉机、电动卷扬张拉机等。液压张拉设备主要有穿心式千斤顶、拉杆式千斤顶、锥锚式千斤顶、前卡式千斤顶和扁锚整体张拉千斤顶等。

为保证预应力筋张拉应力的准确性,应定期、配套校验张拉机具设备及仪表,确定张拉力与油表读数的关系,校验间隔期一般不超过 6 个月,校正后的千斤顶与油压表必须配套使用。使用中出现异常或千斤顶维修后,应重新标定。

(五)制孔器

后张法混凝土构件的预留孔道是通过制孔器来制成的,常用制孔器的形式有两类,一类为抽拔式制孔器,即在预应力混凝土构件中根据设计要求预留制孔器具,待混凝土初凝后抽拔出制孔器具,形成预留孔道。此法常用橡胶抽拔管作为抽拔制孔器。另一类为埋入式制孔器,即在预应力混凝土构件中根据设计要求永久埋置制孔器,形成预留孔道。此法常用铁皮管或金属波纹管作为埋入式制孔器。

（六）预应力混凝土的其他材料及设备

除上述材料设备外,预应力混凝土还包括用于预应力筋穿孔的穿索机、孔道密封防腐蚀的灌孔浆液及压浆机,以及用于张拉预应力筋的张拉台座等。

二、预应力混凝土的分类

（一）国内外配筋混凝土结构的分类

国内外配筋混凝土结构分为以下四级。

①Ⅰ级,全预应力混凝土。它是指在各种荷载组合下构件截面上均不允许出现拉应力的预应力混凝土。

②Ⅱ级,有限预应力混凝土。它是指在短期荷载作用下,容许混凝土承受某一规定拉应力值,但在长期荷载作用下,设计要求不得受拉的混凝土。

③Ⅲ级,部分预应力混凝土。它是指在使用荷载作用下,容许出现裂缝,但最大裂宽不超过设计要求允许值的混凝土。

④Ⅳ级,普通钢筋混凝土。它是指在使用荷载作用下,容许出现裂缝,但最大裂宽不超过设计要求允许值的混凝土。

按照工程习惯,我国根据预应力度将配筋混凝土分为全部预应力混凝土、部分预应力混凝土和普通钢筋混凝土三类。

（二）预应力混凝土结构的具体分类

预应力混凝土结构的分类方法很多,根据预应力混凝土中预加应力的程度、预应力筋张拉的方法及预应力筋的设置方式和结构物的外形等,预应力混凝土可分为以下几类。

①按预应力大小分为全部预应力混凝土和部分预应力混凝土。

②按施加预应力方式分为先张法预应力混凝土、后张法预应力混凝土和自应力混凝土。

③按预应力筋的黏结状态分为有黏结预应力混凝土和无黏结预应力混凝土。

④按施工方式分为预制预应力混凝土、现浇预应力混凝土和叠合预应力混凝土。

⑤按施加预应力的混凝土结构物外形特征分为预应力混凝土板、杆、梁、闸墩、隧洞等。

第二节　先张法预应力混凝土施工

先张法是在混凝土构件浇筑前先张拉预应力筋,并用夹具将其临时锚固在台座或钢模上,再浇筑混凝土,待其达到一定强度后(约为设计强度的75%),放松并切断预应力筋,预应力筋产生弹性回缩,借助混凝土与预应力筋间的黏结,对混凝土产生预压应力的施工方法。

先张法主要应用于房屋建筑中的空心板、多孔板、槽形板、双 T 板、V 形折板、托梁、檩条、槽瓦、屋面梁等;道路桥梁工程中的轨枕、桥面空心板、简支梁等;在基础工程中应用的预应力方桩及管桩等。

先张法生产构件可采用长线台座法生产,台座长度为 100～150 m,或是采用台模机组流水法生产。先张法涉及台座、张拉机具和夹具及施工工艺,下面分别叙述。

一、台座

台座是先张法施工中的主要设备之一,台座承受预应力筋的全部拉力,故台座应具有足够的强度、刚度和稳定性,以免因台座变形、倾覆和滑移而引起预应力损失。台座由台面、横梁和承力结构组成。按构造形式不同,其可分为墩式台座、槽式台座和钢模台座等。台座可用于成批生产预应力构件。

(一)墩式台座

墩式台座由台墩、台面与横梁组成,目前,常用的是台墩与台面共同受力的墩式台座,由现浇钢筋混凝土做成。台座应具有足够的强度、刚度和稳定性,台座设计时应进行抗倾覆与抗滑移验算。

台墩与台面共同工作时,预应力筋的张拉力几乎全部传给了台面,可不进行抗滑移验算。

墩式台座的台面一般是在夯实的碎石垫层上浇筑一层厚度为 60～100 mm 的混凝土而成。台面略高于地坪且必须平整光滑,以保证构件表面的平整。为防止台面开裂,可根据当地温差和经验设置伸缩缝(一般 10 m 左右设置一条),同时也可在台面内沿上、下表面配置钢筋网片。必要时还可采用预应力混凝土滑动台面,不留伸缩缝。墩式台座的横梁以台墩为支座,直接承受预应力筋的张拉力,其挠度应不大于 2 mm,并不得产生翘曲。预应力筋的定位板必须安装准确,其挠度不大于 1 mm。

(二)槽式台座

槽式台座由端柱、传力柱、横梁和台面组成,既可承受张拉力和倾覆力矩,加盖后又可作为蒸汽养护槽。槽式台座适用于张拉吨位较大的吊车梁、屋架、箱梁等大型预应力混凝土构件。

槽式台座的长度一般不大于 80 m,宽度随构件外形及制作方式而定,一般不小于 1 m。端柱、传力柱的端面必须平整,对接接头必须紧密,柱与柱垫连接必须牢靠。为便于混凝土输送及蒸汽养护,台座宜低于地面,但需考虑地下水位的影响及防雨排水的措施。为便于拆迁,台座可设计成装配式。

槽式台座需要进行强度和稳定性验算。端柱和传力柱应按钢筋混凝土偏心受压构件设计计算。端柱的抗倾覆力矩由端柱、横梁自重力以及部分张拉力组成。

(三)钢模台座

钢模台座主要在工厂流水线上使用,它是将制作构件的模板作为预应力钢筋锚固支座的一种台座。模板具有相当的刚度,可将预应力钢筋放在模板上进行张拉。

二、夹具

先张法中夹具按所处位置分为锚固夹具和张拉夹具。锚固夹具主要有偏心式夹具和楔形夹具两种,张拉夹具主要有锥形锚具、墩头锚具和夹片锚具三种。其中锥形夹具适用于夹持冷拔低碳钢丝和碳素钢丝;墩头式夹具分单根墩头夹具和墩头梳筋板夹具,适用于有墩粗头的Ⅱ级、Ⅲ级、Ⅳ级螺纹钢筋和钢丝;夹片式夹具分圆套筒三片式($\varphi 12$、$\varphi 14$单根冷拉钢筋)、方套筒二片式($\varphi 8.2$热处理钢筋)、单根钢绞线夹具($\varphi 12$和$\varphi 15$钢绞线)。

三、施工工艺

(一)预应力筋的铺设

预应力筋宜采用砂轮锯或切断机切断,不得采用电弧切割。为便于脱模,长线台座(或)脱模在铺放预应力筋前应先刷隔离剂,但应采取相应的保护措施防止隔离剂污染预应力筋降低黏结力。预应力筋安装宜自下而上进行,先穿直线预应力筋,再通过转折器穿折线预应力筋,预应力筋与锚固梁间的连接宜采用张拉螺杆。预应力钢丝宜用牵引车铺设,需要接长时借助钢丝拼接器用20~22号铁丝密排绑扎。

(二)预应力筋的张拉

预应力筋张拉前,应对台座、横梁及各项张拉设备进行详细检查,符合要求后方可进行操作。预应力筋的张拉应按设计要求进行,按合适的张拉方法、张拉设备、张拉程序进行,并采取可靠的质量和安全保障措施。

1. 单根钢丝张拉

台座法多用于单根钢丝张拉,由于张拉力较小,一般可采用10~20 kN电动螺杆张拉机或电动卷扬机单根钢丝张拉,采用弹簧测力计测力、优质锥销式夹具锚固。

2. 整体钢丝张拉

台模法多用于整体钢丝张拉,可采用台座式千斤顶设置在台墩与钢横梁之间进行整体张拉,采用优质夹片式夹具锚固。该方法要求钢丝的长度相等,事先调整初应力。在预制厂生产预应力多孔板时,可在钢模上用墩头梳筋板夹具进行整体张拉。其方法是将钢丝两端墩粗,一端卡在固定梳筋板上,另一端卡在张拉端的活动梳筋板上。用张拉钩钩住活动梳筋板,再通过连接套筒将张拉钩和拉杆式千斤顶连接,即可张拉。

3. 单根钢绞线张拉

单根钢绞线张拉可采用前卡式千斤顶张拉、单孔夹片工具锚固定。

4. 整体钢绞线张拉

整体钢绞线张拉一般在三横梁式台座上进行,台座式千斤顶与活动横梁组装在一起,利用工具式螺杆与连接器将钢绞线挂在活动横梁上。张拉前,先用小型千斤顶在固定端逐根调整钢绞线初应力。张拉时,台座式千斤顶推动活动横梁带动钢绞线整体张拉。

5.粗钢筋的张拉

粗钢筋的张拉分为单根张拉和多根成组张拉。张拉机具的张拉力应不小于预应力筋张拉力的1.5倍;张拉行程应不小于预应力筋伸长值的1.1～1.3倍。

(三)预应力筋的张拉程序及预应力值校核

先张法预应力筋的张拉程序应符合设计要求,设计无规定时,其张拉程序可按预应力筋的种类确定。

预应力筋张拉时,张拉机具与预应力筋应在一条直线上;同时应在台面上每隔一定距离放一根圆钢筋头或相当于保护层厚度的其他垫块,以防预应力筋因自重而下垂,破坏隔离剂,污染预应力筋。顶紧锚塞时,用力不要过猛,以防钢丝折断;在拧紧螺母时,应注意压力表读数始终保持所需的张拉力。预应力筋张拉完毕后,对设计位置的偏差不得大于5 mm,也不得大于构件截面最短边长的4%。台座两端应有防护设施。张拉时沿台座长度方向每隔4～5 m放一个防护架,严禁两端站人,也不准进入台座。张拉时应从台座中间向两侧进行(防偏心损坏台座),多根成组张拉时,初应力应一致(用测力计抽查)。冬期施工张拉时,温度不得低于-15 ℃,且应考虑预应力筋容易脆断的危险。

钢丝张拉时,伸长值不做校核。张拉锚固后,用钢丝内力测定仪反复测定四次,取后三次的平均值为钢丝内力,其允许偏差为设计规定预应力值的±5%。每工作班应检查预应力筋总数的1%,且不少于三根。钢绞线张拉时,一般采用张拉力控制、伸长值校核。张拉时预应力筋的实际伸长值与理论伸长值的允许偏差为±6%。张拉力控制的校核方法与钢丝相同。

(四)混凝土的浇筑与养护

预应力筋张拉完成后,应尽快进行钢筋绑扎、模板拼装和混凝土浇筑等工作。混凝土浇筑时,宜一次整体浇筑,振动器不得碰撞预应力筋;混凝土未达到强度前,不允许碰撞或踩到预应力筋。当构件在台座上进行湿热养护时,应防止温差引起的预应力损失。

(五)预应力筋的放张

预应力筋的放张过程是预应力值的建立过程,是保证先张法构件质量的重要环节,应根据放张要求确定相应的放张顺序、放张方法和技术措施。

1.放张条件

预应力筋放张时,混凝土的强度应符合设计要求;若设计无规定,则应不低于设计的混凝土强度标准值的75%。

2.放张顺序

轴心受预压构件,所有预应力筋应同时放张;偏心受预压构件,应先同时放张预压力较小区域的预应力筋,再同时放张预压力较大区域的预应力筋;不能满足上述要求时,应分阶段、对称、交错地放张,防止构件在放张过程中产生弯曲、裂纹或预应力筋断裂。放张后预应力筋的切断顺序是从放张端切向另一端。

3.放张方法

当预应力筋采用钢丝时,对配筋不多的中小型钢筋混凝土构件,钢丝可用砂轮锯或切断机切断等方法放张。对配筋多的钢筋混凝土构件,钢丝应同时放张;若逐根放张,则最后几根钢丝会由于承受过大的拉力而突然断裂,易使构件端部开裂。

当预应力筋为钢筋时,对热处理钢筋及冷拉Ⅳ级钢筋不得用电弧切割,宜用砂轮锯或切断机切断。但钢筋数量较多时,需要同时放张。多根钢丝或钢筋的同时放张,可采用油压千斤顶放张、砂箱放张、楔块放张等方法。采用湿热养护的预应力混凝土构件,宜热态放张预应力筋,而不宜降温后再放张。

4.放张注意事项

为了检查构件放张时钢丝与混凝土的黏结是否可靠,切断钢丝时应测定钢丝往混凝土内的回缩情况。放张前,应拆除侧模,使放张时构件能自由压缩,否则将损坏模板或使构件开裂。用氧块焰切割时,应采取隔热措施,防止烧伤构件端部的混凝土。

第三节　后张法预应力混凝土施工

在制作构件或块体时,在放置预应力筋的部位留设孔道,待混凝土达到设计规定的强度后,将预应力筋穿入预留孔道内,用张拉机具将预应力筋张拉到规定的控制应力,然后借助锚具把预应力筋锚固在构件端部,最后进行孔道灌浆(也有不灌浆的),这种预加应力的方法称为后张法。后张法预应力施工又可以分为有黏结预应力施工和无黏结预应力施工两类。

后张法不需要台座,构件在张拉过程中即可完成混凝土的弹性压缩。不但适用于房屋建筑中的吊车梁、屋面梁、屋架以及桥梁中的 T 形梁、箱形梁等构件,且在大跨度的现浇结构及空间结构中的应用也日趋成熟;在特种结构(如塔体的竖向预应力、筒体的环向预应力)施工中也有突破,尤其为桥梁工程的悬索结构、斜拉结构提供了丰富的发展空间。

后张法的优点是直接在构件上张拉预应力筋,构件在张拉过程中受到预压力而完成混凝土的弹性压缩,因此,混凝土的弹性压缩,不直接影响预应力筋有效预应力值的建立。后张法适宜于在施工现场制作大型构件(如屋架等),以避免大型构件长途运输的麻烦。后张法除作为一种预加应力的工艺方法外,还可以作为一种预制构件的拼装手段。大型构件(如拼装式大跨度屋架)可以预制成小型块体,运送至施工现场后,通过预加应力的手段拼装成整体;或各种构件安装就位后,通过预加应力手段,拼装成整体预应力结构。但后张法也存在一定不足,主要表现为其预应力的传递是依靠预应力筋两端的锚具,锚具作为预应力筋的组成部分,永远留置在构件上,不能重复使用,这样,不仅耗用钢材多,而且锚具加工要求高,费用昂贵,加上后张法工艺本身要预留孔道以及穿筋、张拉、灌浆等因素,故施工工艺比较复杂,成本也比较高。

一、预应力筋制作及锚具

在后张法构件生产中,锚具、预应力筋和张拉机具是配套使用的,目前,我国在后张法构件生产中采用的预应力筋钢材主要有热处理钢筋、精轧螺纹钢筋、碳素钢丝和钢绞线等,可归纳成三种类型预应力筋,即单根粗钢筋(包括精轧螺纹钢筋)、钢绞线束(或钢筋束)和钢丝束。下面分别叙述三种类型预应力筋的锚具及制作。

(一)单根预应力钢筋的锚具及制作

单根预应力钢筋主要采用 φ12～φ40 的精轧螺纹钢筋及与其钢筋配套的锚具制作而成。

1.锚具

单根预应力钢筋根据构件长度和张拉工艺要求,可以在一端张拉或两端张拉。锚具与预应力钢筋的基本配套组合有两种,即两端张拉时,预应力筋两端均采用螺丝端杆锚具;一端张拉而另一端固定时,张拉端采用螺丝端杆锚具,固定端则采用帮条锚具或镦头锚具。

(1)螺丝端杆锚具

螺丝端杆锚具由螺丝端杆、螺母和垫板三部分组成。

(2)帮条锚具

帮条锚具由帮条和衬板组成。帮条锚具的帮条采用与预应力筋同级别的钢筋,衬板采用普通低碳钢板。帮条锚具的三根帮条应成 120°均匀布置。三根帮条应垂直于衬板,以免受力时发生扭曲。帮条焊接应在钢筋冷拉前进行,并应防止烧伤预应力筋。

(3)镦头锚具

镦头锚具的镦头一般是直接在预应力筋端部热镦、冷镦或锻打成型。

以上三种锚具与预应力筋焊接时,焊接头的抗拉强度应不低于预应力筋的抗拉强度,凡是锚具所用的垫板或衬板,在贴紧构件的一面,应开有槽口,以便孔道灌浆时做排气孔用。

2.单根预应力钢筋的制作

单根预应力钢筋的制作,一般包括配料、对焊、冷拉等工序。预应力筋的下料长度,应由计算确定。计算时应考虑下列因素,即结构的孔道长度、锚具厚度、千斤顶长度、焊接接头或镦头的预留量、冷拉伸长值、弹性回缩值、张拉伸长值等。

为了保证预应力筋下料准确,对于钢筋的冷拉率应进行实际测定,以作为计算钢筋下料长度的依据。当测得的钢筋冷拉率比较分散时,应对钢筋逐根取样分别编组,把钢筋冷拉率相差 0.5%以内相接近的钢筋对焊在一起,确保冷拉完成后的预应力筋具有所要求的强度和长度,预应力钢筋经冷拉后,钢筋的弹性回缩率一般在 0.3%左右。

钢筋与钢筋、钢筋与螺丝端杆的对焊接头的压缩量,根据连续闪光对焊工艺所需的闪光留量和顶锻留量而定,一般每个对焊接头的压缩量约等于钢筋的直径。

螺丝端杆外露在沟件孔道外的长度,根据垫板厚度、螺母高度和拉伸机与螺丝端杆连接所需长度确定,一般选用 120～150 mm。固定端用帮条锚具或镦头锚具固定时,其长度视锚具尺寸而定。

(二)钢筋束、钢绞线束预应力筋的锚具及制作

钢筋束由 3～6 根Ⅳ级 φ12 钢筋组成;钢绞线束由 3～7 根公称直径为 15.2 mm 或 12.7 mm 钢绞线组成,1×7 钢绞线由 7 根钢丝捻制而成,6 根外层钢丝围绕着一根中心钢丝(直径加

大不小于 2.0%）。由于钢绞线的强度高、柔性好，而且盘卷成 1 000 mm 左右的盘径，便于运输到现场，因此钢筋束已逐渐被钢绞线束取代。

1. 锚具

钢筋束和钢绞线束使用比较广泛，其锚具的形式也日益增多，但多为夹片式锚具，对于锚具安装在混凝土结构之内的，还应采用挤压锚具和压花锚具。XM 型锚具是近年来随着预应力结构工程和无黏结预应力平板结构的发展而研制出的一种新型锚具。它既可用于锚固钢绞线束，又可用于锚固钢丝束；既可锚固单根预应力筋，又可锚固多根预应力筋。当用于锚固多根预应力筋时，既可单根张拉，逐根锚固，又可成组张拉，成组锚固；既可用作工作锚，又可用作工具锚。实践证明，XM 型锚具通用性强、锚固性能可靠、施工方便，便于高空作业。

2. 钢绞线束预应力筋制作

钢绞线一般成盘圆状供应，长度较长，不需要对焊接长。钢绞线束预应力筋的制作工序包括开盘、下料、编束。钢绞线下料切断时，宜采用砂轮锯切或切断机切断，不得采用电弧切割，因为预应力筋一般为高强钢材，如局部加热或冷却，将引起该部位脆性变态而造成脆断。钢绞线切断前，在切口两侧各 50 mm 处，应用铅丝绑扎，以免钢绞线松散。钢绞线编束宜用 20 号铁丝绑扎，间距为 2~3 m，编束前先将钢绞线理顺，使各根钢绞线松紧一致、不紊乱，在穿束时宜采用束网套穿束。

钢绞线预应力筋下料长度，主要与张拉设备和选用的锚具有关。采用夹片锚具（JM 型、XM 型等）、穿心式千斤顶张拉时，预应力筋的下料长度应等于构件孔道加上两端为张拉、锚固所需的外露长度（即张拉千斤顶的长度和千斤顶尾部锚固钢筋的锚固长度）。

（三）钢丝束预应力筋的锚具及制作

钢丝束预应力筋的钢丝为碳素钢丝，用优质高碳钢盘条经索氏体化处理、酸洗、镀铜或磷化后冷拔而成。碳素钢丝的品种有冷拉钢丝、消除应力钢丝、刻痕钢丝、低松弛钢丝和镀锌钢丝等。

1. 锚具

钢丝束预应力筋常用锚具有钢质锥形锚具、镦头锚具和锥形螺杆锚具。钢质锥形锚具由锚环和锚塞组成。钢丝束镦头锚具是利用钢丝本身的镦头而锚固钢丝的一种锚具，可以锚固任意根数的 $\phi^P 5 \sim \phi^P 7$ 碳素钢丝束，张拉时需配置工具式螺杆。

2. 钢丝束预应力筋的制作

钢丝束的制作，随着选用的锚具形式不同，制作方法有很大差异。一般需经下料、编束和组装锚具等工序。为保证钢丝束两端钢丝排列顺序一致，穿束与张拉不致紊乱，钢丝必须编束。钢丝编束可分为空心束和实心束，都需用梳丝板理顺钢丝，在距钢丝端部 5~10 cm 处编扎一道。实心束工艺简单，但空心束孔道灌浆效果优于实心束。

消除应力钢丝放开后是直的，可直接下料。为了保证下料精度，一般采用两种方法，一种是应力下料，钢丝在应力状态下切断下料，控制应力为 300 N/mm^2；另一种是用钢管限位法下料,即将钢丝通过小直径钢管(钢管内径略粗于钢丝直径)调直固定于工作台上等长下料,钢丝通过钢管时由于钢管限制了钢丝的左右摆动弯曲,可以提高钢丝下料的精度,也是常采用的下料法。

当采用钢质锥形锚具和 XM 型锚具时,预应力钢丝束的制作和下料长度计算,基本上与预应力钢绞线束相同。

二、施工工艺

(一)孔道留设

后张法预应力筋的孔道形状有直线、曲线和折线三种,其直径与布置根据构件的受力性能、张拉锚固体系特点及尺寸确定。后张法预应力孔道的布置要求孔道规格、数量、位置和形状应符合设计要求;定位应牢固,浇筑混凝土时不应出现位移和变形;孔道应平顺,端部的预埋锚板应垂直于孔道。对孔道直径的要求是粗钢筋的孔道直径应比对焊接头外径或需穿过孔道的锚具、连接器外径大 10～15 mm;钢丝、钢绞线的孔道直径应比预应力筋外径或锚具外径大 5～10 mm,且孔道面积宜为预应力筋净面积的 3～4 倍。对孔道布置的要求是孔道至构件边缘的净距不小于 40 mm,孔道之间的净距不小于 50 mm;端部的预埋钢板应垂直于孔道中心线;凡需起拱的构件,预留孔道应随构件同时起拱。

孔道成型方法有钢管抽芯法、胶管抽芯法和预埋管法。孔道成型的要求是孔道的尺寸与位置正确,孔道平顺,接头不漏浆。

1. 钢管抽芯法

钢管抽芯法一般用于直线孔道。钢管要求平直、表面光滑,每根不超过 15 m,超过 15 m 的用两根钢管,中间套管连接。钢管在构件孔道位置上安装并用钢筋井字架固定,固定间距不大于 1 m。混凝土浇筑后,每隔 10～15 min 转动钢管(有两根钢管时,旋转方向要相反)。在初凝后、终凝前,以手指按压混凝土,无明显压痕又不沾浆即可抽管,常温下一般在混凝土浇筑 3～5 h 后可抽管。抽管顺序是先上后下、先中间后周边。当部分孔道有扩孔时,先抽无扩孔管道,后抽扩孔管道;抽管时应边抽边转、速度均匀,与孔道成一条直线。抽管后,及时检查孔道并做好孔道清理工作,以防止穿筋困难。

2. 胶管抽芯法

胶管抽芯法可用于直线或曲线孔道。胶管有夹布胶管和钢丝网胶管两种。使用前,一端封堵,另一端与阀门连接,充水(气)加压至 0.5～0.8 MPa,使胶皮管直径增大约 3 mm。在构件孔道位置上安装并用钢筋井字架固定,固定间距不大于 0.6 m。为了使黏结混凝土浇筑后不需转动胶管,只需在抽管前放水(气)降压,待管径缩小与混凝土脱离即可抽管;抽管时间比钢管略迟;抽管顺序是先上后下、先曲后直。

3. 预埋管法

预埋管法可采用薄钢管、镀锌钢管、金属螺旋管和塑料波纹管,但主要采用波纹管。埋入后不再抽出,可用于各类形状的孔道,是目前大力推广的孔道留设方法。波纹管要求在

1 kN 径向力作用下不变形,使用前应进行灌水试验,检查有无渗漏,防止水泥浆流入管内堵塞孔道;安装就位过程中避免反复弯曲,以防管壁开裂。螺旋管用钢筋井字架在构件中固定,间距不大于 1.0 m。固定后,必须用铅丝与钢筋扎牢,防止浇筑混凝土时螺旋管上浮而造成严重事故。

为了进行孔道灌浆,在孔道制作时应设置灌浆孔,其间距不超过 12 m,并应设置排气泌水管。对于曲线孔道,排气泌水管宜设置在波峰(谷)处,有些锚具本身带有灌浆排气水孔。预留孔道的规格、数量、位置和形状应符合设计要求;预留孔道的定位应牢固,浇筑混凝土时不应出现移位和变形;孔道应平顺,端部的预埋锚垫板应垂直于孔道中心线;成孔用管道应密封良好,接头应严密且不得漏浆;在曲线孔道的波峰部位应设置泌水管,灌浆孔与泌水管的孔径应能保证浆液畅通。排气孔不得遗漏或堵塞;曲线孔道控制点的竖向位置偏差应符合要求。

(二)预应力筋张拉

预应力筋的张拉应在混凝土强度满足设计要求时进行,设计无要求时应不低于设计强度的 75%。分段制作的构件在张拉前完成拼装,块体拼装立缝处的混凝土或砂浆强度不低于混凝土强度的 40%,且不得低于 15 N/mm^2。

1.预应力筋穿束

预应力筋穿入孔道按穿筋时间分为先穿束和后穿束,按穿入数量分为整束穿和单根穿;按穿束方法分为人工穿束和机械穿束。先穿束在混凝土浇筑前穿束,省力,但穿束占用工期,预应力筋保护不当易生锈;后穿束在混凝土浇筑后进行,不占用工期,穿筋后即进行张拉,但较费力。长度在 50 m 以内的两跨曲线束,多采用人工穿束;对超长束、特重束、多波曲线束应采用卷扬机穿束。

2.张拉方式

根据构件的特点、预应力筋的形状和长度及施工方法,预应力筋张拉有如下几种方式。

(1)一端张拉方式

将张拉设备放在构件的一端进行张拉,适用于长度小于或等于 30 m 的直线预应力筋与锚固损失影响长度 $L_f \geqslant 0.5L$(L 为预应力筋长度)的曲线预应力筋。

(2)两端张拉方式

将张拉设备放在构件的两端进行张拉,适用于长度大于 30 m 的直线预应力筋与锚固损失影响长度 $L_f < 0.5L$ 的曲线预应力筋。

(3)分批张拉方式

对配有多束预应力筋的构件分批进行张拉,由于后批预应力筋张拉所产生的混凝土弹性压缩对先批张拉的预应力筋造成预应力损失,因此先批张拉的预应力筋应加上该弹性压缩损失值,使分批张拉的每根预应力筋的张拉力基本相等。

(4)分段张拉方式

在多跨连续梁板施工时,通长的预应力筋需要逐段进行张拉,第二段及后段的预应力筋利用锚头连接器与前段预应力筋进行接长。

(5)分阶段张拉方式

为平衡各阶段的不同荷载,采取分阶段逐步施加预应力的方式。

3. 张拉顺序及程序

合理地选择张拉顺序和张拉程序,是施工中贯彻设计者意图、保证预应力构件质量的重要环节。预应力筋的张拉顺序,应按设计的有关规定进行;如果设计无规定或受张拉设备限制,则可分批、分阶段、对称地张拉,以免构件承受过大的偏心压力。当构件同一截面有多根预应力筋须分批张拉时,则应考虑混凝土弹性压缩对预应力筋有效预应力值的影响。

当两端同时张拉一根预应力筋时,宜先在一端张拉锚固后,再在另一端张拉,补足张拉力后锚固;为解决混凝土弹性压缩损失问题,可采用同一张拉值,逐根复拉补足张拉力;对于重要预应力混凝土构件,可分阶段建立预应力,即全部预应力先张拉 50% 之后,第二次再拉至 100%。

预应力筋张拉操作程序,根据构件类型、张拉锚固体系、松弛损失等因素确定。

后张法宜采用应力控制方法,同时校核预应力筋的伸长值。校核伸长值可综合反映张拉力是否足够、孔道摩阻损失是否偏大、预应力筋是否有异常现象等。因此,张拉时应对伸长值进行校核,当实际伸长值与计算伸长值的偏差大于 $\pm 6\%$ 时,应暂停张拉,在采取措施调整后,方可继续张拉。

(三)孔道灌浆及锚具保护

预应力筋锚固张拉后,应进行孔道灌浆,其主要作用是保护预应力筋,防止锈蚀,并使预应力筋与结构混凝土形成整体。因此,孔道灌浆宜在预应力筋张拉锚固后尽早进行。

孔道灌浆用的砂浆,除应满足强度和黏结力要求外,应具有较大的流动性和较小的干缩性、泌水性。因此,孔道灌浆应采用标号不低于 42.5 号的普通硅酸盐水泥配置的水泥浆;对空隙大的孔道,可采用水泥砂浆灌浆,水泥浆及砂浆强度均应大于 20 MPa。水泥浆的水灰比宜在 0.4 左右,搅拌后 3 h 泌水率宜控制在 2% 左右,最大不得超过 3%;当需要增加孔道灌浆的密实性时,可在水泥浆中掺入对预应力筋无腐蚀作用的外加剂。

灌浆前混凝土孔道应用压力水冲刷,确保孔道混凝土的湿润和洁净。孔道灌浆可采用电动灰浆泵。水泥浆倒入灰浆泵时,必须过筛,以免水泥块或其他杂物进入泵体或孔道,影响灰浆泵正常运动或堵塞孔道。在孔道灌浆过程中,灰浆泵内应始终保证有一定的灰浆量,以免空气进入孔道而形成空腔。

灌浆应缓慢均匀地进行,不得中断,保持排气通顺,在灌满孔道并封闭排气孔后,继续加压至 0.5~0.6 MPa,并稳定一定时间,再封闭灌浆孔,以确保孔道灌浆的密实性。对于用不加外加剂的水泥浆灌浆,必要时可采用二次灌浆法。

灌浆顺序应先下后上,以避免上层孔道灌浆堵塞下层孔道。曲线孔道灌浆,宜由低点压入水泥浆,至最高点排气孔中排出空气直到溢出浓浆为止。为确保曲线孔道最高处或锚具端部灌浆密实,宜在曲线孔道最高处设立泌水竖管,使水泥浆下沉,泌水上升到泌水管内排出，并利用压入竖管内的水泥浆回流，以保证曲线孔道最高处和锚固区的灌浆密实。

预应力张拉、孔道灌浆完成后应及时将预应力锚具进行保护。锚具外的预应力筋宜用无齿锯或机械切断机切断，其外露长度不小于预应力筋直径的 1.5 倍，且不小于 30 mm。锚具的密封保护应符合设计要求；当设计无要求时，应采取防止锚具腐蚀和遭受机械损伤的有效措施。预应力筋及锚具通常采用混凝土保护，锚具的保护层厚度应不小于 50 mm；预应力筋的保护层，一般不得小于 20 mm，处于易受腐蚀的环境时，保护层不得小于 50 mm。

三、无黏结预应力施工

无黏结预应力施工是在混凝土浇筑前将预应力筋铺设在模板内，然后浇筑混凝土，待混凝土达到设计规定强度后进行预应力筋张拉锚固的施工方法。该工艺无须预留孔道及灌浆，预应力筋易弯成所需的多跨曲线形状，施工简单方便，最适用于双向连续平板、密肋板和多跨连续梁等现浇混凝土结构。

（一）无黏结预应力筋的制作及铺设

无黏结预应力筋主要采用钢绞线和高强钢丝铺设，采用钢绞线时张拉端采用夹片式锚具（XM 型锚具），埋入端采用压花式埋入锚具；钢丝束的张拉端和埋入端均采用夹片式或镦头式锚具。

无黏结预应力筋通常在底部非预应力筋铺设后、水电管线铺设前进行，支座处负弯矩钢筋在最后铺设。无黏结预应力筋应严格按照设计要求的曲线形状就位并固定牢靠，其竖向位置宜用支撑钢筋或钢筋马凳控制，保证无黏结预应力筋的曲线顺直。经检查无误后，用铅丝将无黏结预应力筋与非预应力筋绑扎牢固，防止钢丝束在浇筑混凝土过程中移位。

（二）无黏结预应力筋的张拉

无黏结预应力筋的张拉程序基本与有黏结预应力筋后张法相同。无黏结预应力混凝土楼盖结构的张拉顺序，宜先张拉楼板后张拉楼面梁。板中的无黏结预应力筋可依次张拉，梁中的无黏结预应力筋宜对称张拉。板中的无黏结预应力筋一般采用前卡式千斤顶单根张拉，并用单孔式夹片锚具锚固；当无黏结曲线预应力筋长度超过 35 m 时，宜两端张拉，超过 70 m 时宜分段张拉。

（三）锚头端部处理

无黏结预应力钢丝束两端在构件上预留有一定长度的孔道，其直径略大于锚具的外径。钢丝束张拉锚固后端部留有孔道，该部分钢丝没有涂层，应封闭处理以保护预应力钢丝。无黏结预应力钢丝束锚头端部处理，目前常采用两种方法，一种是在孔道中注入油脂并加以封闭；另一种是在两端留设的孔道内注入环氧树脂水泥砂浆，其抗压强度不低于 35 MPa。在灌浆的同时将锚头封闭，防止钢丝锈蚀，还能起到一定的锚固作用。预留孔道中注入油脂或环氧树脂水泥砂浆后，应用 C30 级的细石混凝土封闭锚头部位。

第四章　结构安装工程施工

第一节　起重机械与设备

一、自行式起重机

（一）履带式起重机

履带式起重机是在行走的履带底盘上装有起重装置的起重机械，是自行式、机身360°全回转的一种起重机。它具有操作灵活、使用方便、在一般平整坚实的场地上可以载荷行驶和作业的特点。它是结构吊装工程中常用的起重机械。

常用的履带式起重机有国产W1-50型、W1-100型、W1-200型和一些进口机械。W1-50型起重机的最大起重量为10 t，吊杆可接长至18 m、适用于吊装跨度在18 m以下、安装高度在10 m左右的小型车间和其他辅助工作（如装卸构件）。W1-100型起重机的最大起重量为15 t，适用于吊装跨度在18～24 m之间的厂房。W1-200型起重机的最大起重量为50 t，吊杆可接长至40 m，适用于大型厂房吊装。

1. 履带式起重机起重性能

起重机的起重能力常用三个工作参数表示，即起重量、起重高度和起重半径。

起重量是指起重机在一定起重半径范围内起重的最大能力；起重半径是指起重机回转中心至吊钩中心的水平距离；起重高度是指起重机吊钩中心至停机面的垂直距离。

起重量、起重半径、起重高度三个工作参数之间存在着相互制约的关系，其取值大小取决于起重臂长度及其仰角。当起重臂长度一定时，随着仰角的增大，起重量和起重高度增加，而起重半径减小；当起重臂的仰角不变时，随着起重臂长度的增加，起重半径和起重高度增加，而起重量减小。

2. 履带式起重机的稳定性验算

履带式起重机在正常条件下工作，一般可以保持机身稳定，但在进行超负荷吊装或接长吊杆时，需进行稳定性验算，以保证起重机在吊装过程中不会发生倾覆事故。验算起重机接长起重臂后的稳定性，应近似地按力矩等量换算原则求出起重臂接长后的允许起重量，只要吊装不超过荷载，起重机即可满足稳定性要求。履带式起重机的稳定性虽有经理论验算，但在正式吊装前必须进行实际试吊验证。

（二）汽车式起重机

汽车式起重机是将起重机构安装在汽车底盘上的起重机。它具有行驶速度快、机动性能好的特点。如图 4-1 所示。常用的汽车式起重机有 Q2-8 型、Q2-12 型、Q2-16 型。

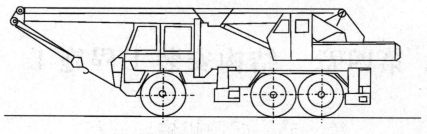

图 4-1　汽车式起重机

（三）轮胎式起重机

轮胎式起重机是一种装在专用轮胎式行走底盘上的起重机。其横向尺寸较大,故横向稳定性好,能全回转作业,并能在允许荷载下负荷行驶,吊装时一般采用四个支腿,以保持机身的稳定性,如图 4-2 所示。

轮胎式起重机与汽车式起重机有很多相同之处,主要差别是行驶速度慢,故不宜长距离行驶,适用于作业地点相对固定而作业量较大的场合。常用轮胎式起重机有 QLY16 型和 QLY25 型两种。

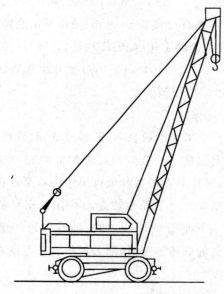

图 4-2　轮胎式起重机

二、塔式起重机

塔式起重机具有竖直的高耸塔身,起重臂安装在塔身顶部,可做 360°回转,具有较大的工作幅度、起重能力和起重高度,生产效率高,广泛应用于多层和高层建筑物的施工。

塔式起重机按行走机构、变幅方式、回转机构位置和安装形式可分成若干类型。按其变幅方式分为水平臂架小车变幅和动臂变幅两种。动臂变幅是利用起重臂的仰俯进行变幅,它有效工作幅度小且只能空载变幅,生产效率较低;水平臂架小车变幅是利用载重小车沿其臂架上的轨道行走而变幅,因而工作幅度大,可负载变幅,就位迅速准确,生产效率高。目前,应用最广泛的是下回转、快速拆装、轨道式的塔式起重机和能够一机四用(轨道式、固定式、附着式和内爬式)的自升塔式起重机。

(一)下回转、快速拆装塔式起重机

下回转、快速拆装塔式起重机一般是指 600 kN·m 以下的中小型塔式起重机。其特点是结构简单、重心低、运转灵活、伸缩塔身可自行架设、速度快、效率高、采用整体拖运、转移方便。这类起重机适用于砖混砌块结构。

(二)上回转塔式起重机

上回转塔式起重机目前均采用液压顶升接高(自升)、水平臂小车变幅装置。这种塔式起重机通过更换辅助装置可改成固定式、轨道行走式、附着式、内爬式等。内爬是指起重机安装在建筑物内部(电梯井或特设空间)的结构上,依靠爬升机构随建筑物向上建造而向上爬升。自升塔式起重机的塔身接高到设计规定的独立高度后,须使用锚固装置将塔身与建筑物相连接(附着),如图 4-3 所示。以减少塔身的由高度,保持塔机的稳定性,减小塔身内力,提高起重能力。锚固装置由附着框架、附着杆和附着支座组成,如图 4-4 所示。

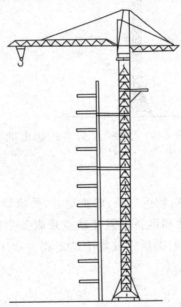

图 4-3 附着式塔式起重机

常用的机型有 QTZ63 型、QT80 型、QTZ100 型、FO/23 型、H3/36B 型塔式起重机。QT80 型塔式起重机是一种执行、上回转自升塔式起重机,目前在建筑施工中使用比较广泛。QT80A 型塔式起重机的外形结构如图 4-5 所示。

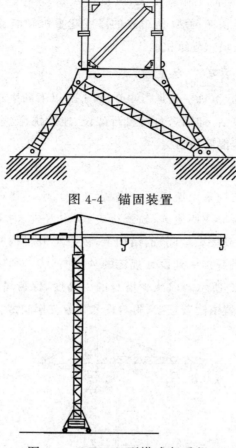

图 4-4　锚固装置

图 4-5　QT80A 型塔式起重机

三、拔杆式起重机

拔杆式起重机具有制作简单、装拆方便、起重量大、受地形限制小等优点,可用来安装其他机械不能安装的一些特殊构件和设备。但其缺点是服务半径小、移动困难且需要设置较多的缆风绳,故一般只用于安装工程量比较集中的工程。常用的有独脚拔杆、人字拔杆、悬臂拔杆、桅杆起重机等。

(一)独脚拔杆

独脚拔杆由拔杆、起重滑轮组、卷扬机、缆风绳和锚锭组成。为了吊装的构件不致碰撞拔杆,使用时拔杆应保持一定倾角。拔杆的稳定主要靠缆风绳,一般设 6～12 根。缆风绳与地面的夹角一般取 30°～45°。拔杆受轴向力很大,可根据受力计算选择材料和截面。格构式独脚拔杆如图 4-6 所示。

(二)人字拔杆

人字拔杆由两根杆件组成,顶部相交呈人字形,端部以钢丝绳绑扎或铁件铰接而成,顶部夹角为 20°～30°,拔杆底部应设拉杆或拉索,以平衡水平推力。人字拔杆的特点是起重量大,稳定性好。

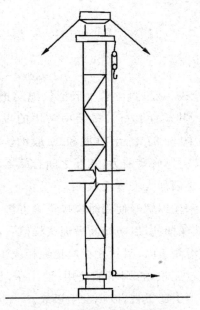

图 4-6　格构式独脚拔杆

（三）悬臂拔杆

悬臂拔杆是在独脚拔杆的中部或 2/3 高度处装一根起重杆。悬臂拔杆的特点是起升高度和工作幅度都较大，起重杆可以左右摆动 120°~270°，吊装方便，但起重量较小，适用于吊装轻型构件。

（四）桅杆起重机

桅杆起重机是在独脚拔杆的下端装一根可以回转和起伏的起重臂。桅杆起重机的特点是整机可以做 360°的回转，但应设置至少 6 根缆风绳，如图 4-7 所示。它适用于构件多而集中的建筑物吊装。

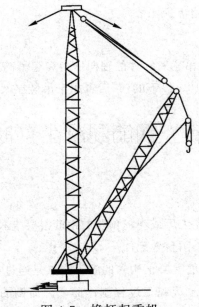

图 4-7　桅杆起重机

四、索具

(一)钢丝绳

钢丝绳是由若干根钢丝捻成一股,再由若干股围绕绳芯捻成的绳。按绳股数及每股中的钢丝数区分,每股钢丝越多,其柔性越好。吊装中常用的规格有 6×19、6×37 两种钢丝绳,其中 6 表示直径为 6 mm,19 和 37 表示 19 股和 37 股钢丝。

钢丝绳工作时不仅受有拉力还有弯曲力,相互之间有摩擦力和吊装冲击力等,处于复杂的受力状态。为了安全可靠,必须加大安全系数。

使用钢丝绳时应注意,在钢丝绳解开使用时应按正确方法进行,以免钢丝绳打结。钢丝绳切断前应在切口两侧用细铁丝捆扎,以防切断后绳头松散。应定期对钢丝绳涂抹油润滑,以减少磨损和腐蚀;钢丝绳穿滑轮组时,滑轮直径应比绳径大 1.00~1.25 倍;使用前应检查核定,每一断面上断丝不得超过三根,否则不能使用;使用中,如绳股间有大量的油挤出,表明钢丝绳的荷载已相当大,必须引起重视,以免发生事故。

(二)滑轮组

滑轮组既可省力又可改变力的方向,它由一定数量的定滑轮、动滑轮和绳索组成。滑轮组中共同担负重量的绳索根数称为工作线数。滑轮组省力主要决定于工作线数。由于滑轮轴承处存在摩擦力,因此滑轮组在工作时每根工作线的受力并不相同。

(三)卷扬机

卷扬机由电动机、减速机构、卷筒和电磁抱闸等组成,分为快速卷扬机和慢速卷扬机两种。前者适用于水平垂直运输,后者适用于吊装和钢筋张拉的作业。卷扬机在使用时,必须用地锚固定,以防止滑动和倾覆;传动机要加入油润滑,以便使用时无噪声;放松钢丝绳时,卷筒上至少要留四圈的安全储备。

(四)横吊梁

横吊梁又称铁扁担,用于吊索对构件的轴向压力和起吊高度,其形式有钢板横吊梁和钢管横吊梁。一般前者用于吊 10 t 以下的柱,后者用于吊装屋架。

第二节 钢筋混凝土预制构件

一、概念

钢筋混凝土预制构件是在工厂或现场预制的钢筋混凝土独立部件,包括柱、梁、墙板、楼(屋)面板等构件和飘窗、楼梯、阳台等配件。

从施工方法上讲,现浇钢筋混凝土构件的施工特点是通过在设计位置支撑模板,铺设绑扎钢筋,浇筑、振捣、养护混凝土等施工过程制作而成。而钢筋混凝土预制构件则是在非设计位置上预先制作成型,通过施工机械将预制构件安装至设计位置。

钢筋混凝土预制构件生产有现场预制和工厂预制两种。一般来说,大型、重型构件(如柱子、整榀屋架等),运输有困难或不经济时,常在现场就地制作,如场地允许,最好将构件布置在安装部位旁边,以减少构件运输。大量中小型构件,集中在预制构件厂制作,容易保证质量和有利于实现工业化生产。预制构件具有质量稳定、节省模板、简化施工、加快进度、节省材料的优点。

二、发展历史

早在 19 世纪末至 20 世纪初,就有少量混凝土预制构件用于建筑给排水管道。20 世纪 50 年代初,我国普遍建立了混凝土预制构件厂,当时我国还有相当发达的预制构件行业,建筑结构(尤其是楼板、屋盖)中混凝土预制构件应用比例相当大。但是传统以"三板"(预应力短向圆孔板、长向圆孔板、屋面板)为代表的预制板类构件多采用冷加工钢筋做预应力配筋。其延性差而且易脆断;强度低而难以适应大跨、重载的要求;整体性差而难以满足抗震要求;形状尺寸模数化而难以适应建筑多样化布置要求,因此预制构件应用日渐减少。工厂化生产建筑构配件以及采用预应力构件是建筑业发展的趋势,在国外预制构件行业得到了长足的发展。近年来,我国预制构件行业淘汰传统落后的预制构件,根据建筑市场需求变化及时进行技术改造,实行产品替换,产品类型往大跨、轻质、高强等方向发展。如采用高强的钢丝、钢绞线生产预应力预制板类构件、空心预制构件、混凝土叠合构件、预制混凝土夹心保温外墙板等新型预制构件。

发展预制装配式结构以及半预制的叠合式结构,可以减少材料消耗,改进结构性能,加快建筑业的产业化发展。叠合构件利用预制构件做底层部件,在施工阶段作为模板而在后浇层的混凝土达到强度以后,即成为整体结构的一部分,其整体性及抗震性能接近现浇结构,而施工工艺又具有预制构件的优点。装配式混凝土结构是以预制构件为主要受力构件,经装配、连接而成的混凝土结构,简称装配式结构。为了在装配式混凝土结构设计中贯彻执行国家的技术、经济政策,做到安全、实用、经济,保证质量,相关行业标准已颁布并逐步执行。

三、品种分类

预制构件的品种十分丰富,按集料分类,可分为普通混凝土预制构件、轻集料混凝土预制构件、细颗粒混凝土预制构件;按构件形状分类,可分为板状、环管状、长直形、箱形等;按配筋方式分类,可分为钢筋混凝土构件、钢丝网混凝土构件、纤维混凝土构件、预应力混凝土构件等;按使用性质分类,可分为基础设施类、建筑构件类、地基类等。

四、构件制作工艺

预制构件的制作工艺,根据构件成型的不同,有台座法、机组流水法和传送带流水法三种。

（一）台座法

台座是预制构件的底模，可选择表面平整光滑的混凝土地坪，也可制作某一种构件的胎膜或混凝土槽。每个构件的成型、养护、脱模等生产过程都在台座上同一个地点进行。在生产过程中，加工对象基本上固定在一定地点，而工人及机具做相对的移动。其有固定胎膜、翻转模板、成组立模等不同生产构件形式，广泛用于生产大型屋面板、墙板、楼梯段等构件。固定胎模如图 4-8 所示。

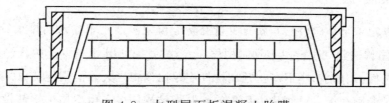

图 4-8　大型屋面板混凝土胎膜

（二）机组流水法

机组流水法是在车间内生产，将生产组织划分为准备模板、安放钢筋及预埋件，浇筑混凝土，构件养护和模板拆除及清理四个工段，每个工段皆配备相应的工人和机具设备，构件的成型、养护、脱模等生产过程分别在有关的工段循序渐进地完成。此法生产效率比台座法高、机械化程度较高、占地面积小，但建厂投资大，生产过程中运输繁多，宜于生产定型的中小型构件。

（三）传送带流水法

传送带流水法是机组流水法的进一步发展。模板在一条呈封闭环形的传送带上移动，生产工艺中的各个生产过程（如清理模板、涂刷隔离剂、排放钢筋、浇筑混凝土等）是在沿着传送带循序分布的各个工作区进行的。此法生产效率高、机械化及自动化程度高，但设备复杂、投资大，宜于大型预制厂大批量生产定型构件。

五、构件成型

混凝土的捣实成型对预制构件质量起着决定作用。常用的捣实方法有振动法、离心法、真空作业法、辊压法等。

（一）振动法

台座法制作构件要使用内部振动器和表面振动器捣实；用机组流水法制作构件时，按构件厚薄等情况采用表面振动器或振动台等振动。振动时，同时在构件上施加一定压力，加压力的方法分为静态加压和动态加压。

（二）离心法

离心法是将装有混凝土的模板放在离心机上，使模板以一定转速绕自身的纵轴线旋转。模板内的混凝土由于离心力的作用而远离纵轴，均匀地分布于模板内壁，并将混凝土中的部分水分挤出，使混凝土密实。此法一般用于管道、电杆、桩等具有环形截面构件的制作。

（三）真空作业法

真空作业法是借助于真空负压,将部分水分和空气从刚成型的混凝土拌合物中排出,同时使混凝土密实的一种成型方法。此法避免了振动成型噪声大、耗能多、机械磨损严重的缺陷。

（四）辊压法

辊压法是将管模套在悬棍上,悬辊在旋转时带动管模旋转。管模内的混凝土拌合物在离心力和辊压力的作用下密实成型。此方法主要应用于干硬性混凝土,成型中不脱水。采用辊压法生产混凝土管,混凝土管壁没有内外分层现象,密实匀质,抗渗性好。

六、构件养护

混凝土有自然养护、快速养护等方法。其中自然养护成本低、简单、易行,但养护时间长(在常温下最少也需要 10 d 以上)。为了使已成型的混凝土构件尽快获得脱模强度,以加快模板周转、提高劳动生产率、提高产量,需要采取加速混凝土硬化的养护措施。常用的快速养护方法有蒸汽养护、远红外线养护、热模养护、太阳能养护等。蒸汽养护和远红外线养护的时间可缩短到十几个小时,所以在预制构件制作中广泛应用。热模养护时间可减少到 5～6 h,太阳能养护的时间为自然养护时间的 1/2。

七、成品堆放

混凝土预制构件经养护后,绝大多数都需要在成品堆场做短期储存。在混凝土预制厂,对成品堆场的要求是地基平整坚实、场内道路畅通、配有必要的起重和运输设备。起重设备通常用龙门式起重机、桥式起重机等。运输设备除卡车外,一些预制厂还设计了多种专用车辆,既可供厂内运输成品使用,又可将成品运出工厂,送往建筑工地。

堆放构件时,最下层应垫实,预埋吊件向上,标志向外;垫块在构件下的位置应便于脱模,吊装时起吊的位置应一致;重叠堆放构件时,每层构件间的垫块应在同一垂线上;堆垛层数应根据构件与垫块的承载能力及堆垛的稳定性确定。

八、质量检验

（一）外观质量和尺寸检验

预制构件制成后,对每一个构件成品要进行外观质量检查,通过目测,不应有露筋、蜂窝、麻面、起砂、饰面空鼓、裂缝等缺陷。如存在不影响结构性能或安装使用功能的外观缺陷,应按技术处理方案进行处理,并重新检查验收。

在逐件观察、检查外观质量的基础上,还应抽检预制构件的尺寸。对于检查数量,《预制混凝土构件质量检验评定标准》和《混凝土结构工程施工质量验收规范》都规定,同一工作班、同一班组生产的同类型构件为一个检验批,在该批构件中应随机细查 5%,但不应少于三件。

剔除有影响结构性能或安装使用功能的尺寸偏差的构件;对于超过尺寸允许偏差且影响结构性能或安装使用功能的部位,应按技术处理方案进行处理,并重新检查验收。

（二）出厂合格证和结构性能检验报告

预制构件应进行结构性能检验,检验项目和检验方法具体见《混凝土结构工程施工质量验收规范》相关内容。

产品出厂合格证的内容包括合格证编号、生产许可证、采用标准图和设计图纸编号、制造厂名称、商标和出厂年月日、型号、规格和数量;混凝土、主筋力学性能的评定结果;外观质量和规格尺寸检验评定结果;结构性能检验评定结果;检验部门盖章。

第三节　混凝土结构单层工业厂房结构安装

一、吊装前的准备工作

构件吊装前的准备工作是保证安装工程顺利进行和安装工程质量的基础,要给予充分的重视。一方面是技术准备,如编制施工组织设计、熟悉图纸等;另一方面是施工现场准备,现场准备工作简要介绍如下。

（一）场地清理和铺设道路

在起重机进场前,按照现场平面布置图,对起重机开行路线和构件堆放位置进行场地清理,使场地平整、坚实、畅通。雨季要做好排水设施,按构件堆放要求准备好支垫。

（二）检查构件

构件吊装前应进行外观质量和质量合格证的检查,外观检查包括构件的外形尺寸、预埋件位置、吊环的规格,观察混凝土表面是否有孔洞、蜂窝、麻面、裂缝和露筋等质量缺陷,构件的强度是否达到吊装设计要求的强度。

（三）构件的运输和堆放

构件的混凝土强度必须达到设计要求(不低于设计强度等级的75％)才能运输。运输时支垫位置要设置合理,保持构件稳定。装卸时吊点位置符合设计要求。依据构件的吊装顺序和施工进度要求,按编号进行堆放。

（四）构件的弹线和编号

在构件吊装前应在构件表面弹出吊装中心线,并将其作为吊装就位、校正偏差的依据。

柱子的柱身应弹出安装中心线。柱中心线的位置应与梯形基础表面上安装中心线的位置对齐。矩形截面按几何中心弹线;为方便观察和避免视差,工字形截面柱应靠柱边弹一条与中心线平行的准线;在柱顶和牛腿面上还要弹出屋架及吊车梁的安装中心线。

屋架上弦顶面应弹出几何中心线,并从跨度中间向两端分别弹出天窗架、屋面板、桁条的安装中心线。屋架的两头应弹出屋架的吊装中心线。

在吊车梁的两端及顶面应弹出安装中心线。在弹线的同时,以上构件应根据图纸进行编号。不易辨别上、下、左、右的构件应在构件上标明记号,以防安装时搞错方向。

（五）基础的清理和准备

吊装前清理基础底部的杂物,检查基础的轴线、尺寸,复核杯口顶面和底面标高,进行基础杯口抄平。基础杯口抄平是为了消除柱子预制的长度和基础施工的标高偏差,保证柱子安装标高的正确。柱基础施工中杯底标高一般比设计标高低 $150\sim300$ mm,使柱子的长度在出现误差时便于调整。杯底标高的调整方法是先实测杯底标高（小柱测中部一点,大柱测四个角点）,牛腿面设计标高与杯底设计标高的差值,就是柱子牛腿面的柱底的应用长度,通过与实际量得的长度相比就可得到柱底面制作误差,再算出杯口底标高调整值,然后用高标号水泥砂浆或细石混凝土将杯底抹至所需标高。标高的允许偏差为 ±5mm。

二、构件吊装工艺

构件吊装工艺一般要经过绑扎、起吊、就位和临时固定、校正、最后固定等工序。

（一）柱

1. 绑扎

柱的绑扎位置和绑扎点数,应根据柱的形状、断面、长度、配筋部位和起重机性能等情况确定。应按起吊柱时产生的正负弯矩绝对值相等的原则来确定绑扎点的位置。一般自重在 13 t 以下的中、小型柱大多绑扎一点;重型或配筋少而细长的柱,为避免弯矩过大而造成起吊过程中柱子断裂,则需绑扎两点,甚至三点。有牛腿的柱,一点绑扎必须绑扎在重心以上,位置常选在牛腿下 200 mm 处,如果柱上部较长,也可绑在牛腿以上。工字形断面柱的绑扎点应选在矩形断面处,应在绑扎位置用方木加固翼缘,以免翼缘在起吊时损坏。双肢柱的绑扎点应选在平腹杆处。按起吊时柱身是否垂直,绑扎方法分为斜吊和直吊两种。

（1）斜吊绑扎

当柱宽面平放起吊的抗弯能力满足要求时,可采用斜吊绑扎。现场预制柱可不经翻身而直接起吊,起重钩可低于柱顶,但因柱身倾斜,就位时对中困难。

（2）直吊绑扎

当柱宽面平放起吊的抗弯能力不足时,需要先将柱翻身侧立后,再直吊绑扎起吊。柱吊离地面后,横吊梁超过柱顶,柱身垂直。其有利于对位,但需要起重机有较大的起重高度。

2. 起吊

柱子起吊方法有旋转法和滑行法。当单机起重能力不足时常采用双机抬吊。

（1）旋转法

起重机边起钩边回转,使柱子绕柱脚旋转而吊起柱子的方法叫作旋转法。采用旋转法吊柱时,为提高吊装效率,在预制或堆放柱时,应使柱的绑扎点、柱脚中心和基础杯口中心三点共圆弧。该圆弧的圆心为起重机的停点,半径为停点至绑扎点的距离。

（2）滑行法

在起吊柱的过程中,起重机支起吊钩,使柱脚滑行而吊起柱子的方法叫作滑行法。若采用滑行法吊柱,在预制或堆放柱时,应将起吊绑扎点(两点以上绑扎时为绑扎中点)布置在杯口附近,并使绑扎点和基础杯口中心两点共圆弧,以便将柱吊离地面后稍转动吊杆(或稍起落吊杆)即可就位。同时,为减少柱脚与地面的摩擦阻力,需在柱脚下设置托板、滚筒,并铺设滑行道。

3. 就位和临时固定

当柱脚插入杯口后,悬离杯底进行就位,在基础杯口各打下八个硬木楔或钢楔(每面两个),使柱身中线对准杯底中线,在对准线后用坚硬石块将柱脚卡死,起重机落钩,逐步打紧楔子,使之临时固定,防止对好线的柱脚发生移动。细长柱子的临时固定应增设缆风绳。

4. 校正

柱的校正包括平面位置校正、标高校正和垂直度的校正。平面位置校正在对位时已经完成,标高在杯形基础杯底抄平时已进行了校正。所以,临时固定后主要是垂直度的校正。柱子的垂直度直接影响吊车梁和屋架等构件安装的准确性。其检查方法是用两架经纬仪同时控制柱相邻两侧面安装中心线的垂直度。如偏差超过允许值,质量在 20 t 以内的柱子可采用敲打杯口楔子或敲打钢楔等校正;质量在 20 t 以上的柱子则需采用丝杠千斤顶平顶或油压千斤顶立顶法校正。

柱子校正时应注意以下几点。

(1)应先校正偏差大的,后校正偏差小的

如两个方向偏差数相近,则先校正小面,后校正大面。校正好一个方向后,稍打紧两面相对的四个楔子,再校正另一个方向。

(2)垂直度校正后应复查平面位置

如其偏差超过 5 mm,应予复校。

(3)校正柱垂直度需用两台经纬仪观测

上测点应设在柱顶。经纬仪的架设位置,应使其望远镜视线面与观测面尽量垂直(夹角应大于 75°)。观测变截面柱时,经纬仪必须架设在轴线上,使经纬仪视线面与观测面垂直,以防止因上、下测点不在一个垂直面上而产生测量差错。

(4)在阳光照射下校正垂直度,要考虑温差的影响

在阳光下,柱的阳面伸长,会向阴面弯曲,使柱顶有一个水平位移。水平位移的数值与温差、柱长度和宽度有关。细长柱可利用早晨、阴天校正,或当日初校,次日早晨复校;也可采取预留偏差的办法来解决。

5. 最后固定

柱校正后,立即在柱与杯口的空隙内浇灌细石混凝土做最后固定。灌缝工作一般分两次进行。第一次灌至楔子底面,待混凝土强度达到设计强度的 25% 后,拔出楔子,第二次全部灌满。振捣混凝土时,不要碰动楔子。

(二)吊车梁

1. 绑扎、起吊、就位、临时固定

吊车梁的吊装必须在基础杯口二次灌浆的混凝土强度达到设计强度的 75% 以上才能进行。

吊车梁绑扎时,两根吊索要等长,绑扎点要对称设置,以使吊车梁在起吊后能基本保持水平。吊车梁两头需用溜绳控制,避免在空中碰撞柱子。

吊装就位时应缓慢落钩,争取一次对好纵轴线,避免在纵轴线方向撬动吊车梁而导致柱偏斜。

一般吊车梁在就位时用垫铁垫平即可,无须采取临时固定措施,但当梁的高度与底宽之比大于4时,可用连接钢板与柱子点焊做临时固定。

2.校正与最后固定

中小型吊车梁的校正工作宜在屋盖吊装后进行;重型吊车梁如在屋盖吊装后校正难度较大,常采取边吊边校法施工,即在吊装就位的同时进行校正。

混凝土吊车梁校正的主要内容包括垂直度和平面位置校正,两者应同时进行。混凝土吊车梁的标高,由于柱子吊装时已通过基础底面标高进行控制,且吊车梁与吊车轨道之间尚需做较厚的垫层,故一般不需要校正。

(1)垂直度校正

吊车梁垂直度用靠尺、线锤检查。T形吊车梁测其两端垂直度,鱼腹式吊车梁测其跨中两侧垂直度。校正吊车梁的垂直度时,需在吊车梁底端与柱牛腿面之间垫入斜垫块,为此要将吊车梁抬起,可根据吊车梁的轻重使用千斤顶等进行,也可在柱上或屋架上悬挂倒链,将吊车梁需要垫铁的那一端吊起。

(2)平面位置校正

吊车梁平面位置校正内容包括直线度(使同一纵轴线上各梁的中线在一条直线上)校正和跨距校正两项。一般6 m长、5 t以内吊车梁可用拉钢丝法和仪器放线法校正。

拉钢丝法是根据柱轴线用经纬仪将吊车梁的中线放到一跨四角的吊车梁上,并用钢尺校核跨距,然后分别在两条中线上拉一根16～18号钢丝。钢丝中部用圆钢支垫。两端垫高20 cm左右,并悬挂重物拉紧。钢丝拉好后,凡是中线与钢丝不重合的吊车梁均应用撬杠予以拨正。

仪器放线法也称为平移轴线法,用经纬仪将与吊车梁轴线距离为定值的某一校正基准线引至吊车梁顶面处的柱身上,定值由放线者自行决定。校正时,凡是吊车梁中心线至柱基准线的距离不等于定值,用撬杠拨正。

在吊车梁校正完毕后,用连接钢板与柱侧面、吊车梁顶端的预埋铁件相焊接,并在接头处支模,浇灌细石混凝土,进行最后固定。

(三)屋架

1.绑扎

屋架的绑扎点应在上弦节点上,左右对称,绑扎中心(各吊索内力的合力作用点)应在屋架重心之上,以使屋架起吊后不会倾翻,基本保持水平。翻身或立直屋架时,吊索与水平线的夹角不宜小于60°,吊装时不宜小于4°,以免屋架吊升时承受过大的横向压力而失稳。为了减小吊索长度和所受的横向压力,必要时可采用横吊梁。绑扎点的数目及位置与屋架的形式和跨度有关,一般应经吊装验算确定。

2.扶直

钢筋混凝土屋架一般在施工现场平卧叠层预制,吊装前应将屋架翻身扶直。扶直屋架时,起重机位于屋架下弦一边为正向扶直,起重机位于屋架上弦一边为反向扶直。这两种扶直方法的最大区别在于,扶直过程中前者升钩升臂,后者升钩降臂,使吊钩始终保持在上弦中的位置的上方。升臂比降臂易于操作且较安全,故应尽可能采用正向扶直。

屋架扶直后,立即进行就位排放。排放位置既要便于吊装,又要为其他构件预留排放位置,少占场地。当屋架就位排放位置和预制位置在起重机开行路线同侧时,为同侧就位排放;当屋架就位排放位置和预制位置分别在起重机开行路线两侧时,为异侧就位排放。后者相对前者旋转角度大,并且屋架两端的朝向已有变动。

3.起吊、对位与临时固定

屋架起吊后,升钩超过柱顶,然后旋转屋架对准柱顶,缓慢落钩对位,对好线后立即进行临时固定,临时固定稳妥后才允许起重机脱钩。

第一榀屋架就位后,一般在其两侧设置两道缆风做临时固定,并用缆风来校正垂直度。当厂房有接风柱,且挡风柱顶需与屋架上弦连接时,可在校好屋架垂直度后,立即将其连接件安装固定。

之后的各榀屋架,可用屋架校正器做临时固定和校正。

4.校正与最后固定

屋架垂直度的校正,一般 15 m 跨以内的屋架用一根校正器,18 m 跨以上的屋架用两根校正器。为消除屋架旁弯对垂直度的影响,可用挂线卡子在屋架下弦一侧外伸一段距离拉线,并在上弦用同样距离挂线锤检查。

屋架经校正后,立即电焊固定。焊接时,应在屋架两端同时对角施焊,避免两端同侧施焊,以免因焊缝收缩使屋架倾斜。

(四)天窗架和屋面板的吊装

天窗架可在地面上与屋架拼装成整体后吊装,以减少高空作业,但对起重机的起重量和起重高度要求较高,也可在天窗架两侧屋面板吊装后单独吊装。

屋面板的吊装顺序,应自跨边向跨中两边对称进行,避免屋架单侧承受荷载而变形。在屋架或天窗架上的搁置长度符合设计规定,四角坐实后,保证有三个角点焊接,最后固定。

三、结构吊装方案

单层工业厂房结构吊装方案,主要考虑选择起重机械,确定单位工程结构吊装方法、吊装顺序、起重机开行路线和构件平面布置等问题。

(一)起重机的选择

起重机的选择直接影响到构件的吊装方法、起重机开行路线和构件平面布置等,在安装工程中非常重要。其主要包括起重机类型和起重机型号的选择。

1. 起重机类型的选择

选择起重机时，需要考虑技术上应先进、合理，即所选用起重机的起重能力满足构件吊装要求，使用方便，有较高的生产效率，满足安装进度要求；同时结合机械设备供应情况考虑节约施工费用。

一般中小型厂房，其构件的重量和吊装高度都不大，所以多采用自行杆式起重机，以履带式起重机应用最为广泛。重型厂房，因厂房的高度和跨度较大，构件的尺寸和重量也很大，设备安装时往往与结构安装同时进行，故以采用重型塔式起重机或牵缆式起重机为宜。

2. 起重机型号的选择

起重机型号的选择应根据构件的质量、外形尺寸和安装高度来确定，使起重机的起重量、起重高度和起重半径均能满足结构吊装要求。

（二）单位工程结构吊装方法

单位工程结构吊装方法按起重机行驶路线可分为跨内吊装法和跨外吊装法，根据起重机的起重能力和现场施工实际情况选择；按构件的吊装次序可分为分件吊装法、节间吊装法和综合吊装法。

分件吊装法是指起重机在单位吊装工程内每开行一次只吊装一种构件的方法。它的主要优点是施工内容单一、准备工作简单，因而构件吊装效率高，且便于管理，可利用更换起重臂长度的方法分别满足各类构件的吊装（如采用较短起重臂吊装柱，接长起重臂后吊装屋架）。主要缺点是起重机行走频繁，不能按节间及早为下道工序创造工作面，屋面板吊装往往另外需要辅助起重设备。

节间吊装法是指起重机在吊装工程内的一次开行中，分节间吊装完各种类型的全部构件或大部分构件的吊装方法。它的主要优点是起重机行走路线短，可及早按节间为下道工序创造工作面。主要缺点是要求选用起重量较大的起重机，其起重臂长度要一次满足吊装全部各种构件的要求，因而不能充分发挥起重机的技术性能，各类构件均须运至现场堆放，吊装索具更换频繁，管理工作复杂。

起重机开行一次吊装完房屋全部构件的方法一般只在吊装某些特殊结构（如门架式结构）或者在采用某些移动比较困难的起重机时才使用。

综合吊装法是指建筑物内一部分构件采用分件吊装法吊装，另一部分构件采用节间吊装法吊装的方法。此方法吸收了分件吊装法和节间吊装法的优点，是建筑结构常用的方法。其普遍做法是采用分件吊装法吊装柱、柱间支撑、吊车梁等构件；采用节间吊装法吊装屋盖的全部构件。

（三）结构吊装顺序

结构吊装顺序是指一个单位吊装工程在平面上的吊装次序，比如，在哪一跨始吊，从何节间始吊；如果划分施工段，其流水作业的顺序如何等。确定吊装顺序应注意以下方面。

①考虑土建和设备安装等后续工序的施工顺序,以满足整个单位工程施工进度的要求。如某一跨度内,土建施工复杂或设备安装复杂,需较长的工作天数,则往往要安排该跨度先吊装,以便后续工序尽早开工。

②尽量与土建施工的流水顺序相一致。

③满足提高吊装效率和安全生产的要求。

④根据吊装工程现场的实际情况(如道路、相邻建筑物、高压线位置等),确定起重机从何处始吊,从何处退场。

(四)起重机开行路线

起重机开行路线与结构安装方法、构件吊装工艺、构件尺寸及重量、构件供应方式及起重机工作性能等诸多因素有关。吊装柱时根据跨度大小,可沿跨中或跨边开行;吊装屋盖系统时,起重机一般沿跨中开行。

当厂房具有多跨结构且面积较大时,为加速工程进度,可将厂房划分为若干施工段,选用多台起重机同时施工,起重机分区段开行,完成该区段的全部安装任务;也可选用多台不同性能的起重机协同作业。

若厂房不但有多跨并列,而且有横跨,可先在各纵向跨开行,然后在横跨开行。如纵向跨有高低跨并列时,一般采取先在高跨开行,这样有利于减少吊装偏差的累积。

(五)构件平面布置

构件平面布置是厂房结构安装工程的一项重要工作,布置不当将直接影响施工效率和工程进度。所以应根据现场条件、起重机工作性能、结构安装方案等因素合理安排。其平面布置有预制阶段的平面布置和构件安装前就位排放的平面布置两种,两者之间的关系非常密切,需要一并考虑。

1.构件平面布置的原则

进行结构构件的平面布置时,一般应考虑下列几点内容。

①满足吊装顺序的要求。

②简化机械操作,即将构件堆放在适当位置,使得起吊安装时,起重机的跑车、回转和起落吊杆等动作尽量减少。

③保证起重机的行驶路线畅通和安全回转。

④"重近轻远",即将重构件堆放在距起重机停点比较近的地方,轻构件堆放在距起重机停点比较远的地方。单机吊装接近满荷载时,应将绑扎中心布置在起重机的安全回转半径内,并应尽量避免起重机带荷载行驶。

⑤便于开展以下工作:检查构件的编号和质量;清除预埋铁件上的水泥砂浆块,对空心板进行堵头,在屋架上、下弦安装或焊接支撑连接件,对屋架进行拼装、穿筋和张拉等。

⑥便于堆放。对于重屋架,应按上述第④点办理;对于轻屋架,如起重机可以负荷行驶,可两榀或三榀靠柱子排放在一起。

⑦现场预制构件要便于支模、运输及浇筑混凝土,以及便于抽芯、穿筋、张拉等。

2.预制阶段平面布置

预制阶段平面布置的主要构件是柱和屋架。

柱的现场预制位置,即为吊装阶段就位排放位置,所以,应按吊装工艺要求进行平面布置。采用旋转法吊装时,柱可斜向布置;采用滑行法吊装时,柱可纵向或斜向布置。

屋架通常在跨内平卧叠层预制,每叠3～4榀。布置方式有斜向、正反斜向和正反纵向布置三种。每叠屋架间留有1 m空隙,以便支模和浇筑混凝土。确定屋架的预制位置,还要考虑屋架的扶直、扶直的先后顺序和就位排放要求,先扶直者应放在上层。屋架跨度大,布置时要注意转动的方便性。为了便于屋架的扶直和吊运排放,常采用斜向布置。

3.构件安装前的就位排放平面布置

构件安装前的就位排放平面布置是指柱吊装后吊车梁、屋架、天窗架、层面板等的布置。为了适应吊装工艺和提高起重机吊装效率,各种构件吊装前应按一定次序排放。

屋架翻身扶直后,随即吊运至预定位置,按垂直状态排放。排放有斜向排放和纵向排放两种方式。

屋架的斜向排放方式,用于重量较大的屋架,起重机定点吊装。屋架的纵向排放方式,用于重量较轻的屋架,允许起重机负荷行驶。纵向排放一般以4榀为一组,靠柱边顺轴线排放,屋架之间的净距不大于20 cm,相互之间用铁丝及支撑拉紧撑牢。每组屋架之间预留约3 m的间距作为横向通道。为防止在吊装过程中与已安装的屋架相碰撞,每组屋架的就位中心线可以安排在该组屋架倒数第二榀安装轴线之后约2 m处。

构件运抵施工现场后,按平面布置图的位置,根据安装顺序和编号进行排放或集中堆放。吊车梁、联系梁通常在安装位置的柱列附近进行排放,跨内、外均可,有时也可随运随吊,直接安装,避免现场过于拥挤。屋面板,一般6～8块一叠靠柱边排放,布置在跨内时,根据起重机吊装屋面板时的起重半径,后退3～4个节间开始靠柱边排放;布置在跨外时,应后退2～3个节间靠柱边排放。其他小型构件,靠屋面板一侧排放。

构件平面布置受许多因素的影响,因此在拟订方案时,应充分考虑现场实际情况,因地制宜,绘制切实可行的构件平面布置图。

第四节　钢结构安装工程

轻型钢结构主要是指由圆钢、小角钢和冷弯薄壁型钢组成的结构。其适用范围一般是檩条、屋架、钢架、施工用托架等。其优点是结构轻巧、制作和安装可用较简单的设备、节约钢材、减少基础造价。轻型钢结构分为两类,一类是由圆钢和小角钢组成的轻型钢结构;另一类是由冷弯薄壁型钢组成的轻型钢结构。目前后一类轻型钢结构发展迅速,也是轻型钢结构发展的方向。

冷弯薄壁型钢是指厚度为2～6 mm的钢板或带钢经冷拔等方式弯曲而成的型钢,其截面形状分开口和闭口两类,钢厂生产的闭口截面是圆管和矩形截面,是冷弯的开口截面用高频焊焊接而成。冷弯薄壁型钢可用来制作檩条、屋架、钢架等轻型钢结构,能有效地节约钢材,制作、运输和安装亦较方便,目前在单层钢结构中应用日趋广泛。

一、钢构件的制作

冷弯薄壁型钢的制作一般有成型、放样、号料和切割、装配、防腐处理等工序。

薄壁型钢的材质采用 Q235 钢或 16 锰钢,钢结构制造厂在进行薄壁型钢成型时,钢板或带钢等一般用剪切机下料,用辊压机整平,用边缘刨床刨平边缘,用冷压成型,厚度为 1~2 mm 的薄钢板也可用弯板机冷弯成型。

薄壁型钢结构的放样与一般钢结构相同。常用的薄壁型钢屋架,不论用圆钢管或方钢管,其节点多不用节点板,构造都比普通钢结构要求高,因此放样和号料应具有足够的精度。

放样和号料时应按照施工图和工艺要求,发现问题及早解决,不允许在非切割构件表面打凿子印或钢印,以免削弱截面。切割时最好用摩擦锯,效率高、锯口平整。

冷弯薄壁型钢屋架的装配一般采用一次装配法。焊接时应严格控制质量。防腐蚀是冷弯薄壁型钢加工中的重要环节,它会影响钢结构的维修和使用年限。

二、冷弯薄壁型钢结构安装

冷弯薄壁型钢结构安装前要检查和校正构件相互之间的关系尺寸、标高和构件本身安装孔的关系尺寸,检查构件的局部变形,如发现问题,应在地面预先校正并加以妥善解决。薄壁型钢及其结构在运输和堆放时应轻吊轻放,尽量减少局部变形。采用撑直机或锤击调直型钢或成品构件时,也要防止局部变形。

吊装时要采取适当措施防止产生过大的弯曲变形,应垫好吊索与构件的接触部位,以免损伤构件。不宜利用已安装就位的冷弯薄壁型钢构件起吊其他重物,以免引起局部变形,不得在主要受力部位加焊其他物件。

安装屋面板之前,应采取措施保证拉条拉紧和檩条的位置正确,檩条的扭角不得大于 3°。

下面介绍钢架结构的轻钢结构单层屋的安装。这种结构目前应用广泛,如单层厂房、仓库等多采用此种结构。

轻钢结构单层屋主要由钢柱、屋盖细梁、檩条、墙梁(檩条)、屋盖和柱间支撑、屋面和墙面的彩钢板等组成。钢柱一般采用 H 型钢,通过地脚螺栓与混凝土基础连接,通过高强螺栓与屋盖梁连接,连接形式有直面连接和斜面连接。屋盖梁为工字形截面,根据内力情况可变截面,各段由高强螺栓连接。屋面檩条和墙梁多采用高强镀锌彩色钢板辊压成型的 C 形或 Z 形檩条,可由高强螺栓直接与屋盖梁的缘连接。屋面和墙面多用彩钢板,它是由优质高强薄钢卷板(镀锌钢板、镀铝锌钢板)经热浸合金镀层和烘涂彩色涂层经机器辅压而成的。其厚度有 0.5 mm、0.7 mm、0.8 mm、1.0 mm、1.2 mm 多种规格,表面涂层材料有普通双性聚酯、高分子聚酯、硅双性聚酯、金属 PVDF 和 PVF 贴膜、二烯溶液等。

轻钢结构单层屋安装前与普通钢结构一样,亦需对基础的轴线、标高、地脚螺栓位置及构件尺寸偏差等进行检查。

轻钢结构单层房屋由于构件自重轻,安装高度不大,因而多采用自行式(履带式、汽车式)起重机安装。若钢架梁跨度大、稳定性差,为防止吊装时出现下挠和侧向失稳,可将钢架梁分成两段,一次吊装半榀,在空中对接。在有支撑的跨间,亦可将相邻两个半榀钢架梁在地面拼装成刚性单元进行一次吊装。

轻钢结构单层屋安装,可采用综合吊装法或单件吊装法。采用综合吊装法时,先吊装一个节间的钢柱,经校正固定后立即吊装钢架梁和檩条等。屋面彩钢板由于质量轻,可在轻钢结构全部或部分安装完成后进行。

冷弯薄壁型钢结构在使用期间,应定期进行检查与维护,维护年限可根据结构的使用条件、表面处理方法、涂料品种及漆涂厚度确定。其维护应符合下述要求:

①当涂层表面开始出现锈斑或局部脱漆时,应重新涂装,不应待漆膜大面积劣化、返透时才进行维护。②重新涂装前应进行表面处理,彻底清除结构表面的积灰、污垢、铁锈及其他附着物,除锈后应立即涂漆维护。③重新涂装时亦应采用相应的配套涂料。④重新涂装的涂层质量应符合国家现行《钢结构工程施工质量验收规范》中的规定。

第五章　防水工程施工

　　防水工程是房屋建筑中非常重要的组成部分，其质量不但关系到建筑物的使用寿命，而且还直接影响到使用者的生产环境、生活质量及卫生条件。因此，防水工程必须在设计合理、材料合格的基础上，严格遵守施工操作规程，才能切实保证工程质量。

　　防水工程按其部位分为屋面防水、地下防水、卫生间防水和外墙板防水等；按其构造做法分为结构自防水（主要是依靠建筑构件材料自身的密实性以及某些构造措施，如坡度、埋设止水带等，使结构构件起到防水作用）和防水层防水（主要是在建筑物构件的迎水面或背水面以及楼缝处，附加防水材料做成防水层，以起到防水作用）；按其材料性能分为柔性防水（如卷材防水、涂膜防水等）和刚性防水（如细石混凝土、补偿收缩混凝土、结构自防水等）。

　　柔性防水材料主要有卷材防水材料和涂膜防水材料，其特点是抗拉强度高、延伸率大、质量轻、施工工艺简单、工效高。但其操作技术要求较严格，耐穿刺性和耐老化性能不如刚性材料。

　　卷材防水材料厚薄均匀，质量比较稳定，但卷材搭接缝多，接缝处易开裂，对复杂表面和基层不平整的屋面，施工难度较大，不易保证质量。而涂膜防水材料的特点恰恰可以弥补此方面的不足。

　　合成高分子卷材、高聚物改性沥青卷材和沥青卷材也有不同的优缺点。对于高聚物改性沥青防水卷材，它的性能主要取决于胎体种类。目前，这类卷材的施工工艺主要有热熔、自黏和胶黏剂黏结三种；合成高分子防水卷材分为弹性体、塑性体与加筋的合成纤维三大类，不仅用料不同，性能差异也很大，因此，在设计时要考察选用材料在当地的实际使用效果；传统的沥青防水材料，有纸胎沥青油毡，玻纤胎沥青油毡等，但其材料性能较差，通常要叠层使用，黏结材料通常有冷沥青胶结材料和热沥青胶结材料。

　　必须指出的是，如果选用柔性防水卷材，还应考虑与其配套的胶结材料在材料性能上是否相容，并在设计中指明相应的施工工艺，如空铺、满粘、点粘、条粘等。

　　判别两种不同防水材料的性能是否相容，主要视其相互接触时能否黏结在一起。如果两者不能黏结在一起，就会出现黏结不牢，脱胶开口，甚至发生相互间的化学腐蚀，使防水层遭到破坏。只有当两种不同防水材料的性能接近时，才能做到材料的相容。一般而言，两种防水材料的性能是否相容，主要看溶度参数，其溶度参数相差越小，相容性就越好；溶度参数相差越大，相容性就越差。

　　就防水工程而言，卷材防水层的胶结材料必须选用与卷材防水材料性能相容的黏结剂，原则上应由卷材生产厂家配套供应。两种防水材料具有相容性的情况主要有：基层处理剂的选择应与卷材的性能相容；高聚物改性沥青防水卷材或合成高分子防水卷材的搭接缝，宜用性能相容的密封材料封严；采用两种防水材料复合时，其性能应相容；卷材、涂膜防水层收头及节点部位选用的密封材料，应与防水层的材料相容；采用涂料保护层时，涂料应与防水卷材或防水涂膜的性能相容;基层处理剂应与密封材料的性能相容。

对于地基条件好、结构跨度不大的多层现浇框架建筑,可选用的防水材料较多,但也有一些区别。如 APP 改性沥青防水卷材,其低温柔性就不如 SBS 改性沥青防水卷材,前者在南方地区就比较适用,而后者除南方外,还适用于北方地区。

防水工程要求严格细致,应按照"防排结合,以防为主;刚柔并用,以柔适变;多道设防,节点密封"的思路进行设计和施工。在施工工期安排上宜避开冬、雨季施工;在选材时还要根据外界气候情况(包括温度、湿度、酸雨、紫外线等)、结构形式(现浇式或装配式)与跨度、屋面坡度、地基变形程度和防水层暴露等情况,选用相应的材料,才从而最终保证防水工程的质量。

第一节 屋面防水工程

屋面防水工程是房屋建筑中的一项重要工作,常用的种类有卷材防水屋面、涂膜防水屋面和刚性防水屋面等。根据建筑物的性能、重要程度、使用功能及防水层合理使用年限等要求,可将屋面防水划分为四个等级,并规定了不同等级的设防要求,见表 5-1。

表 5-1 屋面防水等级和设防要求

项目	屋面防水等级			
	Ⅰ级	Ⅱ级	Ⅲ级	Ⅳ级
建筑物类别	特别重要或对防水有特殊要求的建筑	重要的建筑和高层建筑	一般的建筑	非永久性的建筑
防水层合理使用年限	25 年	15 年	10 年	5 年
防水层选用材料	宜选用合成高分子防水卷材、高聚物改性沥青防水卷材、金属板材、合成高分子防水涂料、细石混凝土等材料	宜选用高聚物改性沥青防水卷材、合成高分子防水卷材、金属板材、合成高分子防水涂料、高聚物改性沥青防水涂料、细石混凝土、平瓦、油毡瓦等材料	宜选用三毡四油沥青防水卷材、高聚物改性沥青防水卷材、合成高分子防水卷材、金属板材、高聚物改性沥青防水涂料、合成高分子防水涂料、细石混凝土、平瓦、油毡瓦等材料	可选用二毡三油沥青防水卷材、高聚物改性沥青防水涂料等材料
设防要求	三道或三道以上防水设防	二道防水设防	一道防水设防	一道防水设防

一、卷材防水屋面

卷材防水屋面是指将沥青防水卷材、高聚物改性沥青防水卷材、合成高分子防水卷材等柔性防水材料,利用黏结胶粘贴卷材或采用带底面黏结胶的卷材进行热熔或冷贴于屋面基层进行防水的屋面。

(一)卷材防水的材料

1.基层处理剂

基层处理剂是为了增强防水材料与基层之间的黏结力,在防水层施工前,预先涂刷在基层上的稀质涂料。常用的基层处理剂有冷底子油(是由 10 号或 30 号石油沥青或软化点为

50～70 ℃的焦油沥青溶解于轻柴油、汽油、煤油、二甲苯或甲苯等溶液中调制而成的溶液,可在基层与卷材沥青胶结料之间形成一层胶质薄膜,以此提高其胶结性能)、高聚物改性沥青卷材和合成高分子卷材配套的底胶(如氯丁胶沥青乳液、改性沥青溶液、聚氨酯煤焦油系的二甲苯溶液等,一般由卷材生产厂家配套供给)。该涂料的选择应与所用防水卷材的材料性能相容,以避免与卷材发生腐蚀或黏结不良现象。

2.胶黏剂

(1)沥青胶结材料

配置石油沥青胶结材料,一般将两种或三种牌号的沥青按一定配合比熔合,经熬制脱水后,掺入适当品种和数量的填充料,配置成沥青胶结材料。其标号(耐热度)应根据屋面坡度、当地历年室外极端最高气温选用,如表 5-2 所示。

表 5-2　石油沥青胶结材料标号选用表

屋面坡度/%	历年室外极端最高温度/℃	沥青胶结材料标号
2～3	<38	S—60
	38～41	S—65
	41～45	S—70
3～15	<38	S—65
	38～41	S—70
	41～45	S—75
15～25	<38	S—75
	38～41	S—80
	41～45	S—85

(2)合成高分子卷材胶黏剂

胶黏剂用于粘贴卷材,主要有两种:一种为卷材与基层粘贴的胶黏剂,另一种为卷材与卷材搭接的胶黏剂。合成高分子胶黏剂的黏结剥离强度不应小于 15 N/(10 mm),浸水 168 h 后的黏结剥离强度保持率不应小于 70%。常用合成高分子卷材配套胶黏剂见表 5-3。

表 5-3　常用合成高分子卷材配套胶黏剂

卷材名称	基层与卷材胶黏剂	卷材与卷材胶黏剂	表面保护层涂料
三元乙丙丁基橡胶卷材	CX—404 胶	丁基黏结胶 A,B组分(1∶1)	水乳型醋酸乙烯—丙烯酸
氯化聚乙烯卷材	BX—12 胶黏剂	BX—12 组分胶黏剂	水乳型醋酸乙烯—丙烯酸
LYX—603 氯化聚乙烯卷材	LYX—603—3(3 号胶)01 甲、乙组分	LYX—603—2(2 号胶)	LYX—603—1(1 号胶)
聚氯乙烯卷材	FL—5 型 (5～15 ℃时使用) FL—5 型 (15～40 ℃时使用)		

(3)黏结密封胶带

黏结密封胶带主要用于合成高分子卷材与卷材之间的搭接黏结和封口黏结,分为双面胶带和单面胶带。双面胶黏带剥离状态下的黏合性应不小于 10 N/(25 mm),浸水 168 h 后的黏结剥离强度保持率应不小于 70%。

3.防水卷材

防水卷材是利用胶结材料粘贴或胶合,将卷材铺贴成一整片,能起到防水作用的柔性薄型片状密封材料。我国常用的防水卷材的特点及适用范围,见表5-4。

表 5-4　常用防水卷材的特点及适用范围

卷材类别	卷材名称	特点	适用范围	施工工艺
沥青防水卷材	石油沥青纸胎油毡	我国传统的防水材料,目前在屋面工程中仍占据主导地位。其低温柔性差,防水层耐用年限较短,但价格较低	三毡四油、二毡三油叠层铺设的层面工程	热沥青胶、冷沥青胶粘贴施工
	玻璃布沥青油毡	抗拉强度高,胎体不易腐烂,材料柔性好,耐久性比纸胎油毡提高一倍以上	多用作纸胎油毡的增强附加层和突出部位的防水层	热沥青胶、冷沥青胶粘贴施工
	玻纤毡沥青油毡	具有良好的耐水性、耐腐蚀性和耐久性,柔性也优于纸胎沥青油毡	常用作屋面或地下防水工程	热沥青胶、冷沥青胶粘贴施工
	黄麻胎沥青油毡	其抗拉强度高、耐水性好,但胎体材料易腐烂	常用作屋面增强附加层	热沥青胶、冷沥青胶粘贴施工
	铝箔胎沥青油毡	具有很高的阻隔蒸汽的渗透能力,防水功能好,且具有一定的抗拉强度	与带孔玻纤毡配合或单独使用,宜用于隔汽层	热沥青胶粘贴施工
高聚物改性沥青防水材料	SBS 改性沥青防水卷材	耐高、低温性能有明显提高,卷材的弹性和耐疲劳性明显改善	单层铺设的屋面防水工程或复合使用	热熔法或冷粘法施工
	APP 改性沥青防水卷材	具有良好的强度、延伸性、耐热性、耐紫外线照射及耐老化性能,耐低温性能稍低于 SBS 改性沥青防水卷材	单层铺设,适合于紫外线辐射强烈及炎热地区屋面使用	热熔法或冷粘法施工
	PVC 改性焦油防水卷材	具有良好的耐热及耐低温性能,最低开卷温度为-18 ℃	有利于在冬季负温条件下施工	可冷作业和热作业施工
	再生胶改性沥青防水卷材	有一定的延伸性,且低温柔性较好,有一定的防腐蚀能力,价格低廉,属于低档防水卷材	变形较大或档次较低的屋面防水工程	热沥青粘贴
	废橡胶粉改性沥青防水卷材	相对于普通石油沥青纸胎的抗拉强度、低温柔性均有明显改善	叠层使用于一般屋面防水工程,宜在寒冷地区使用	热沥青粘贴

续表

卷材类别	卷材名称	特点	适用范围	施工工艺
合成高分子防水材料	三元乙丙橡胶防水卷材	防水性能优异、耐候性好、耐臭氧性、耐化学腐蚀、弹性好和抗拉强度大，对基层变形开裂的适应性强，质量轻，使用温度范围宽，寿命长，但价格高，黏结材料尚需配套完善	屋面防水技术要求较高、防水层耐用年限要求长的工业与民用建筑，单层或复合使用	冷粘法或自粘法
	丁基橡胶防水卷材	有较好的耐候性、抗拉强度和延伸率，耐低温性能稍低于三元乙丙防水卷材	单层或复合使用于要求较高的屋面防水工程	冷粘法施工
	氯化聚乙烯防水卷材	具有良好的耐候性、耐臭氧、耐热老化、耐油、耐化学腐蚀，以及抗撕裂的性能	单层或复合使用，宜用于紫外线强的炎热地区	冷粘法施工
	氯磺化聚乙烯防水卷材	延伸率较大、弹性较好，对基层变形开裂的适应性较强，耐高、低温性能好，耐腐蚀性能优良，有很好的难燃性	适合于有腐蚀介质影响及在寒冷地区的屋面工程	冷粘法施工
	聚氯乙烯防水卷材	具有较高的拉伸和撕裂强度，延伸率较大，耐老化性能好，原材料丰富，价格便宜，容易黏结	单层或复合使用于外漏或有保护层的屋面防水	冷粘法或热风焊接法施工
	氯化聚乙烯－橡胶共制防水卷材	不但具有氯化聚乙烯特有的高强度和优异的耐臭氧性、耐老化性能，而且具有橡胶特有的高弹性、高延伸性及良好的低温柔性	单层或复合使用，尤其适合于寒冷地区或变形较大的屋面	冷粘法施工
	三元乙丙橡胶－聚乙烯共混防水卷材	热塑性弹性材料，有良好的耐臭氧和耐老化性能，使用寿命长，低温柔性好，可在负温条件下施工	单层或复合使用于外露防水屋面，宜在寒冷地区使用	冷粘法施工

（1）沥青卷材

沥青卷材是用原纸、纤维织物、纤维毡等作为胎体材料，将其两面浸涂沥青胶，表面涂撒粉状、粒状或片状等隔离材料制成的可卷曲片状防水材料。

（2）高聚物改性沥青卷材

高聚物改性沥青卷材是用纤维织物或纤维毡等作为胎体材料，浸涂合成高分子聚合物改性沥青，表面撒布粉状、粒状、片状或薄膜材料为覆面材料制成的可卷曲的片状防水材料。其耐高温性、耐寒冷性、弹性和耐疲劳性都有较好的改善，在一定程度上延长了屋面的使用寿命。目前，国内常用的高聚物改性沥青卷材的品种有 SBS 改性沥青卷材、APP 改性沥青卷材、APAO 改性沥青卷材、再生胶改性沥青卷材等。

（3）合成高分子卷材

合成高分子卷材是用合成橡胶、合成树脂或两者的共混体为基料，加入适量的化学助剂和填充料等，经不同工序加工而成的可卷曲的片状防水材料；或将上述材料与合成纤维等复合形成两层或两层以上的可卷曲的片状防水材料。这类防水材料与传统的石油沥青卷材相比，具有可单层结构防水、可冷施工、使用寿命长等优点。目前，国内常用的合成高分子卷材有三元乙丙橡胶防水卷材、丁基橡胶防水卷材、氯化聚乙烯防水卷材、聚氯乙烯防水卷材、氯磺化聚乙烯防水卷材等。

（4）金属防水卷材

金属防水卷材也称 PSS 合金防水卷材，是以铅、锡、锑等金属材料经熔化、浇筑、辊压成片状可卷曲的防水材料。PSS 合金防水卷材采用全金属一体化的封闭覆盖方式来达到防水目的。接缝处采用同类金属熔化连接的方式，其抗拉强度大于卷材本身的抗拉强度，所以接缝处不像其他卷材，易受接缝媒质影响而使其使用寿命降低。

此种材料具有永不腐烂、永久防漏的特点，其防漏年限可与建筑物使用寿命相同，十分适合于种植屋面、养殖屋面、地下室防水和水池防水，可防电磁干扰及核辐射。防漏终止时，其材料还可以 100％回收再利用，这是其他防水材料所无法比拟的。

（5）膨润土防水毯

膨润土防水毯也称纳米毯，是用高密度聚丙烯等合成纤维做底材，用针刺法在其上面织上厚度均匀的、遇水膨胀的天然纳基膨润土后，盖上聚丙烯等布纤维后冲压，然后按规格尺寸切割成可卷曲的片状防水材料。

高纳质膨润土具有较强的膨胀特性。在试验室环境里，对一个高纳质膨润土小颗粒进行试验，在自由状态下其遇水膨胀 15～17 倍。

因此，膨润土防水毯遇水后能形成一层无缝的高密度浆状防水层，可有效起到防水、止水的作用，适用于屋面防水、地下室防水和人工湖、人工水库防水。

（二）卷材防水屋面的施工

1. 施工基本要求

（1）基层的处理

当屋面结构层为预制装配式混凝土板时，板缝间用等级不小于 C20 的细石混凝土嵌填密实，并宜适当掺加微膨胀剂。如板缝宽度大于 40 mm 或上窄下宽时，板缝内应设置构造钢筋。

在屋面结构层上应做好找平层,找平层的强度、坡度和平整度对卷材防水层施工质量影响很大,必须压实平整,排水坡度必须符合相关规范规定。找平层要求平缓变化,平整度可用 2 m 靠尺检查,最大空隙不允许大于 5 mm,且每米长度内最多只能有一处。

采用水泥砂浆找平层时,水泥砂浆抹平收水后应二次压光,充分养护,不得有酥松、起砂、起皮等现象。

铺设防水层或隔汽层之前,要求找平层必须充分干燥,并保持清洁。检验干燥程度的一般方法是将 1 m² 卷材干铺在找平层上静置 3~4 h 后掀开,如果覆盖部位与卷材上没有水印,即可开始下一个构造层次的施工。

屋面泛水处和基层的转角处(如水落口、檐口、天沟、檐沟、屋脊等),均应做成小圆弧或 45°斜角。

(2)卷材的铺贴

卷材的铺贴顺序应采取"先高后低、先远后近"的原则,即高低跨屋面,先铺高跨后铺低跨;等高大面积屋面,先铺离上料地点较远的部位,后铺离上料地点较近的部位。这样可以避免已铺屋面因材料运输和施工等原因而遭到人为的踩踏和破坏。

卷材大面积铺贴前,要求先做好节点、附加层和分格缝的空铺条等处的密封处理,然后由屋面最低标高处向上施工。铺贴天沟、檐沟卷材时,宜顺天沟、檐沟方向铺贴,从水落口处向分水线方向铺贴,以减少搭接(图 5-1)。

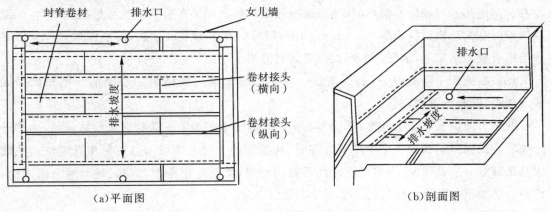

(a)平面图 (b)剖面图

图 5-1 卷材铺贴示意图

施工段的划分宜设在屋脊、天沟、变形缝等处。卷材应根据屋面坡度及屋面是否受震动来确定铺贴方向。当屋面坡度小于 3% 时,卷材宜平行于屋脊铺贴;当屋面坡度在 3%~15% 时,卷材可平行或垂直于屋脊铺贴;当屋面坡度大于 15% 或屋面受震动时,沥青卷材、高聚物改性沥青卷材应垂直于屋脊铺贴,合成高分子卷材可根据实际情况综合考虑平行于屋脊或垂直于屋脊铺贴,但上下层卷材不得相互垂直铺贴;当屋面坡度大于 25% 时,卷材宜垂直于屋脊方向铺贴,同时采取相应的固定措施,防止卷材下滑,固定点处要求有良好的密封处理。

(3)卷材的搭接

铺贴卷材应采用搭接法,相邻的两幅卷材的接头应相互错开,以避免因多层卷材相重叠而黏结不牢。叠层铺贴时,上下层两幅卷材的搭接缝也应相互错开。

高聚物改性沥青防水卷材和合成高分子防水卷材的搭接缝,要注意选用材料性能相容的密封材料封严,密封材料通常由卷材厂家配套供给。

平行于屋脊的搭接缝,应顺水流方向搭接;垂直于屋脊的搭接缝应顺年最大频率风向(主导风向)搭接。

叠层铺设的各层卷材,在天沟与屋面的连接处,应采用叉接法搭接,搭接缝应错开;接缝宜留在屋面或天沟侧面,不宜留在沟底。铺贴卷材时,不得污染檐口的外侧和墙面。

高聚物改性沥青防水卷材采用冷粘法施工时,搭接边部分要求有多余的冷黏剂挤出;热熔法施工时,搭接边应要求溢出少许热熔沥青,以形成一道沥青条。

2.沥青防水卷材施工

石油沥青防水卷材主要有热沥青胶结料与冷沥青胶结料粘贴油毡施工两种方法。

(1)卷材防水热施工操作

只有传统的石油沥青油毡叠层施工时采用热粘贴施工。油毡叠层热施工是先在找平层上涂刷冷底子油,将熬制好的热沥青胶结料趁热浇洒,并立即逐层铺贴油毡于屋面的基层,最后在面层上浇洒一层热沥青胶,及时撒铺绿豆砂(粒径为 3～5 mm 的小豆石)作为保护层。

为使绿豆砂与面层黏结牢固,不易被雨水冲刷掉,绿豆砂要干净、干燥,并预热至 100 ℃左右。面层热沥青胶结料浇洒时,随时铺撒热绿豆砂。如果在蓄水试验后铺撒绿豆砂,则要求铺设时在油毡表面涂刷厚 2～3 mm 的沥青胶,同样将绿豆砂预热,趁热铺撒。绿豆砂必须与沥青胶黏结牢固,未黏结的绿豆砂要随时清扫干净。

热粘贴施工工艺流程为:基层清理→涂刷冷底子油→铺贴附加层油毡→铺贴大面油毡→检查、验收→蓄水试验。

铺贴大面油毡可采用满铺、花铺等方法。满铺法是在油毡下满刷沥青胶结材料,全部进行黏结。当保温层和找平层干燥有困难时,在潮湿的基层上铺贴油毡可采用花铺法。花铺法是在铺第一层油毡时,不需要满涂沥青胶结材料,而是采用条形、点状、蛇形等方法涂浇,使第一层油毡与基层之间有若干个互相串通的空隙。

花铺第一层油毡时,在檐口、屋脊和屋面的转角处至少应有 800 mm 宽的油毡满涂沥青胶结材料,将油毡牢固地粘在基层上。

花铺第一层油毡后往上铺下一层油毡时,应采用满铺法。

油毡卷材的长边及短边各种接缝应互相错开,上下两层油毡不允许垂直铺贴。采用满铺法时,短边油毡搭接宽度为 100 mm,长边油毡搭接宽度为 70 mm;采用花铺法时,短边搭接宽度为 150 mm,长边搭接宽度为 100 mm。

垂直于屋脊的油毡,应铺过屋脊至少 200 mm。

施工过程中,热沥青胶的配比一定要准确,如果耐热度偏高或偏低,都会引起油毡流淌。熬制热沥青胶时,加热温度不应高于 240 ℃,使用温度不应低于 190 ℃。加热温度过高,会使沥青碳化变脆;加热温度过低,则脱水不净。使用温度过低,也会造成油毡流淌现象。

热沥青胶厚度要涂刮均匀,不得堆积。粘贴油毡的热沥青胶的厚度每层宜为 1.0~1.5 mm,面层厚度宜为 2~3 mm。热沥青胶厚度过厚会造成油毡的流淌和沥青胶的浪费,过薄则不利于粘贴。

天沟、檐沟铺贴油毡时,应从沟底开始,纵向铺贴。如沟底过宽,纵向的搭接缝必须用密封材料封口,以保证防水的可靠。在平面与立面的转角处、水落口、管道根部铺贴时,要铺贴附加层油毡。

屋面防水层施工时,卷材端部收头处常是易破损的薄弱部位。可将油毡端头裁齐后压入预留的凹槽内,再用压条或垫片压紧、钉牢,并用密封材料将端头封严,最后用聚合物水泥砂浆将凹槽抹平。这样做可以有效地避免油毡端头翘边、起鼓。

在无保温层的装配式屋面上,为避免结构变形而将防水层拉裂,在分格缝上必须采取卷材空铺或加铺附加增强层。卷材直接空铺时,只需在分格缝上涂刷宽 200~300 mm 的隔离剂或铺贴隔离纸即可。加铺附加增强层时,要裁剪宽 200~300 mm 的油毡条,单边点贴于分格缝上,然后再大面积铺贴油毡。

(2)卷材防水冷施工操作

卷材叠层冷粘贴工艺是用冷沥青胶结料粘贴油毡的施工方法。它先将冷沥青胶涂刷于基层,再铺贴各层油毡,然后在涂刷面层冷沥青胶后均匀地铺撒粒料保护层。

卷材防水冷施工的工艺要点是:粘贴油毡的每层冷沥青胶厚度宜为 0.5~1.0 mm,面层厚度为 1.5 mm。冷沥青胶含有溶剂,它的浸润性比较强,找平层上可不涂刷冷底子油,施工时须等待涂刷的冷沥青胶中溶剂部分挥发后才能铺贴油毡;否则,会使油毡产生小泡。其他的要点和卷材防水热施工工艺相同。

3.高聚物改性沥青防水卷材施工

高聚物改性沥青防水卷材的收头处理,水落口、天沟、檐沟、檐口等部位的施工,以及排汽屋面施工,均与沥青防水卷材施工相同。立面或大坡面铺贴高聚物改性沥青防水卷材时,应采用满粘法,并应减少短边搭接。

(1)冷粘法施工

采用冷粘法铺贴高聚物改性沥青防水卷材,是指用高聚物改性沥青胶黏剂或冷沥青胶粘贴于涂有冷底子油的屋面基层上。

高聚物改性沥青防水卷材与沥青防水卷材的多层做法不同,通常只是单层或双层防水,因此,其要求每幅卷材铺贴的位置必须准确,搭接宽度应符合相关规范要求。

施工时,根据卷材的配置方案,一边涂刷胶黏剂,一边铺贴卷材。改性沥青胶黏剂涂刷应均匀,不漏底、不堆积,同时用压辊滚压,排除卷材下面的空气,使其黏结牢固。

空铺法、条粘法、点粘法,应按规定位置与面积涂刷胶黏剂。

复杂部位如管根、水落口、烟囱底部等易发生渗漏的部位,可在其中心 200 mm 左右范围先均匀涂刷一遍改性沥青胶黏剂,厚度为 1 mm 左右;涂胶后随即粘贴一层聚酯纤维无纺布,并在无纺布上再涂刷一遍厚度为 1 mm 左右的改性沥青胶黏剂,使其干燥后形成一层无接缝的整体防水涂膜增强层。

采用冷粘法时,接缝口处要封闭严密,密封材料的宽度应大于 10 mm。搭接缝部位,最好采用热风焊机、火焰加热器或汽油喷灯加热,待接缝卷材表面熔融至光亮黑色时,即可进行黏合。

（2）热熔法施工

热熔法铺贴高聚物改性沥青卷材,是一种在卷材底面涂有一层软化点较高的改性沥青热熔胶的防水卷材。施工时,将热熔胶用火焰喷枪加热作为胶黏剂,即可直接将卷材铺贴于基层施工。

热熔法施工的加热器,主要有石油液化气火焰喷枪、汽油喷灯、柴油火焰喷枪等。最常用的是石油液化气火焰喷枪,由石油液化气瓶、橡胶煤气管、喷枪三部分组成。它的火焰温度高,使用方便,施工速度快。

热熔法施工的关键是卷材底面热熔胶的加热程度一定要满足施工要求。加热不足,卷材表层会熔化不够,热熔胶与基层粘贴不牢;加热过度,会使热熔胶焦化变脆,并宜造成胎体老化,严重的会使卷材烧穿,造成粘贴不牢,直接影响防水质量。

热熔卷材施工一般由两人操作,其中一人加热,另一人铺毡。

施工时,首先使卷材定位,确定好卷材的铺贴顺序和铺贴方向之后,再重新将卷材卷好。点燃火焰喷枪,将加热器喷嘴对准基层和卷材底面,烘烤卷材底面与基层的交接处,使两者同时加热,火焰加热器的喷嘴距卷材面的距离要适中,大约为 0.5 m,具体距离要根据施工时的环境温度及加热器的火焰强度而定,保证卷材幅宽内加热均匀。加热程度以卷材表面刚刚熔化为宜,此时沥青的温度在 200～230 ℃之间。卷材表面热熔后,应立即向前滚铺卷材,并趁热用压辊进行滚压。卷材要求平展,不得皱褶,滚压过程中要排净卷材下面的空气,使卷材与基层黏结牢固。

热熔卷材铺贴后,搭接缝口处一般要溢出热熔胶,此时立即趁热刮胶封口。观察搭接部位溢出热熔胶的多少,可初步判断施工质量。如果溢出热熔胶的量适中,说明加热温度合适且均匀,滚压牢固;但如果溢出的热熔胶过多,则说明加热和滚压过度,易产生质量问题。

热熔卷材防水时,卷材的基层应干燥,基层个别潮湿处应用火焰喷枪烘烤干燥后再进行施工。在材质允许的条件下,可在-10 ℃左右的温度下施工,但雨雪天气、五级风及以上时不得施工。

屋面防水层施工完毕后,应做蓄水试验或淋水试验。如果上人屋面则按设计要求做好保护层;如果不上人屋面可在卷材防水层表面上采用边涂刷橡胶改性沥青胶黏剂边撒石片,以作为保护层。石片要撒布均匀,同时用压辊滚压使其黏接牢固。待保护层干透、粘牢后,再将未粘牢的石片扫掉。

（3）自粘贴施工

自粘贴施工是指自粘型卷材的铺贴施工。这种卷材在工厂生产时底面涂了一层高性能的胶黏剂,并在表面敷有一层隔离纸。使用时将隔离纸剥去,即可直接进行粘贴施工。

自粘贴施工一般可采用满粘、条粘等施工方法。采用条粘时,可在不粘贴的基层部位刷一层石灰水或干铺一层卷材。施工前,基层表面应均匀涂刷基层处理剂,待干燥后及时铺贴卷材。铺贴的卷材要求平整顺直，不得出现扭曲、皱褶等现象。铺贴过程中，边铺贴边滚压，排出卷材下面的空气，保证黏结牢固。搭接部位宜用热风焊枪加热，加热后粘贴牢固，随即将溢出的自黏胶刮平封口。接缝口处应用密封材料封严，宽度不应小于 10 mm。

保护层可采用浅色涂料，也可采用刚性材料。保护层施工前应将卷材表面清扫干净。涂料层应与卷材黏结牢固、厚薄均匀，不得漏涂。如卷材本身采用绿页岩片等覆面时，则防水层可不必另做保护层。

4. 合成高分子防水卷材施工

合成高分子防水卷材的施工方法主要有冷粘法施工、自粘法施工和热风焊接法施工。

三元乙丙防水卷材、氯化聚乙烯－橡胶共混防水卷材等多采用冷粘法施工；聚乙烯防水卷材、聚氯乙烯防水卷材和氯化聚乙烯防水卷材等热塑性卷材的接缝处理常采用热风焊接法施工；自粘法施工与高聚物改性沥青防水卷材施工方法基本相同。

(1)三元乙丙防水卷材施工

①涂布基层处理剂。

采用涂布基层处理剂时通常是将聚氨酯防水涂料的甲料、乙料和二甲苯按重量为 1：1.5：3 的比例配合，搅拌均匀后，均匀地涂刷在基层上，涂刷时不得漏刷，也不得有堆积现象，待基层处理剂固化干燥后，方可铺贴卷材。

②涂刷基层胶黏剂。

基层胶黏剂的施工，要求涂刷均匀，不允许胶黏剂出现漏刷和堆积等现象。

采用空铺法、条粘法、点粘法时，应按规定的位置和面积涂刷。

③铺贴卷材。

铺贴卷材时，可根据卷材的配置方案，首先弹出基准线，然后将卷材沿长边方向对折，涂胶面相背，将待铺卷材卷首对准已铺卷材短边搭接基准线，待铺卷材长边对准已铺卷材长边搭接基准线，开始铺贴。

每铺完一卷卷材后，应立即用干净松软的长把滚刷从卷材一端开始按横向顺序用力滚压一遍，以彻底排出卷材与基层之间的空气，使其黏结牢固。

④卷材搭接施工。

已粘贴的卷材应留出 80 mm 的搭接边，卷材接缝处应采用专用的胶黏剂。用油漆刷均匀涂刷在翻开的卷材接头的两个黏结面上，涂胶量一般以 0.5 kg/m² 左右为宜。

因卷材搭接处的胶黏剂不具有立即黏结凝固的性能，施工时需静置 20～40 min，待其基本干燥(用手指按压无黏感)后，方可进行贴压黏结。如果是三层卷材重叠的接头处，还必须嵌填密封膏后再进行黏合施工，在接缝的边缘再用密封材料封严。

⑤保护层的施工。

保护层的施工与高聚物改性沥青防水卷材基本相同。

(2)聚氯乙烯防水卷材施工

聚氯乙烯防水卷材一般采用空铺法施工，但在细部防水节点的附加增强层处，以及在檐口和屋脊、屋面转角部位和泛水等处的 800 mm 范围内，应使用专门的聚氯乙烯胶黏剂，用满粘法施工。

聚氯乙烯防水卷材采用热风焊接法进行铺设施工，是利用电热风焊机产生的高温热风将防水卷材的搭接缝面层熔融，同时施以重压，即可将两片卷材熔合为一体。

电热风焊机主要有自动行进式电热风焊机和手持式电热风焊枪两种。

因为受到焊枪端部限位挡板的制约，热风焊接法铺贴卷材的长、短边搭接宽度为50 mm。无限位挡板的手持式电热风焊枪，亦应按此尺寸留设搭接宽度。

采用自动行进式电热风焊机进行搭接缝焊接处理时，应先进行试焊，确定合适的焊接温度和行走速度，一般为 2～6 m/min；采用手持式电热风焊枪焊接时，速度不可过快，以 1 m/min 左右为宜。如果焊接、滚压后形成不了 PVC 熔体凝固后的嵌缝线，则应用 PVC 密封材料或胶黏剂进行嵌缝处理，或用封口条进行封口处理。

二、涂膜防水屋面

涂膜防水是指将防水涂料均匀涂布在结构物表面，结成坚韧防水膜的一种防水技术。

防水涂料在形成防水层的过程中，既是防水主体，又是胶黏剂，能使防水层与基层紧密相连，并且日后易查找漏点，维修方便。因为防水涂料呈液态，在施工基层上经过一定时间固化后可形成连续、密闭的防水层，不像卷材那样存在很多搭接缝，所以特别适合形状复杂的施工基层。

涂膜防水材料虽然具有防水性能较好、造价低、施工简便等优点，有些种类的防水涂料也能达到较好的延伸性，但是其抗拉断强度、抗撕裂强度、耐摩擦、耐穿刺等指标都较同类防水卷材低。因此涂膜防水要注意加强保护，在防水工程设计中需与其他材料配合使用。

不同品种的防水涂料，个性区别较大，使用时要特别注意。如聚氨酯类反应型涂料，挥发成分极少，固体含量很高，性能好，但价钱高，施工要求工人具有较高的素质和熟练的操作技能；溶剂型涂料成膜相对较致密，耐水性较好，但固体含量低，且溶剂有毒，易燃易爆，施工和存放时要严格按规程操作；水乳型涂料固体含量适中，无毒、不燃、价格低，可用于稍潮湿的基层，但其涂膜的致密性及长期耐泡水性则不如前两者。

防水涂料的组成多以有机高分子化合物和各种复杂的有机物为主，不少成分可能对人体有害，故在饮用水池、游泳池及冷库等防水防潮工程设计中，必须十分慎重选用防水涂料。对于含有煤焦油等有害物质的涂料，绝对不能用于上述工程。

（一）防水涂料的种类

防水涂料根据成膜物质的主要成分，可分为沥青基防水涂料、高聚物改性沥青防水涂料和合成高分子防水涂料三种。施工时可根据具体情况，在涂膜防水层中增设胎体增强材料。

沥青基防水涂料是以沥青为基料配制而成的水乳型或溶剂型防水涂料，如石灰乳化沥青涂料、膨润土乳化沥青涂料和石棉乳化沥青涂料等。涂膜厚度在Ⅲ级屋面或类似标准要求的防水工程上单独使用时，应不小于 8 mm；在Ⅳ级屋面或类似标准要求的防水工程上或是与其他材料复合使用时，不宜小于 4 mm。

高聚物改性沥青防水涂料是以沥青为基料,用合成高分子聚合物进行改性配制而成的水乳型、溶剂型或热熔型防水涂料,如氯丁橡胶改性沥青涂料、丁基橡胶改性沥青涂料、丁苯橡胶改性沥青涂料、SBS 改性沥青涂料和 APP 改性沥青涂料等。单独使用时其涂膜厚度不宜小于 3 mm;与其他防水材料(包括嵌缝材料)复合或配合使用时,其厚度不宜小于 1.5 mm。

合成高分子防水涂料是以合成橡胶或合成树脂为主要成膜物质配制而成的水乳型或溶剂型防水涂料。根据成膜机理不同,合成高分子防水涂料分为反应固化型、挥发固化型和聚合物水泥防水涂料三类,如丙烯酸防水涂料、聚氨酯防水涂料、硅橡胶防水涂料、聚合物水泥防水涂料等。单独使用时其涂膜厚度应不小于 2 mm;与其他防水材料复合使用时,其厚度应不小于 1 mm。

(二)涂膜防水屋面的施工

1.涂膜防水层常见的施工方法

涂膜防水层常见的施工方法和适用范围见表5-5。

表 5-5　涂膜防水层常见的施工方法和适用范围

施工方法	具体做法	适用范围
抹压法	涂料用刮板刮平后,待其表面吸收水而尚未结膜时,再用铁抹子压实抹光	用于流平性差的沥青基厚质防水涂料施工
涂刷法	用棕刷、长柄刷、圆滚刷蘸防水涂料进行涂刷	用于涂刷立面防水层和节点部位细部处理
涂刮法	用胶皮刮板涂布防水涂料,先将防水涂料倒在基层上,用刮板来回涂刮,使其厚薄均匀	用于黏度较大的高聚物改性沥青防水涂料和合成高分子防水涂料的大面积施工
机械喷涂法	将防水涂料倒入设备内,通过喷枪将防水涂料均匀喷出	用于黏度较小的高聚物改性沥青防水涂料和合成高分子防水涂料的大面积施工

2.涂膜防水屋面的使用条件及厚度

涂膜防水屋面使用条件及厚度见表5-6。

表 5-6　涂膜防水屋面使用条件及厚度

防水涂料类别	屋面防水等级	使用条件	厚度规定/mm
沥青基防水涂料	Ⅲ级	单独使用	≥8.0
	Ⅲ级	复合使用	≥4.0
	Ⅳ级	单独使用	≥4.0
高聚物改性沥青防水涂料	Ⅱ级	作为一道防水层	≥3.0
	Ⅲ级	单独使用	≥3.0
	Ⅲ级	复合使用	≥1.5
	Ⅳ级	单独使用	≥3.0
合成高分子防水涂料	Ⅰ级	只能有一道	≥2.0
	Ⅱ级	作为一道防水层	≥2.0
	Ⅲ级	单独使用	≥2.0
	Ⅲ级	复合使用	≥1.0

3.涂膜防水屋面的施工过程

(1)施工准备工作

①技术准备。

技术准备包括熟悉和会审施工图纸,掌握和了解设计意图;编制屋面防水工程施工方案,确定质量目标和检验标准以及施工记录编制内容要求;向施工操作人员进行技术交底或培训;及时掌握天气预报资料,确定施工方法和施工进度计划。

因为各类防水涂料对气候的影响都很敏感,涂料在成膜的过程中最好连续几天无雨、雪、冰冻,尤其是在涂膜干燥前不能遇雨、雪,否则会造成涂膜麻面和空鼓。

用涂料施工时,不同的涂料对气温的要求不同。例如,有些溶剂型防水涂料在5℃以下溶剂挥发慢,成膜时间长;水乳型涂料在10℃以下,水分就不易蒸发干燥。特别是有些厚质涂料,当气温降到0℃时,涂层内水分结冰,将使涂膜产生冻胀危害。如果气温过高,涂料中的溶剂很快挥发,则使涂料变稠,施工操作困难,质量也就不易保证。

新规范中规定:沥青基防水涂膜和水乳型高聚物改性沥青防水涂膜的施工气温为5~35℃;溶剂型高聚物改性沥青防水涂膜和合成高分子防水涂膜的施工气温为-5~35℃。五级风时会影响涂料施工操作,难以保证防水层质量和人身安全,当风力在五级以上时不得施工。

②机具和材料准备。

施工机具的准备主要是根据不同的施工方法,备好刮板、刷子、喷枪和用于嵌填密封材料的嵌缝枪等(目前主要有动力嵌缝枪和骨架嵌缝枪两种)工具。

材料准备要求包括现场贮料仓库设施要完善,符合规程要求;进场的涂料应出具产品合格证,经抽样复验,其技术性能符合质量标准;防水涂料的进场数量能满足屋面防水工程的使用;屋面防水的各种配套材料准备应齐全等。

③现场施工条件准备。

找平层已检查验收,质量合格,含水率符合要求;消防设施齐全,安全设施可靠;劳保用品已能满足施工操作需要;屋面上需安装的设施已施工完毕。

(2)基层处理

防水层的基层通常是指房屋的结构层或找平层。结构层是防水层和整个屋面层的载体。找平层则直接铺抹在结构层或保温层上,找平层一般有水泥砂浆找平层、细石混凝土找平层、配筋细石混凝土找平层和沥青砂浆找平层等。

涂膜防水层的基层一旦开裂,很容易使涂膜拉裂。因此,水泥砂浆的配合比应以(1∶2.0)~(1∶2.5)为宜,稠度以不大于70 mm为宜,并适量掺加减水剂、补偿收缩剂等外加剂,以保证水泥砂浆具有较好的强度、平整度和光滑度,砂浆表面不得酥松、起皮、起砂。

为了避免结构变形、温度变形和水泥砂浆干缩等因素而导致找平层拉裂,屋面找平层应留设分格缝。分格缝的位置应设在板端、屋面转折处和防水层与突出屋面结构的交接处。纵横分格缝的最大间距为:水泥砂浆找平层、细石混凝土及配筋细石混凝土找平层应不大于6 m;沥青砂浆找平层应不大于4 m,分格缝的宽度一般为20 mm。分格缝内应填嵌密封材料或沿分格缝增设带胎体增强材料的空铺附加层,其宽度为 200～300 mm。

在结构层上直接进行防水层施工,要求结构层具有较好的平整度和刚度,最好采用整体现浇防水钢筋混凝土板。如果结构层采用预制装配式钢筋混凝土板,板缝应用不小于 C20 的细石混凝土嵌填密实,并掺少量微膨胀剂,以减少混凝土收缩裂缝出现的可能性。对于开间、跨度较大的结构,应在板面上增设厚 40 mm 的 C20 细石混凝土现浇层,并配置钢筋网。

(3)涂刷基层处理剂

除了浸润性和渗透性较强的防水涂料(如油膏稀释涂料)可不涂刷基层处理剂而直接施工外,在涂膜防水层施工之前,还应在基层上涂刷基层处理剂。

基层处理剂不必另行准备,将防水涂料直接稀释后使用即可。涂刷基层处理剂时,要求力度要大,涂层要薄,使其均匀渗入基层毛细孔中,将基层毛细孔堵塞,避免基层的潮气蒸发,使防水层起鼓。同时,可将基层上留下的少量灰尘等杂质混入基层处理剂中,使之与基层牢固结合。这样,即使屋面上灰尘不能完全清理干净,也不会影响涂层与基层的牢固黏结。

(4)涂膜防水施工

涂膜防水施工的顺序遵循"先高后低、先远后近"的原则。合理划分施工段,施工段的位置应尽量安排在屋面的变形缝处。合理安排施工顺序,在每个施工段中要先涂布较远部分,后涂布较近部分。先涂布排水较集中的细部节点(如水落口、天沟、檐沟等)处,再逐步向上涂布至屋脊或天窗下。

每一遍涂膜的涂刷方向应相互垂直,覆盖严密,避免产生直通的针眼气孔。涂层间的接槎应超过 50～100 mm,避免在接槎处涂层薄弱,发生渗漏。

确保涂膜防水层的厚度是涂膜防水屋面的技术关键。涂膜厚度过薄,会降低屋面的整体防水效果,缩短防水层耐用年限;涂膜过厚,会造成浪费。以前常用涂刷遍数或每平方米涂料用量来控制涂膜防水层的质量,但有时会因为成膜的厚度不够而影响防水质量。所以,目前直接用涂膜厚度来控制防水层的质量。在涂刷涂料时,做到多遍薄涂,确保涂膜厚度。

在涂刷第二遍时或涂刷第三遍之前,可加铺胎体增强材料。胎体增强材料的铺贴方向根据屋面坡度情况而定,屋面坡度小于 15% 时,可平行于屋脊铺设;屋面坡度大于 15% 时,可垂直于屋脊铺设。其胎体长边搭接宽度不得小于 50 mm,短边搭接宽度不得小于 70 mm,搭接缝应顺着流水方向或年最大频率风向(即主导风向)。若采用二层胎体增强材料,上下层不得互相垂直铺设,搭接缝应错开。

(5)保护层施工

因一些涂膜防水层较薄,易老化,所以在涂膜防水层上应设置保护层,以提高其耐穿刺和抗损伤能力,从而提高涂膜防水层的耐用年限。

保护层材料可采用细砂、云母、蛭石和浅色涂料等,也可采用水泥砂浆或块材等刚性保护层。当采用水泥砂浆或块材保护层时,要注意在防水涂膜与保护层之间设置隔离层,防止因刚性材料伸缩变形而将涂膜防水层破坏造成渗漏。

三、刚性防水屋面

刚性防水屋面主要适用于屋面防水等级为Ⅲ级的工业与民用建筑,在Ⅰ、Ⅱ级防水屋面中,只能作为多道防水设防中的一道防水层,不适用于受较大振动或冲击荷载的建筑,以及屋面设有用松散材料为保温层的建筑。刚性防水屋面有多种构造类型,选择刚性防水方案时,应根据屋面防水设防要求、地区条件和建筑结构的特点,并经技术经济比较后,选择适宜的刚性防水做法,以获得较好的防水效果。

刚性防水方式主要有混凝土防水、水泥砂浆防水和块体防水三种。

刚性防水屋面的主要技术要求如下:

①刚性防水屋面一般为平屋顶,屋面坡度为 2%～3%;

②刚性防水层的结构层宜为整体现浇混凝土;

③当刚性防水层的结构层为装配式钢筋混凝土板时,板缝应用 C20 细石混凝土嵌填密实,细石混凝土内可适量掺入微膨胀剂;

④当板缝宽度大于 40 mm 或上窄下宽时,应在板缝内设置 φ12～φ14 的构造钢筋;

⑤装配式钢筋混凝土板的板端接缝处应进行密封处理;

⑥刚性防水层与山墙、女儿墙及突出屋面结构的交接处,应采用柔性密封材料嵌填密实;

⑦刚性防水层与基层之间应设置隔离层。

(一)混凝土防水

混凝土防水可用于屋面防水和其他防水工程,应用范围较广。其主要用于工业、民用建筑的地下工程(地下室、地下沟道、交通隧道、城市地铁等)、储水构筑物(如水池、水塔)和江心、河心的取水构筑物,以及由于干湿交替作用或冻融交替作用的工程(如桥墩、海港、码头、水坝等)。

但是,下述情况不适用防水混凝土:构件裂缝开展宽度大于 0.2 mm 的结构;遭受剧烈振动或冲击的结构;单独使用于耐蚀系数小于 0.8 的受侵蚀防水工程,当在耐蚀系数小于0.8 和地下混有酸、碱等腐蚀性介质的条件下应用时,应采取可靠的防腐蚀措施;混凝土表面温度大于 100 ℃ 的结构。

混凝土防水主要有细石混凝土防水、补偿收缩混凝土防水、预应力混凝土防水和钢纤维混凝土防水等。

1. 细石混凝土防水

细石混凝土防水层主要通过调整混凝土的配合比、掺入外加剂等方法提高其密实性和抗渗性,来达到防水的目的。其防水层厚度不宜小于 40 mm,强度等级不应低于 C20。防水层混凝土内配置直径为 4～6 mm、间距为 150～200 mm 的双向钢筋网片,钢筋网片在分格缝处应断开。钢筋保护层厚度不宜小于 10 mm。网片尺寸以不小于 800 mm×800 mm 为宜。

外加剂防水混凝土的种类很多,用于刚性防水层混凝土或防水砂浆的外加剂主要有减水剂、防水剂、膨胀剂和防冻剂等。

(1)减水剂防水混凝土

减水剂防水混凝土是指在混凝土拌合物中掺入适量的减水剂,以提高其抗渗能力的防水混凝土。减水剂对水泥具有强烈的分散作用,它借助于极性吸附作用,大大降低了水泥颗粒间的吸引力,有效地阻碍和破坏了颗粒间的絮凝作用,并释放出絮凝体中的水,从而提高了混凝土的和易性。

由于拌和用水量的降低,使硬化后混凝土内孔结构的分布情况得以改善,总孔隙及孔径均显著减小。由于毛细孔更加细小,且分散均匀,从而提高了混凝土的密实性和抗渗性。在大体积防水混凝土中,减水剂可推迟水泥水化热峰值的出现,这就减少或避免了在混凝土取得一定强度前因温度应力而开裂,从而提高了混凝土的防水效果。

(2)氯化铁防水混凝土

氯化铁防水混凝土是指在混凝土拌合物中加入少量氯化铁防水剂拌制而成的具有高抗水性和密实度的混凝土。

氯化铁防水混凝土是依靠化学反应产生氢氧化铁等胶体,通过新生的氧化钙对水泥熟料矿物的反应作用,使易溶性物质转化为难溶性物质,降低析水性,从而增加混凝土的密实性和抗渗性。而且,氯化铁防水剂在钢筋周围生成的氢氧化铁胶膜可抑制钢筋腐蚀,对钢筋起到一定的保护作用。但氯离子易引起钢筋腐蚀,因而在预应力混凝土工程中禁止使用。

(3)三乙醇胺防水混凝土

三乙醇胺防水混凝土是通过在混凝土中掺入适量的三乙醇胺来提高混凝土的抗渗性能。其主要依靠三乙醇胺的催化作用,在施工早期生成较多的水化产物,使部分游离水结合为结晶水,相应地减少了毛细孔隙,从而提高混凝土的抗渗性,同时还可提高混凝土的早期强度。

当三乙醇胺和氯化钠、亚硝酸钠等无机盐复合时,三乙醇胺不仅能促进水泥本身的水化,还能促进氯化钠、亚硝酸钠等无机盐与水泥的反应,生成氯铝酸盐等络合物,其体积膨胀,能堵塞混凝土内部的孔隙,切断毛细管通路,使混凝土的密实性大大提高,达到防水的目的。

2.补偿收缩混凝土防水

补偿收缩混凝土是利用膨胀水泥或膨胀剂配制的一种具有微膨胀性能的混凝土。自中国建筑材料科学研究院先后研制成功 UEA 混凝土膨胀剂(简称 U 型膨胀剂)、AEA 和 CEA 膨胀剂以来,安徽省建筑科学研究设计院也成功地研制了明矾石膨胀剂(EA－L)。新型防水材料的使用,使刚性防水技术取得突破性发展。UEA、AEA 和 CEA 均属于硫铝酸钙型膨胀剂,是用特制的硫铝酸盐熟料或将硫铝酸盐熟料与明矾石、石膏等研磨而成。它们掺入水泥中水化形成膨胀性结晶体——钙矾石,这种针状和柱状结晶填充于混凝土的毛细孔缝中,改善了孔的结构,从而提高了混凝土的抗渗性。

膨胀剂的用量应经过严格计算,并合理确定其配比。当掺量过大,自由膨胀率大于0.1%时,混凝土内部约束应力较大,易使混凝土产生裂缝;掺量过小则起不到补偿收缩的作用。在混凝土搅拌投料时,膨胀剂与水泥同时加入,以便充分混合均匀,搅拌时间不少于3 min。

膨胀剂具有遇水膨胀的特性,必须及时做好早期养护。根据施工时的外界气候条件,确定养护时间和频率,保证充分浇水或浸水养护,可获得理想的膨胀值。如养护不良,不仅大大降低膨胀率,影响防水效果,其强度也将降低约10%。

3.预应力混凝土防水

预应力混凝土防水主要是应用预应力技术增强混凝土的抗裂性,以提高防水层的抗渗能力。预应力钢筋采用冷拔低碳钢丝组成的双向钢丝网,钢丝间距一般为150~250 mm。防水层采用强度等级不低于C30的细石混凝土。

4.钢纤维混凝土防水

钢纤维混凝土是将适量的钢纤维掺入混凝土拌合物中形成的一种复合材料,当它被用于屋面防水层时称为钢纤维混凝土刚性防水屋面,主要作为无保温层的装配式或整体现浇的钢筋混凝土屋面。为了加强钢纤维混凝土防水效果,可掺入适量膨胀剂做成钢纤维膨胀混凝土防水层。膨胀剂掺量应通过试验确定,膨胀率控制在0.02%~0.04%。钢纤维膨胀混凝土防水层与结构层之间可不设隔离层。混凝土中不得掺入含有氯离子的外加剂。

(二)水泥砂浆防水

水泥砂浆防水层适用于小面积屋面防水、墙面防水及水池、地下工程等的防水。

水泥砂浆防水层有普通水泥砂浆防水和聚合物水泥砂浆防水两类。普通水泥砂浆防水层一般要交替抹压两道防水砂浆和一至两道防水净浆,砂浆中宜掺入防水剂,主要有氯化物金属盐类防水剂、金属皂类防水剂、无机铝盐防水剂和氯化铁防水剂等。聚合物水泥砂浆防水则是在水泥砂浆中掺入氯丁胶乳、丙烯酸酯共聚乳液、有机硅等作为防水层。

1.普通水泥砂浆防水层施工

将材料准备好并将基础处理好之后,开始施工。

(1)刷第一道防水净浆

水泥净浆涂刷要均匀,不得漏底或滞留过多,涂抹厚度控制在1~2 mm。如基层为现浇钢筋混凝土板,最好在混凝土收水后随即开始施工防水层。否则,应在混凝土终凝前用硬钢丝刷刷去表面浮浆,并将表面扫毛。若基层为预制装配式混凝土板,板缝处要嵌填密实,铺抹前用水冲洗干净,充分湿润,但不得积水。

(2)铺抹底层防水砂浆

涂刷第一道防水净浆后,即可铺抹底层砂浆,底层砂浆分两遍铺抹,每遍厚度为5~7 mm。抹第一遍时,砂浆刮平后应用力抹压,使之与基层结成整体,在终凝前用木抹子均匀搓成毛面。第一遍砂浆阴干后抹第二遍,第二遍也应抹实、搓毛。

(3)刷第二道防水净浆

底层砂浆硬结后,涂刷第二道防水净浆,厚1~2 mm,均匀涂刷。

（4）铺抹面层防水砂浆、压实抹光

面层防水砂浆也要分两遍抹压，每遍厚 5～7 mm，第一遍砂浆应压实、搓毛。第一遍砂浆阴干后再抹第二遍，用刮尺刮平后，紧接着用铁抹子拍实、搓平并压光。砂浆开始初凝时用铁抹子进行第二次压实压光。砂浆终凝前进行第三遍压光。

（5）养护

砂浆终凝后，表面呈灰白色时即可开始养护。养护方式可采用覆盖草帘、锯末等淋水养护，养护初期宜用喷壶缓慢洒水，防止冲坏砂浆，有条件时可采用蓄水养护。养护时间不应少于 14 d，养护时的环境温度不应低于 5 ℃。

2.氯丁胶乳水泥砂浆防水层施工

（1）涂刷结合层

在处理好的基层上，用毛刷、棕刷、橡胶刮板或喷枪把氯丁胶乳水泥净浆均匀涂刷在基层表面上，注意不得漏涂。

（2）铺抹氯丁胶乳水泥砂浆防水层

待结合层的胶乳水泥净浆涂层表面稍干后，再铺抹防水层砂浆。因胶乳成膜较快，胶乳水泥砂浆摊开后，应迅速顺着一个方向，边抹平边压实，一次成活，不得反复多次抹压，以防破坏胶乳砂浆面层胶膜。

铺抹时，按先立面后平面的顺序，一般垂直面涂抹厚度在 5 mm 左右，水平面涂抹厚度为 10～15 mm，阴阳角处应加厚，抹成圆角。

（3）养护

氯丁胶乳水泥砂浆采取干、湿结合的养护方法，施工完毕后 2 d 内不得洒水，采取干养护的方法，使面层砂浆充分接触空气，易早形成胶膜。如过早浇水养护，养护水会冲走砂浆中的胶乳而破坏胶网膜的形成。此时，砂浆发生水化反应所需的水主要从胶乳中获得。2 d 后进行洒水养护，养护时间为 10 d 左右。

3.有机硅防水砂浆施工

（1）基层处理

若表面有裂缝、掉角或者凹凸不平，应先用水泥砂浆或掺有 107 建筑胶的聚合物水泥浆进行修补。排除积水，将表面的油污、浮土、泥沙等杂物清理干净，并用水冲洗干净，使混凝土基层充分湿润。

（2）抹结合层净浆

在基层上涂抹厚度为 2～3 mm 的有机硅水泥净浆，使其与底层黏结牢固，待达到初凝后进行下道工序。

（3）铺抹底层防水砂浆

底层防水砂浆厚 10 mm 左右，用木抹子抹平、压实。在初凝时，用木抹子将砂浆表面戳成麻面，有利于与下一道构造层结合紧密。

（4）铺抹面层防水砂浆

面层防水砂浆厚度约为 10 mm，在初凝时将防水砂浆赶完、压实、戳成麻面后，在其上进行保护层施工。

（5）保护层施工

通常铺抹不掺防水剂的水泥砂浆厚 2～3 mm，表面压实、收光，不留抹痕，作为保护层，也可根据设计采用其他保护方法。

（6）养护

按正常方法养护，养护时间不少于 14 d。

（三）块体防水

块体刚性防水层由底层砂浆、块体垫层、面层砂浆组成。其中块体垫层通常有普通黏土砖、黏土薄砖、方砖、加气混凝土块等。从环境保护角度出发，目前黏土砖已开始退出建筑市场。

1.黏土砖块体防水层施工

（1）铺砌砖块体

①底层砂浆铺设后，应及时铺砌砖块体，防止砂浆凝固、黏结不牢。砖在使用前应浇水湿润或提前一天浸水后取出晾干。

②首先应试铺，并画出标准点，然后根据标准点挂线，顺线挤砌砖，保证将砖铺砌顺直。

③黏土砖为直行平砌，并与板缝垂直，砖的长边一侧应顺水流方向铺砌。

④砖缝宽度为 10～15 mm，铺砌时将水泥砂浆挤入砖缝内，挤入高度为 1/3～1/2 砖厚，砖缝中过高过满的砂浆应及时刮去。

⑤砖块表面应平整，铺砌后一排砖时，要与前一排砖错缝 1/2 砖厚。砖块体铺砌应连续进行，中途不宜间断。如必须间断，继续施工前应将砖侧面的接缝处清理干净，并适当浇水润湿。

⑥砖块体铺设后，为防止损坏底层水泥砂浆或使块体松动，在底层砂浆终凝前，严禁人为踩踏。

（2）灌缝、抹水泥砂浆面层、压实、收光

①面层和灌缝用的水泥砂浆配比为 1∶2，并掺入 2％～3％的防水剂，拌制时水灰比控制在 0.45～0.5。采用机械搅拌，保证搅拌均匀，随拌随用，不留余量。

②待底层砂浆终凝后，先将砖面适当喷水湿润，然后将砂浆刮填进砖缝内，要求灌满填实，最后抹面层，面层厚度不小于 12 mm。抹面层砂浆前必须洒水润湿砖面，以防止面层砂浆空鼓。

③面层砂浆分两遍成活，第一遍应将砖缝填实灌满，并铺抹面层，用刮尺刮平，再用木抹子拍实搓平，并用铁抹子紧跟着压实第一遍。待水泥砂浆开始初凝时，用铁抹子进行第二遍压光，抹压时要压实，并要消除表面气泡、砂眼，做到表面光滑、无抹痕。

（3）面层砂浆养护

根据气温和水泥品种情况，面层砂浆压光后，应及时进行养护。养护方法可采用上铺砂、覆盖草袋洒水保湿的一般方法，有条件时应尽量采用蓄水养护，养护时间不少于 7 d，养护期间不得人为踩踏。

2.加气混凝土防水隔热叠合层施工

屋面防水层施工前，先将加气混凝土块浸泡在水中，清除块体表面浮尘，使之吸足水分，以保证加气混凝土块与砂浆黏结牢固。

施工前,要做好基础处理,将屋面板冲洗干净,浇水湿润,但不得积水。

在湿润的屋面板上铺抹厚度为 30 mm 左右的防水砂浆,用刮板刮平。边铺浆边铺砌加气混凝土块,各块间留 12～15 mm 间隙,铺砌时适当挤压块体,使砂浆进入块缝内的高度达到块厚的 1/2～2/3,并保持块体底部的砂浆厚度不小于 20 mm。

加气混凝土块铺砌 1～2 d 后,用水重新将块体湿透,随即铺一层厚度为 12～15 mm 的防水砂浆。施工时须先将块体接缝处用砂浆灌满填实,再将面层砂浆抹平、压实、收光。面层砂浆压实、收光约 10 h 后,即可覆盖草帘、浇水养护,也可覆盖塑料薄膜,但应注意将周边封严、勿漏气,养护时间不少于 7 d。

第二节　地下防水工程

地下防水工程应根据工程的水文地质情况、结构形式、地形条件、防水标准、技术经济指标、施工工艺等情况综合确定。可采取以防为主、防排结合、刚柔结合、多道设防的思路进行设计和施工。地下防水工程按围护结构允许渗漏水量划分为四级。对于受震动、易受到腐蚀介质侵蚀的地下防水工程,应采用防水混凝土自防水结构,并设置柔性防水卷材或涂料等附加防水层。附加防水层通常有防水卷材防水层、防水砂浆防水层和防水涂料防水层等。地下防水工程的等级和施工方案的确定见表 5-7。

表 5-7　地下防水工程防水的等级及施工方案

防水等级	标准	设防要求	适用范围	防水方案	防水选材要求
Ⅰ级	不允许渗水,结构表面无湿渍	多道设防,其中必有一道主体结构自防水,并可根据需要设附加防水层或其他防水措施	人员长期停留的场所;因有少量湿渍会使物品变质、失效的贮物场所及严重影响设备正常运转和危及工程安全运营的部位;极其重要的战备工程,如医院、影剧院、商场、娱乐场、餐厅、旅馆、冷库、粮库、金库、档案库、计算机房、控制室、配电间、通信工程、防水要求较高的生产车间、指挥工程、武器弹药库、指挥人员掩蔽部、地下铁道车站、城市人行地道、铁路旅客通道	混凝土自防水结构,可根据需要设附加防水层	优先选用补偿收缩防水混凝土、膨润土板(毯)、厚质高聚物改性沥青卷材,也可用合成高分子卷材、合成高分子涂料、防水砂浆

续表

防水等级	标准	设防要求	适用范围	防水方案	防水选材要求
Ⅱ级	不允许漏水,结构表面可有少量湿渍。工业与民用建筑:总湿渍面积不应大于总防水面积(包括顶板、墙面、地面)的1/1 000;任意100 m²防水面积上的湿渍不超过1处,单个湿渍的最大面积不大于0.1 m²。其他地下工程:总湿渍面积不应大于总防水面积的6/1 000;任意100 m²防水面积上的湿渍不超过4处,单个湿渍的最大面积不大于0.2 m²	两道或多道设防,其中必有一道主体结构自防水,并可根据需要设附加防水层	人员经常活动的场所;在有少量湿渍的情况下不会使物品变质、失效的贮物场所及基本不影响设备正常运转和工程安全运营的部位;重要的战备工程,如车库、燃料库、空调机房、发电机房、一般生产车间、水泵房、工作人员掩蔽部、城市公路隧道、地道运行区间隧道	混凝土自防水结构,可根据需要设附加防水层	优先选用补偿收缩防水混凝土、膨润土板(毯)、厚质高聚物改性沥青卷材,也可用合成高分子卷材、合成高分子涂料
Ⅲ级	有少量漏水点,不得有线流和漏泥沙。任意100 m²防水面积上的漏水点数不超过7处,单个漏水点的最大漏水量不大于2.5 L/(m²·d),单个湿渍的最大面积不大于0.3 m²	一道或两道设防,其中必有一道主体结构自防水,并根据需要采用其他防水措施	人员临时活动的场所;一般战备工程,如电缆隧道、水下隧道、一般公路隧道	混凝土自防水结构,可根据需要采取其他防水措施	宜选用主体结构自防水、膨润土板(毯)、高聚物改性沥青卷材、合成高分子卷材
Ⅳ级	有漏水点,不得有线流和漏泥沙。整个工程平均漏水量不大于2 L/(m²·d);任意100 m²防水面积的平均漏水量不大于4 L/(m²·d)	一道设防,可采用主体结构自防水或其他防水措施	对渗漏水无严格要求的工程,如取水隧道、污水排放隧道、人防疏散干道、涵洞	混凝土自防水结构或其他措施	主体结构自防水、防水砂浆或膨润土板(毯)、高聚物改性沥青卷材

一、防水混凝土结构

在地下混凝土结构工程的防水设防中,防水混凝土是一道重要的防线,也是做好地下防水工程的基础。在前三级地下防水工程中,防水混凝土是首选的防水措施。

为确保防水混凝土的防水功能,防水混凝土的最高使用温度不得超过 80 ℃。因为在常温下具有较高抗渗性的防水混凝土,其抗渗性随着环境温度的提高而降低。当温度为 100 ℃时,混凝土的抗渗性降低约 40%;当温度为 200 ℃时,降低约 60%;当温度超过 250 ℃时,混凝土几乎完全失去抗渗能力,而抗拉强度也随之下降为原来强度的 66%。

（一）防水混凝土的种类

防水混凝土是通过调整混凝土配合比或掺入适量的外加剂等方法,提高混凝土自身的密实性、抗裂性和抗渗性能,形成具有一定防水能力的混凝土。目前,常用的防水混凝土有普通防水混凝土、外加剂防水混凝土和膨胀水泥防水混凝土。

防水混凝土中的水泥应按设计要求选用普通硅酸盐水泥、火山灰及矿渣水泥;含泥量不大于3%的中砂;石子宜用粒径40 mm以下的卵石,含泥量不大于1%;外加剂和粉煤灰等掺合料要严格根据设计,视具体情况而定。防水混凝土的种类及功能见表5-8。

表5-8 防水混凝土的种类及功能

种类		最大抗渗压力/MPa	技术要求	适用范围
普通防水混凝土		>3.0	水灰比为0.5~0.6;坍落度为30~50 mm,掺外加剂或采用泵送混凝土时不受此限;水泥用量大于或等于320 kg/m³;灰砂比为(1:2.5)~(1:2.0);含砂率大于或等于35%;粗骨料粒径小于或等于40 mm;细骨料为中砂或细砂	一般工业、民用及公共建筑的地下防水工程
外加剂防水混凝土	引气剂防水混凝土	>2.2	含气量为3%~6%;水泥用量为250~300 kg/m³;水灰比为0.5~0.6;砂率为28%~35%;砂石级配、坍落度与普通混凝土相同	北方高寒地区对抗冻性要求较高的地下防水工程及一般的地下防水工程。不适用于抗压强度大于20 MPa或耐磨性要求较高的地下防水工程
	减水剂防水混凝土	>2.2	选用加气型减水剂。根据施工需要分别选用缓凝型、促凝型、普通型的减水剂	钢筋密集或薄壁型防水构筑物,对混凝土凝结时间和流动性有特殊要求的地下防水工程(如泵送混凝土)
	三乙醇胺防水混凝土	>3.8	可单独掺用三乙醇胺,也可与氯化钠复合使用,还可与氯化钠、亚硝酸钠两种材料复合使用,对重要的地下防水工程以单掺三乙醇胺或与氯化钠、亚硝酸钠复合使用为宜	适用于工期紧迫、要求早强及对抗渗性要求较高的地下防水工程
	氯化铁防水混凝土	>3.8	液体相对密度在1.4以上;($FeCl_2$+$FeCl_3$)含量大于或等于0.4 kg/L;$FeCl_2$:$FeCl_3$为(1:1)~(1:1.3);pH值为1~2;硫酸铝含量占氯化铁含量的5%,掺量一般占水泥重量的3%	水中结构、无筋少筋厚大型防水混凝土工程及一般地下防水工程,砂浆修补抹面工程、薄壁结构上不宜使用
	明矾石膨胀剂防水混凝土	>3.8	必须掺入425号以上的普通矿渣、火山灰和粉煤灰水泥共同作用,不得单独代替水泥。一般外掺量占水泥质量的20%	地下工程有后浇缝

(二)防水混凝土施工

防水混凝土的配合比应通过试验选定,并采用机械搅拌,搅拌时间不应少于2 min。掺外加剂的防水混凝土应根据外加剂的技术要求确定搅拌时间,保证振捣密实。

底板混凝土应连续浇筑,不得留设施工缝。如必须留设施工缝,一般只允许留设水平的施工缝,其位置应留在剪力与弯矩最小处。施工缝的位置不应在底板与侧壁的交接处,一般宜留在高出底板上表面不小于 200 mm 的墙身上。墙体设有孔洞时,施工缝距孔洞边缘不宜小于 300 mm。

如果必须留设垂直施工缝,应留在结构的变形缝处。

在施工缝上浇筑混凝土前,应将施工缝处混凝土表面的浮粒和杂物清理干净,用水冲洗,保持湿润,再铺上一层厚 20~25 mm 的水泥砂浆。水泥砂浆所用的材料和灰砂比应与混凝土的材料和灰砂比相同。防水混凝土凝结后,应立即进行养护,并充分保持湿润,养护时间不得少于 14 d。

防水混凝土工程应制作混凝土试块,抗渗试块的留置组数应根据结构的规模和要求而定,但每单位工程不得少于两组。试块应在浇灌地点制作,其中至少一组应在标准条件下养护,其余试块应与构件在相同条件下养护。试块养护期不少于 28 d。

防水混凝土是人为地从材料和施工两方面采取措施,提高混凝土本身的密实性,抑制和减少混凝土内部孔隙的生成,改变孔隙的特征,堵塞渗水的通路,从而达到防水目的。就地下工程结构自防水而言,抗裂比抗渗更为重要。因此,在有条件时应尽可能选用外加剂防水混凝土,并优先采用掺入膨胀剂的防水混凝土。

二、地下卷材防水

地下卷材防水层是一种柔性防水层,主要采用卷材粘贴在地下结构基层上形成全外包防水层。地下工程在施工阶段长期处于潮湿状态,使用后又受地下水的侵蚀,因此宜选用抗菌、耐腐蚀的高聚物改性沥青卷材或合成高分子防水卷材。

国内外用的主要卷材品种有高聚物改性沥青防水卷材(如 SBS、APP、APAO、APO 等防水卷材)、合成高分子防水卷材(如三元乙丙、氯化聚乙烯、聚氯乙烯、氯化聚乙烯-橡胶共混等防水卷材)。该类材料具有延伸率较大、对基层伸缩或开裂变形适应性较强的特点,适用于地下防水施工。我国化学建材行业发展很快,卷材及胶黏剂种类繁多、性能各异,胶黏剂有溶剂型、水乳型、单组分、多组分等,各类不同的卷材都应有与之配套相容的胶黏剂及其他辅助材料。不同种类卷材的配套材料不能相互混用,否则有可能发生腐蚀侵害或达不到黏结质量标准。

卷材防水层宜为 1~2 层。高聚物改性沥青防水卷材单层使用时,其厚度不小于 4 mm;双层使用时,总厚度不小于 6 mm。合成高分子橡胶防水卷材单层使用时,其厚度不小于 1.5 mm;双层使用时,总厚度不小于 2.4 mm。施工时注意保证混凝土基面干燥,这样才能使卷材与防水混凝土能够很好地黏结,否则易出现空鼓、粘贴不牢等质量问题。

建筑工程地下防水的卷材铺贴方法,主要采用冷粘法和热熔法。底板垫层混凝土平面部位的卷材宜采用空铺法、点粘法或条粘法,其他与混凝土结构相接触的部位应采用满铺法。为了保证卷材防水层的搭接缝黏结牢固和封闭严密,规定两幅卷材短边和长边的搭接缝宽度均不应小于 100 mm。

关于找平层的做法,应根据不同部位分别予以考虑。对主体结构平面可不做找平层,最好利用结构自身的施工控制,通过多次收水、压实、找坡、抹平,达到规定的平整度,在此之上直接施工防水层即可。这样的做法有利于防水层与结构混凝土的结合,有利于防水层适应基层裂缝的出现。对于结构竖向墙的找平,则应在混凝土主体结构立面上涂刷一道界面处理剂,然后采用配合比为(1.0∶2.5)～(1∶3)的水泥砂浆做找平层,避免找平层的空鼓、开裂。

平面卷材防水层的保护层宜采用厚 50～70 mm 的 C15 细石混凝土。侧墙防水层的保护层材料应根据工程条件和防水层的特性具体确定。保护层应能经受回填土或施工机械的碰撞与穿刺,并在建筑物出现不均匀沉降时起到滑移层的作用。当埋置深度较浅,采用人工回填土时,可直接用厚 6 mm 的闭孔泡沫聚乙烯板与卷材表层材料相容的胶黏剂粘贴或采用热熔法点粘;当结构埋置深度在 10 m 以上,采用机械回填施工时,其保护层可采用复合做法,如先贴厚 4 mm 聚乙烯板后砌砖或其他砌块以抵抗回填土、施工机械撞击和穿刺,同时避免了防水层的保护层与防水层之间的摩擦作用而损坏防水层。

柔性附加防水层一般设在防水混凝土或砌体结构的外侧(迎水面一侧),当地下水无压力时,可设在围护结构的内侧。

按防水卷材的铺贴方式不同,防水方法可分为外防外贴法和外防内贴法两种。由于外防外贴法的防水效果优于外防内贴法,所以在施工场地和条件不受限制时一般均采用外防外贴法。

外防外贴法是将卷材直接粘贴在结构混凝土立墙的外侧,与混凝土底板下面的卷材防水层相连接,形成整体封闭防水层的施工方法。为便于施工,可在垫层混凝土边缘,先用水泥砂浆砌筑高度为结构混凝土底板厚度加上 100 mm 的永久性保护墙(模板墙)和高 200～300 mm 的用石灰砂浆砌筑的临时性保护墙。永久性保护墙用水泥砂浆抹找平层,临时性保护墙用石灰砂浆抹找平层,卷材从垫层直接粘贴到临时保护墙顶部,待结构混凝土墙体浇筑完毕,拆模后,拆除临时保护墙,清理出卷材接头,继续将卷材粘贴在立墙结构上。

采用外防外贴法施工卷材防水层时,应符合下列规定:

①铺贴卷材应先铺平面后铺立面,交接处应交叉搭接。

②临时性保护墙应采用石灰砂浆砌筑,内表面应采用石灰砂浆做找平层,并涂刷石灰浆。如用模板代替临时性保护墙,应在其上涂刷隔离剂。

③从底面折向立面的卷材与永久性保护墙的接触部位,应采用空铺法施工。与临时性保护墙或围护结构模板接触的部位,应临时贴附在该墙上或模板上,卷材铺好后,其顶端应临时固定。

④当不设保护墙时,从底面折向立面的卷材的接槎部位应采取可靠的保护措施。

⑤主体结构完成后,铺贴立面卷材时,应先将接槎部位的各层卷材揭开,并将其表面清理干净,如果发现卷材有局部损伤,应及时进行修补。卷材接槎的搭接长度,高聚物改性沥青卷材为 150 mm,合成高分子卷材为 100 mm。当使用两层卷材时,卷材应错槎接缝,上层卷材应盖过下层卷材。

当施工条件受到限制时,也可采用外防内贴法。外防内贴法是将卷材直接粘贴在永久性保护墙上,并与垫层混凝土上的防水层相连接,形成整体的卷材防水层,再在防水层上做好保护层,最后浇筑结构混凝土的施工方法。

施工时应注意:基层的转角处是防水层应力集中的部位,因此,防水层的转角处应做成小圆弧,圆弧半径高聚物改性沥青卷材应不小于 50 mm,合成高分子卷材不小于 20 mm,并设置宽度大于 300 mm 的卷材附加层。用胶黏剂粘贴的单层合成高分子卷材防水层,其搭接缝边缘嵌填密封膏后,应粘贴宽 120 mm 的卷材盖口条作为附加层,附加层两侧用密封膏封严。

三、地下水泥砂浆防水

水泥砂浆防水适用于混凝土或砌体结构的基层上采用多层抹面的水泥砂浆防水层,不适用于环境有侵蚀性、持续振动或温度高于 80 ℃的地下工程。

水泥砂浆防水层所用的材料要求:水泥强度等级根据设计要求采用,不得使用过期或受潮结块的水泥;砂宜采用粒径为 3~5 mm 的中砂,含泥量小于 1‰,硫化物和硫酸盐含量小于 1‰;水应采用不含有害物质的洁净水;聚合物乳液的外观质量,应无颗粒、异物和凝固物;外加剂的技术性能应符合国家或行业标准一等品及以上的质量要求。

水泥砂浆防水层施工时的基层混凝土和砌筑砂浆强度应不低于设计值的 80%。基层表面应坚实、平整、粗糙、洁净。基层表面的孔洞、缝隙应采用与防水层相同的砂浆填塞抹平。施工前要求将基层充分润湿,无积水。

水泥砂浆防水层施工应分层铺抹或喷涂,铺抹时应压实、抹平和表面压光;防水层各层应紧密贴合,每层宜连续施工,若必须留施工缝则应采用阶梯坡形槎,但离开阴阳角处不得小于 200 mm;防水层的阴阳角处应做成圆弧形;水泥砂浆终凝后应及时进行养护,养护温度不宜低于 5 ℃并保持湿润,养护时间不得少于 14 d。

水泥砂浆防水层属于刚性防水层,适应变形能力较差,不宜单独作为一个防水层,而应与基层黏结牢固并连成一体,无空鼓现象,共同承受外力及压力水的作用。水泥砂浆防水层不同于普通水泥砂浆找平层,在混凝土或砌体结构的基层上应采用多层抹面的做法,防止防水层的表面产生裂纹、起砂、麻面等缺陷,保证防水层和基层的黏结质量。

铺抹水泥砂浆时,应在砂浆收水后两次压光,使表面坚固密实、平整;水泥砂浆终凝后,应采取浇水、覆盖浇水、喷养护剂、涂刷冷底子油等手段充分养护,保证砂浆中的水泥充分水化,确保防水层质量。水泥砂浆防水层无论是在结构迎水面还是在结构背水面,都有很好的防水效果。根据新品种防水材料的特性和目前应用的实际情况,将防水层的厚度重新做了规定,即普通水泥砂浆防水层和掺外加剂或掺合料水泥砂浆防水层,其厚度均定为 18~20 mm;聚合物水泥砂浆防水层,其厚度定为 6~8 mm。水泥砂浆防水层的厚度测量,应在砂浆终凝前用钢针插入进行尺量检查,不允许在已硬化的防水层表面任意凿孔破坏。

四、地下涂料防水

地下工程涂料防水层适用于混凝土结构或砌体结构迎水面或背水面的涂刷,防水涂层的设置，根据涂层所处的位置一般分为内防水、外防水和内外结合防水等形式。

地下结构属于长期浸水部位，涂料防水层应选用具有良好的耐水性、耐久性和耐腐蚀性的涂料。地下工程防水涂料主要是有机防水涂料和无机防水涂料两种。有机防水涂料主要包括合成橡胶类、合成树脂类和橡胶沥青类。氯丁橡胶防水涂料、SBS 改性沥青防水涂料等聚合物乳液防水涂料，属于挥发固化型；聚氨酯防水涂料属于反应固化型。无机防水涂料主要包括聚合物改性水泥基防水涂料和水泥基渗透结晶型防水涂料。

需要注意的是，有机防水涂料固化成膜后最终形成的是柔性防水层，与防水混凝土主体组合为刚性和柔性两道防水设防。无机防水涂料是在水泥中掺有一定的聚合物，在一定程度上改变了水泥固化后的物理力学性能，与防水混凝土主体组合后，形成的是两道刚性防水设防。因此，无机防水涂料不适用于变形较大或受震动的部位。

涂刷的防水涂料固化后形成具有一定厚度的涂膜，如果涂膜厚度太薄则起不到防水作用，且不易达到合理的使用年限。所以，施工时一定要保证各类防水涂料的涂膜厚度。防水涂膜在满足厚度要求的前提下，涂刷的遍数越多，对成膜的密实度越好，因此施工时应多次涂刷，无论是厚质涂料还是薄质涂料均不得一次成膜。

每遍涂刷应均匀，不得有露底、漏涂和堆积现象。多遍涂刷时，应待涂层干燥成膜后方可涂刷下一遍涂料；两涂层施工间隔时间不宜过长，否则会形成分层。当地下工程施工出现施工面积较大时，为保护施工搭接缝的防水质量，规定搭接缝宽度应大于 100 mm，接涂前应将其甩槎表面处理干净。

为了充分发挥防水涂料的防水作用，对防水涂料主要提出四个方面的要求：一是有可操作时间，操作时间越短，越不利于大面积防水涂料施工；二是有一定的黏结强度，特别是在潮湿基面（基面饱和但无渗漏水）上有一定的黏结强度；三是防水涂料必须具有一定厚度，才能保证防水功能；四是涂膜应具有一定的抗渗性。

地下工程涂料防水层涂膜厚度一般都不小于 2 mm，如一次涂成，会使涂膜内外收缩和干燥时间不一致而造成开裂；如前层没干就涂后层，则高部位涂料就会下淌，并使涂层变薄，而低处又会堆积起皱，造成防水工程质量难以保证。因此，涂膜的平均厚度应符合设计要求，最小厚度不得小于设计厚度的 80%。

第六章　建筑装饰装修工程施工

建筑装饰是指为保护建筑物的主体结构、完善建筑物的使用功能和达到美化建筑物的效果,采用装饰材料对建筑物的内外表面及空间进行的各种处理的过程。它的主要功能是保护建筑物各种构件免受自然界风、霜、雨、雪、大气等的侵蚀,提高构件的耐久性,延长建筑物的使用寿命;增强构件保温、隔热、隔音、防潮等的能力,满足使用功能;改善室内外环境,提高建筑物的艺术性,达到美化环境的目的;综合处理,协调建筑结构与设备之间的关系。

建筑装饰工程根据工程部位不同分为室内装饰和室外装饰;根据所用材料和施工工艺的不同,又可分为抹灰工程、饰面板(砖)工程、涂饰与裱糊工程、楼地面工程、门窗工程、吊顶工程、幕墙工程、隔墙与隔断工程、外保温工程等内容。

装饰工程的特点是工期长、用工多、造价高、质量要求高、成品保护难等。

第一节　抹灰工程

一、抹灰工程的分类

抹灰工程按装饰效果的要求不同,分为一般抹灰和装饰抹灰两大类;按施工部位的不同,分为墙面抹灰、地面抹灰和天棚抹灰。

(一)一般抹灰

一般抹灰指用石灰砂浆、水泥混合砂浆、水泥砂浆、聚合物水泥砂浆、膨胀珍珠岩水泥砂浆以及麻刀石灰、纸筋石灰和石灰膏等抹灰材料涂抹在墙面或顶棚等的做法。按装饰质量要求的不同,一般抹灰可以分为普通抹灰和高级抹灰。

普通抹灰,即涂一遍底层,一遍中层,一遍面层。普通抹灰适用于一般室内装饰,如住宅、办公楼等的内装饰。要求阳角找方、设置标筋,分层涂抹,表面光滑、洁净、接槎平整、灰缝清晰。

高级抹灰,即涂一遍底层,数遍中层,一遍面层。高级抹灰适用于内装饰要求较高的宾馆、博物馆等的内装饰。要求阴阳角找方、设置标筋,分层涂抹、擀平、修整,表面光滑、洁净、颜色均匀、无抹纹,灰线平直方正、清晰美观。

(二)装饰抹灰

装饰抹灰包括水刷石、干粘石、斩假石、水磨石、喷涂等项目,适用于宾馆、办公等建筑物,较一般抹灰标准高。

二、抹灰层的组成

为保证抹灰表面的平整,避免开裂,抹灰施工一般分三层进行,分别为底层、中层、面层和基体,如图 6-1 所示。

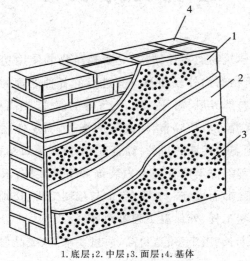

1.底层;2.中层;3.面层;4.基体

图 6-1　抹灰层的组成

（一）底层

底层也称黏结层,主要使抹灰层与基层牢固黏结和初步找平,厚度为 5～7 mm,所用材料应与基层相适应。如对砖墙基层,由于水泥砂浆与石灰砂浆均与黏土砖有较好的黏结力,故室内一般多用石灰砂浆或水泥混合砂浆,外墙面和有防潮要求的地下室等则用水泥砂浆或混合砂浆;对于混凝土基层,用水泥砂浆或水泥混合砂浆;对于加气混凝土墙体,抹混合砂浆或水泥砂浆;对于板条和金属网基层,为防止砂浆脱落,砂浆中还应掺有适当数量的麻刀或纸筋等以加强拉结。

（二）中层

中层主要起找平作用,以弥补底层因砂浆收缩而出现的裂缝,厚度 5～12 mm,所用材料与底层基本相同。

（三）面层

面层是装饰层,起装饰作用,厚度 2～5 mm,所用材料根据设计要求的装饰效果而定。

抹灰工程在分层施工时,每层的厚度不宜太大,总厚度平均为 15～20 mm,最厚不超过 25 mm。

三、抹灰材料的要求

抹灰工程的常用材料有水泥、石灰或石灰膏等胶结材料,砂、石等矿物材料,麻刀、纸筋等纤维材料。

抹灰工程常用的水泥应为大于 32.5 级的普通硅酸盐水泥、矿渣硅酸盐水泥以及白水泥、彩色水泥,后两种水泥用于制作水磨石、水刷石及花饰等。不同品种水泥不得混用,出厂超过三个月的水泥应经试验合格后方可使用。抹灰用的石灰膏可用块状生石灰熟化,熟化时用孔径小于 3 mm×3 mm 的筛过滤,储存在沉淀池中,常温下熟化时间不应少于 15 d,罩面用的磨细石灰粉的熟化期不应少于 3 d。石灰膏不冻结、不风化。

抹灰用砂最好为中砂,或中砂与粗砂混合使用,使用前应过筛,不得含有泥块及杂质。装饰抹灰使用的材料,如彩色石粒、彩色瓷粒等,应耐光坚硬,使用前冲洗干净。

纤维材料在抹灰中起拉结和骨架作用。其中麻刀应均匀、坚韧、干燥、不含杂质,长度以 20～30 mm 为宜。纸筋应洁净、捣烂、用清水浸透,罩面用纸筋应用机碾磨细。稻草、麦秸长度不大于 30 mm,并经石灰水浸泡 15 d 后使用。

四、抹灰工程的施工

(一)抹灰顺序

先室外后室内,先上后下;室内先天棚后墙面,先房间、走廊,后楼梯和大厅;先室外抹灰,拆除脚手架,堵上脚手架眼再进行室内抹灰;内外抹灰自上而下进行,以利于保护已完墙面的抹灰。对砌体基层,应待砌体充分沉降后方可抹底层灰,以防砌体沉降拉裂抹灰层。

(二)一般抹灰

一般抹灰工艺:基层清理→浇水湿润基层→找规矩、做灰饼→设置标筋→阳角做护角→抹底层灰、中层灰→抹窗台板、踢脚线→抹面层灰并修整→表面压光。其施工要点如下。

1.基层处理

(1)清理基层

砖石、混凝土基层表面凹凸的部位,用 1∶3 水泥砂浆补平,表面太光的要剃毛,或用掺 108 胶的水泥浆薄抹一层。表面的砂浆污垢及其他杂质应清除干净,并洒水湿润。

(2)填缝、堵洞

门窗口与立墙交接处应用水泥砂浆或水泥混合砂浆嵌填密实,单排脚手架外墙面的脚手孔洞应堵塞严密。

(3)勾缝

预制混凝土楼板顶棚抹灰前,需用 1.0∶0.3∶3.0 水泥混合砂浆将顶缝勾实抹平;若板缝较大,要用细石混凝土灌注密实。若板缝处理不当,抹灰后在板缝处易出现裂缝。

(4)不同基层材料接合处应铺订一层金属网或纤维布

搭接宽度从缝边起每侧应大于 100 mm,以免抹灰层因基层温度变化胀缩不一而产生裂缝。

2.设置灰饼、标筋

为了有效地控制抹灰层的厚度和垂直度,使抹灰平整,抹灰前应设置灰饼和标筋作为底层、中层抹灰的依据。高级抹灰、装饰抹灰及饰面工程,应在弹线时找方。

抹灰饼前，先用拖线板检查墙面的平整度和垂直度，以确定抹灰厚度。一般最薄处不小于 7 mm。在距顶棚 20 cm 处按抹灰厚度用砂浆做两个边长约 5 cm 的四方形标准块，称为灰饼。然后根据这两个灰饼，用拖线板或线锤吊挂垂直，做出墙面下角的两个灰饼（下灰饼的位置一般在踢脚线上方 200～250 mm 处），遇到门窗垛处应补做灰饼。随后以左右两灰饼面为准，分别拉线，每隔 1.2～1.5 m 上下左右做若干灰饼。

灰饼做好后，在竖向灰饼之间用灰浆抹一条宽 100 mm 左右的垂直灰埂，称为标筋。设标筋时，以垂直方向的上下两个灰饼之间的厚度为准，用灰饼相同的砂浆冲筋。标筋间挂线，用引线控制抹灰层厚度。当抹灰墙面不大时，可做两条标筋，待稍干后再进行底层抹灰。

顶棚抹灰一般不设灰饼标筋，而是在靠近顶棚四周的墙面上弹一条水平线以控制抹灰厚度，并作为抹灰找平的依据。

3. 做护角

应在室内的门窗洞口及墙面、柱子的阳角处做护角，可使阳角线条清晰、挺直，增加阳角的硬度和强度，减少使用过程中的碰撞损坏。护角应采用 1∶2 水泥砂浆，高度自地面起不低于 2 m，每侧宽度大于 50 mm。护角做好后，也起到标筋的作用。

4. 抹底层灰

为使底层砂浆与基层黏结牢固，抹灰前基层要浇水湿润，防止基层过干而吸掉砂浆中的水分，使抹灰层产生空鼓和脱落。基层为黏土砖时，一般宜浇水两遍，使砖面渗水深度达到 10 mm。基层为混凝土时，抹灰前先刮素水泥浆一道。在加气混凝土基层上抹石灰砂浆时，在湿润墙上刷 108 胶水泥浆一遍，随刷随抹水泥砂浆或水泥混合砂浆。

5. 抹中层灰

待底层灰凝结至七八成干后（用手指按压不软，但有指印和潮湿感）即可抹中层灰。中层灰每层厚度一般为 5～7 mm，砂浆配合比同底层砂浆。中层灰厚度以标筋厚度为准，满铺砂浆以后，用木刮尺紧贴标筋，将中层灰刮平，再用木抹子搓平。最后用 2 m 的靠尺检查平整度和垂直度，检查的点数应充足，若超过标准立即修整，直到符合标准为止。

6. 抹面层灰

待中层灰干至七八成后，即可抹面层灰（也称罩面）；如中层灰已干透发白，应先适度洒水湿润后再抹罩面灰。用于罩面的常有麻刀灰、纸筋灰、石膏灰、石灰砂浆或水泥砂浆，用铁抹子抹平，一般由阴角或阳角开始，从左向右进行，分两遍连续适时压实收光。面层宜分层涂抹，每层厚度不得大于 2 mm，面层过厚易产生收缩裂缝，影响工程质量。

墙面阳角抹灰，先用靠尺在墙角的一面用线锤找直，然后在墙角的另一面顺着靠尺抹上砂浆。

室外抹灰常用水泥砂浆罩面。竖向每步架做一个灰饼，步架间做标筋。由于外墙面积大，为了不显接槎，防止抹灰面收缩开裂，一般应设有分格条，留槎应在分格缝处。

外墙窗台、窗楣、雨篷、阳台、压顶及突出腰线的上面应做流水坡度，下面做滴水线或滴水槽。滴水槽的深度和宽度均大于 10 mm，并整齐一致。

（三）装饰抹灰工程的施工

装饰抹灰与一般抹灰的区别在于二者具有不同的装饰面层,其底层和中层的做法基本相同,而面层则采用装饰性强的材料或用特殊的处理方法做成。装饰抹灰施工方法依据材料要求不同而定,可以分成石粒类和砂浆类抹灰。石粒类有水刷石、干粘石、斩假石、水磨石等,砂浆类有拉毛、假面砖、喷涂、喷砂及彩色抹灰等。

1. 水刷石

水刷石主要用于室外的装饰抹灰,墙面施工工序:堵门窗口缝→清理基层→浇水湿润墙面→设置标筋→抹底层砂浆→抹中层砂浆→弹线和粘贴分格条→抹水泥石子浆→洗刷→养护。

水刷石抹灰分三层。底层砂浆同一般抹灰,抹中层砂浆时表面压实搓平后划毛。中层砂浆凝结后,至七成干时,按设计要求弹分格线,贴分格条。贴条位置必须准确,做到横平竖直。面层施工前必须在中层砂浆面上薄刮水灰比为 0.37～0.40 的水泥浆一道作为结合层,使面层与中层结合牢固。随后抹(1∶1.2)～(1∶2.0)的水泥石子浆,厚 10～12 mm,抹平后用铁压板压实。当面层达到用手指按无明显指印时,用刷子蘸清水自上而下刷去面层的水泥浆,使石子均匀露出灰浆面 1～2 mm 的高度,然后用喷水壶自上而下喷清水,将石子表面的水泥浆冲洗干净。

完工后水刷石表面应石粒清晰、分布均匀、紧密平整、色泽一致,无掉粒和接搓痕迹。水刷石完成第二天起要经常洒水养护,养护时间不少于 7 d。

2. 干粘石

干粘石多用于建筑物外墙面,但容易碰掉,故离室外地坪高度 1 m 以下不宜采用干粘石。施工工序:堵门窗口缝→清理基层→湿润墙面→设置标筋→抹底层砂浆→抹中层砂浆→弹线和粘贴分格条→抹面层砂浆→撒石子→修整拍平。

底层同水刷石做法。中层抹灰表面刮毛,当中层已干燥时先用水湿润,薄刮水灰比为 0.37～0.40 的水泥浆一道,随即按格涂抹厚 4～6 mm 的水泥砂浆黏结层。紧接着用人工甩或喷枪喷的方法,将配有不同颜色的、粒径为 4～6 mm 的石子均匀地喷甩至黏结层上,用抹子拍平压实。石子嵌入黏结层深度不小于石子粒径的 1/2,但不得拍出灰浆,影响美观。如果发现饰面上的石子有不匀或过稀现象,一般不宜补甩,应将石子用抹子或手直接补粘。待水泥砂浆有一定强度后洒水养护。完工后的干粘石表面应色泽一致,不露浆、不漏粘,石粒应黏结牢固、分布均匀,阳角处无明显黑边。

3. 斩假石

斩假石又称剁斧石,是仿制天然花岗岩、青条石的一种饰面,常用于勒脚、台阶、外墙面等。施工工序:堵门窗口缝→清理基层→湿润设置标筋→抹底层砂浆→抹中层砂浆→弹线和粘贴分格条→抹水泥石子浆面层→养护→斩剁→清理。

施工时底层与中层抹灰表面应刮毛,弹线分格并粘分格条,浇水湿润中层抹灰,薄刮一道水灰比为 0.37～0.40 的水泥浆,然后抹厚 10 mm 的 1∶(1.25～1.50)水泥石子浆面层,赶平压实,洒水养护2～3 d,待面层强度达到60%～70%时即可试剁,若石子不脱落,即可用斧斩剁加工。斩剁时必须保持面层湿润,如果面层过于干燥,应进行洒水,但斩剁完的部分不得洒水。斩时先上后下、先左后右,达到设计纹理,剁纹的深度一般为1/3石粒为宜。加工时应先将面层斩毛,剁的方向要一致,剁纹深浅均匀,不得漏剁,一般两遍成活。斩好后应及时取出分格条,修整分格缝,清理残屑,将斩假石墙面清扫干净,即成为用石料砌的装饰面。

4. 水磨石

水磨石主要用于地面装饰工程,其特点是可按设计和使用要求做成各种彩色图案,表面光滑美观,整体性好,坚固耐磨不起灰。但其施工工序较复杂,且多为湿作业,施工期长。面层施工工艺顺序:抹找平层砂浆→弹分格线→粘贴分格条→养护、扫水泥素浆→铺水泥石子浆→清边拍实→滚压并补拍→养护→头遍磨光→擦水泥浆→养护→二遍磨光→擦二遍水泥浆→养护→三遍磨光→清洗、晾干→擦草酸→清洗、晾干→打光蜡。

施工时先用1:3水泥浆打底,按设计图案弹线分格,用素水泥浆固定分隔条(铜条、铝条、玻璃条)。面层铺设前底层应浇水湿润,薄刮一层水泥浆作为黏结层,随即铺设一定色彩的水泥石子浆[水泥:石粒=1:(1.25～2.00)],厚度比分隔条高1～2 mm,铺平后用滚筒压实,待表面出浆后用抹子抹平。在滚压过程中,如发现表面石子偏少,可在水泥浆较多处补撒石粒并拍平,以使面层石粒均匀。若有不同颜色图案时,应先做深色部分,后做浅色部分,待前一种凝固后,再做后一种。铺完面层一天后进行洒水养护。

磨光开始时间应根据气温、水泥品种及磨石机具与方法而定,一般常温下需养护3～7 d。开磨前应先试磨,以表面石粒不松动、不脱落且表面不过硬为准。普通水磨石面层磨光遍数应不少于三遍。第一遍粗磨,磨至石子外露,整个表面基本平整均匀,分隔条全部外露,然后将磨出的泥浆冲洗干净,擦同色水泥浆填补砂眼,洒水养护2～3 d再磨。第二遍为中磨,方法同第一次,要求磨去磨痕,磨到光滑为止,然后再上一次浆,养护2～3 d再磨。第三遍为细磨,要求达到表面石子粒径显露、平整光滑、无砂眼细孔,用水冲洗后晾干,再用草酸擦洗。如果是高级水磨石面层,在第三遍磨光后,再上浆、养护,继续进行第四遍、第五遍磨光。

磨完后还需在面层上薄薄地涂一层蜡,稍干后用钉有细帆布或麻布的木块代替金刚石,装在磨石机的磨盘上研磨几遍,直到光滑亮洁为止。

现浇水磨石面层的质量要求为:表面应光滑,无明显裂纹、砂眼和磨纹;石粒密实,显露均匀;颜色图案一致,不混色;分隔条牢固、顺直和清晰。

5. 喷涂、弹涂、滚涂

喷涂、弹涂、滚涂是聚合物砂浆装饰外墙面的施工办法,在水泥砂浆中加入一定的聚乙烯醇缩甲醛胶(或108胶)、颜料、石膏等材料形成。不同的施工方法会产生不同的效果。

喷涂是把聚合物水泥砂浆用砂浆泵或喷斗将砂浆喷涂于外墙面而形成的装饰抹灰。喷涂外墙饰面用1:3水泥砂浆打底,分两遍成活,然后用空气压缩机、喷枪将面层砂浆均匀地喷至墙面上,连续喷三遍成活。第一遍喷至底层变色,第二遍喷至出浆不流为度,第三遍喷至全部出浆,颜色均匀一致。待面层干燥后,再在表面喷甲基硅醇钠憎水剂,使之形成防水薄膜。

弹涂是利用弹涂器将不同色彩的聚合物水泥砂浆弹在色浆面层上,形成有类似于干粘石效果的装饰面。弹涂外墙饰面用1∶3水泥砂浆打底,木抹子搓平,喷一遍色浆;将拌和好的表面弹点色浆,放在筒形弹力器内,用手或电动弹力棒将色浆甩出,甩出色浆点直径1~3 mm,弹涂于底色浆上。表面色浆由两种或三种颜色组成,颜色应均匀,相互衬托一致,干燥后表面喷甲基硅醇钠憎水剂。

滚涂是将厚2~3 mm的带颜色的聚合物均匀地涂抹在底层上,用平面或刻有花纹的橡胶、泡沫塑料滚子在罩面上直上直下地施滚涂拉,并一次成活滚出所需花纹。滚涂外墙饰面是在水泥砂浆中掺入聚乙烯醇缩甲醛形成一种新的聚合物砂浆,将它抹于墙面上,再用碾子滚出花纹。施工时用1∶3的水泥砂浆打底,木抹子搓平搓细,浇水湿润,用稀释的108胶黏结分格条,再抹饰面灰。用平面或刻有花纹的橡胶、泡沫塑料滚子在墙面上滚出花纹。面层施工时,一人在前面涂抹砂浆,用抹子压抹刮平;另一人紧接着用滚子上下左右均匀滚压,最后一遍必须自上而下滚压,使色彩均匀一致,不显接搓。面层干燥后,表面喷甲基硅醇钠憎水剂。

五、抹灰工程的质量控制与检验方法

（一）一般抹灰的质量控制要点和检验方法

1.抹灰前的基层处理

抹灰前的基层处理包括基层是否清理干净,墙面浇水是否得当。

2.砂浆和材料

砂浆的和易性和强度是否满足设计要求;底层和中层的砂浆配合比是否相同;水泥、砂、石灰膏等材料是否符合质量要求。

3.抹灰层

底层与基层的黏结及各抹灰层之间黏结是否牢固,有无脱皮、空鼓、爆灰、裂缝等现象。各层抹灰的厚度及总抹灰层的厚度是否满足规定要求。不同材料基底交接处表面的抹灰,应采取防止开裂的加强措施。当采用加强网时,加强网与各基体的搭接宽度应大于100 mm。

抹灰分格缝的设置应符合设计要求,宽度和深度应均匀,表面光滑、棱角整齐,有排水要求的应做成滴水线。

一般抹灰工程质量检查可以采取观察、检查隐蔽工程验收记录和施工记录,以及使用工具的方法检查。

（二）装饰抹灰的质量控制要点和检验方法

1.抹灰前的基层处理

抹灰前的基层处理包括基层表面的尘土、油污等是否清理干净,墙面是否已浇水湿润。

2.材料

材料的品种和性能是否满足设计要求,水泥的凝结时间和安定性是否已复验并满足要求,砂浆的配合比是否满足设计规定。

3.面层

水刷石表面应石粒清晰、分布均匀、紧密平整、色泽一致,无掉粒接搓。斩假石表面剁纹均匀、深浅一致,无漏剁处。干粘石表面不露浆、石粒黏结牢固,分布均匀。有排水要求的应做成滴水线。

装饰抹灰工程质量检查可以采取观察、检查隐蔽工程验收记录和施工记录,以及使用工具的方法检查。

第二节　饰面板(砖)工程

饰面板(砖)工程是指将饰面材料镶贴或安装到基层上形成装饰面层。饰面材料种类很多,但基本上可以分为饰面砖和饰面板两类。前者多采用直接在结构上粘贴的施工方法,后者多采用构造连接的施工方法。常用的块料面层按材料品种分为大理石、花岗石、瓷砖、预制水磨石、陶瓷锦砖、面砖、缸砖等。块料面层施工一般以挂、贴的方式镶贴于建筑物内外墙上。小块料一般用粘贴法,大块料(边长大于 400 mm)一般采用安装施工。

一、材料与施工要求

(一)天然与人造石材

1.天然大理石

(1)性能及规格

大理石是由石灰岩变质而成的一种变质岩。它结构密致、强度高、吸水率低,但表面硬度低,不耐磨,抗腐蚀性能差。主要用于建筑物的内墙面、柱面、室内地面等,一般不宜用于室外。

大理石饰面板的品种常以其打磨抛光后的花纹、颜色及产地命名。有定型和不定型两种规格。一般厚度 20 mm,新型品种有 7~10 mm 的薄型板。不定型产品可根据用户要求加工。

(2)材料要求

表面应平整、边缘整齐、棱角不得损坏;不得有损伤、风化现象;安装用的各种连接件,如锚固件等应镀锌或做防锈处理;施工所用胶结材料的品种、配合比应满足设计规定。

2.天然花岗石

花岗石是岩浆岩的统称,如花岗岩、片麻岩、安山岩等。质地坚硬,具有良好的抗风化作用。耐磨、耐酸碱、使用年限长。广泛用于室内外的墙面、柱面、地面装饰表面。按加工方法不同花岗石可分为粗面板、镜面板、磨光板等。

材料要求同天然大理石。

3.人造石饰面板

人造石饰面板是用天然大理石、花岗石等碎石、石屑作为填充材料,用不饱和聚酯树脂或水泥为黏结剂,经搅拌成型、研磨、抛光等工序制成。人造大理石一般分为四类,有水泥型、聚酯型、复合型和烧结型。

材料要求同天然大理石。

（二）饰面砖

饰面砖包括内墙釉面砖、室外墙面砖等。

1.室内墙釉面砖

釉面砖又称瓷片、瓷砖、釉面陶土砖，是一种上釉的薄片状精陶装饰材料，主要用于墙柱面和灶台、浴台等装饰。它有一定吸水率，方便与砂浆的黏结，但是超过一定拉力会产生开裂，所以只适合在室内粘贴。使用时要求颜色均匀、尺寸一致，边缘整齐、棱角不得损坏，无缺釉、脱釉、裂缝及凹凸不平的现象。

2.室外墙面砖

室外墙面砖是以优质耐火黏土为原料，经混炼成型、素烧、施釉、煅烧而成的无光面砖。它质地细密、釉质耐磨，具有较好的耐久性和耐水性。

（三）金属饰面板

金属饰面板属于中高档装饰材料。在现代装饰中，金属装饰以其独特的金属质感、丰富多变的色彩与图案、理想的造型而得到广泛应用。它可分为单一材料和复合材料两类。前者为不锈钢板、铝合金板、铜板等；后者为烧漆板、彩色镀锌板、涂塑板等。要求表面平整光滑，无裂缝和皱褶，颜色一致、边角整齐、涂膜厚度均匀。

金属饰面板一般安装在承重龙骨和外墙上，节点构造复杂，施工精度要求高。

二、饰面板（砖）的施工

（一）石材板镶贴安装

当板边长大于 400 mm 或镶贴高度超过 1 m 时，采用传统湿作业法、改进湿作业法、干挂法（即安装法）；尺寸小、板薄时采用粘贴法。

1.传统湿作业法（挂装灌浆法）

施工程序：基层处理→绑扎钢筋网片→弹基准线→预拼、选板、编号→板材钻孔→饰面板安装→分层灌浆→嵌缝、清洁板面→抛光打蜡。

（1）基层处理

表面清扫干净并浇水湿润。对凹凸过大的应找平，表面光滑平整的应凿毛。

（2）绑扎钢筋网

先凿出墙、柱预埋钢筋，使其裸露，按施工排版图要求在预埋钢筋处焊接或绑扎钢筋骨架。如墙上无预埋件，需在墙上钻孔埋膨胀螺栓或短钢筋固定钢筋网。

（3）预排、选板、编号

为使安装好的大理石上下左右花纹一致、接缝严密，安装前必须预排、选板、编号。

（4）板材钻孔

钢筋网固定于墙上预埋钢筋（间距不大于 500 mm）上，横向钢筋与块材孔眼位置一致。

饰面板安装前,大饰面板须进行打眼。板宽 500 mm 以内,每块板的上下两边打眼数量均不得少于两个。打眼的位置应与钢筋网的横向钢筋的位置对齐。饰面板钻孔位置,一般在板的背面算起 2/3 处,使横孔、竖孔相连通,钻孔大小能满足穿丝。饰面板打眼如图 6-2 所示,花岗岩直角挂钩如图 6-3 所示。

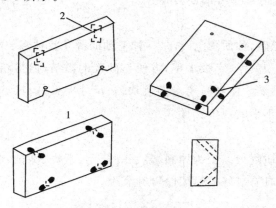

1.板面斜眼;2.板面打两面牛鼻子眼;3.打三面牛鼻子眼

图 6-2　饰面板打眼示意图

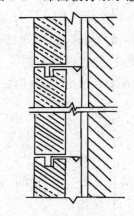

图 6-3　花岗石直角挂钩

(5)安装

从最下一行开始,拉上水平通线,从中间或一端开始固定板材。先绑板块下口,再绑上口绑丝,并用托线板靠直找平,用木楔垫稳。安装好一层板块,在板块横竖接缝处每隔 100～150 mm 用糊状石膏做临时固定,竖向缝隙均用石膏灰或泡沫塑料条封严,待石膏凝结硬化后,清除填缝材料。

(6)灌缝

用 1.0∶2.5 水泥砂浆分层灌注,每层灌高为 200～300 mm,插捣密实。块材和基层间的缝隙一般为 20～50 mm,即为灌浆厚度。待初凝后再继续灌浆,直到距上口 50～100 mm。剔除上口临时固定的石膏,清理干净缝隙,再安装第二行块材。依次由下向上安装固定、灌浆。每日安装加固后,需将饰面清理干净,光泽不够时,需打蜡处理。

2．改进湿作业法

改进湿作业法也称 U 形钉锚固灌浆法。这种方法不用绑扎钢筋骨架，基体处理完后，利用 U 形钉将板材紧固在基体上，然后分层灌浆。其具体施工工艺流程为：基层处理→板块钻孔→弹线分块、预拼编号→基体钻斜孔→固定校正→灌浆→清理→嵌缝。

3．干挂法

干挂法是将石材饰面板通过连接件固定于结构表面的施工方法。它与板块之间形成空腔，受结构变形影响小，抗震能力强，施工速度快，提高了装饰质量，已成为大型公共建筑石材饰面安装的主要方法。

（1）板材钻孔、粘贴增强层

根据设计尺寸在石板上下侧边钻孔，孔径 6 mm，孔深 20 mm。在石板背面涂刷合成树脂胶黏剂，粘贴玻璃纤维网格布。

（2）石板就位、临时固定

在墙面吊垂线并拉水平线，以控制饰面的垂直、平整。支底层石板托架，将底层石板就位并做临时固定。

（3）基体钻孔、安装饰面板

用冲击钻在基体结构钻孔，打入胀铆螺栓，同时镶装 L 形不锈钢连接件。用胶黏剂灌入石材的孔眼，插入销钉，校正并临时固定板块。如此逐层反复，直到顶层。

（4）嵌缝清理

嵌缝清理主要是进行嵌缝，清理饰面，擦蜡出光。

4．粘贴法

粘贴法适用于小规格和薄板石材。粘贴法施工程序：基层处理→抹底层灰、中层灰→弹线分格→选料、预排→石材粘贴→嵌缝、清理→抛光打蜡。

（1）基层清理

对于粘贴法施工，基层的平整度尤其重要。基层应平整但不应压光，中层抹灰用木抹搓平后检查尺寸的偏差值。其允许偏差值为 2 mm，平面、立面、阴阳角均为 2 mm。

（2）粘贴

粘贴石材一般用环氧树脂胶。先将胶分别涂抹在墙柱面和板块背面上，刷胶要均匀、饱满，然后将板块准确地粘贴在墙上，立即挤紧、找平，并进行顶、卡固定。如不平直，可用木模调整。

石材也可用灰浆粘贴，其方法与上述方法相类似。

（二）面砖粘贴法

1．釉面砖施工

釉面砖一般用于室内墙面装饰。施工前，按设计要求挑选规格、颜色一致的釉面瓷砖，使用前应在清水中浸泡 2～3 h，阴干备用。

墙面底层用 1∶3 水泥砂浆打底，表面划毛；在基层表面弹出水平和垂直方向的控制线，自上向下、从左向右进行瓷砖预排，以使接缝均匀整齐。如有一行以上的非整砖，应排在阴角和接地部位。

用弹线做标志，控制粘贴的水平高度。靠地先贴一皮砖，拉好水平、厚度控制线，按自下而上、先左后右的顺序逐块镶贴。砖随贴随用铲子、橡皮榔头轻轻敲击，使其黏结牢固。饰面接缝无设计规定时，其宽度控制在 1.0～1.5 mm。

室内釉面瓷砖施工时，用与瓷砖颜色相同的水泥浆均匀擦缝，用布、棉丝清洗干净瓷砖表面，全部工程完后应彻底清理表面污垢。

如果墙面留有洞口，应对准孔洞画好位置，然后用刀、钳子将瓷砖切割成所需要的形状。

2. 外墙面砖

施工工艺流程：施工准备→基体处理→排砖→拉通线、找规矩、做标志→刮糙找平→弹线分格→固定底尺→镶贴→起出分格条→勾缝清洗。

首先应按面砖颜色、大小、厚薄进行分选归类。

其次根据设计要求确定面砖排列方法和砖缝大小，保证主要墙面不出现非整砖，然后进行弹线分格。

当采用落地式脚手架时，外墙面砖的镶贴应自上而下进行，随镶贴随拆除脚手架。但在每步架高度内应自下而上进行。镶贴时先按水平线垫平底尺板，逐层向上铺贴。窗台、腰线等仰面贴面砖时要等底灰七八成干后进行。

最后是勾缝和清洗。勾缝后的凹缝深度为 3 mm 左右，密缝处用与面砖同色水泥浆擦缝。作业时随时将砖表面砂浆擦净。待勾缝砂浆硬化后进行清洗。

（三）金属板施工

不锈钢、铜板比较薄，不能直接固定于柱、墙面上。为了保证安装后表面平整、光洁无钉孔，需用木方、胶合板做好胎模，组合固定于墙、柱面上。

1. 柱面不锈钢板、铜板饰面安装

将柱面清理干净，按设计弹好胎模位置边框线。胎模尺度为竖向，按板材长度确定，宽度根据柱形决定。方柱每个柱面为一个胎模，圆柱一般以半圆柱面或 1/3 圆柱面为一个胎模。以柱外表尺寸为饰面胎模内径尺寸，胎模之间留出 10 mm 左右的构造缝，用中密度板按柱外形裁出胎模。中密度板的外缘开槽固定木方尺寸为 40 mm×40 mm 或 40 mm×30 mm，木方与中密度板形成胎模骨架，骨架的外表面要满足平整度、弧度和垂直度的要求；然后外侧铺钉一层三夹板，固定木条的钉帽应事先打扁，钉帽钉入板条内 0.5～1.0 mm，钉眼用同色腻子抹平；最后在三夹板表面包铜板或不锈钢板。

2. 墙面不锈钢板、铜板安装

清理好基层，按设计弹好骨架位置纵横线。在墙面钉骨架时，其大小以饰面板定基本单元，用膨胀螺钉将木骨架固定于墙面上。骨架符合质量要求后，在表面钉一层夹板作为贴面板衬材，夹板边不超出骨架。不锈钢、铜板预先按设计压好四边，尺寸准确。最后用胶密封纵横缝。

三、饰面板(砖)的质量控制与检验

(一)材料

板的品种、规格、颜色和性能必须符合设计要求。板孔、槽的数量、位置和尺寸应符合设计要求。

(二)安装

板安装工程的预埋件、连接件的数量、规格、位置、连接方法和防腐处理应符合设计要求,后置埋件的现场拉拔强度应符合设计要求。

(三)一般项目

饰面板表面应平整、洁净、色泽一致,无裂缝和缺陷、破损等。饰面板嵌缝密实平整,宽度和深度应符合设计要求。采用湿作业时石材应进行防碱处理,饰面板与基体之间的灌注材料应饱满、密实。

饰面板工程质量检查可以采取观察、检查隐蔽工程验收记录和施工记录,以及使用工具的方法检查。

第三节 门窗工程

一、门窗的组成与分类

门窗一般由窗(门)框、窗(门)扇、玻璃、五金配件等部件组合而成。门窗的种类很多,各类门窗一般按开启方式、用途、所用材料和构造进行分类。

按开启方式,窗可分为平开窗、推拉窗、上悬窗、中悬窗、下悬窗、固定窗等;门可分为平开门、推拉门、自由门、折叠门等。

按制作门窗的材质,窗分为木门窗、钢制门窗、铝合金门窗、塑料门窗。

按用途门可分为防火门 FM、隔声门 GM、保温门 BM、冷藏门 LM、安全门 AM、防护门 HM、屏蔽门 PM、防射线门 RM、防风砂门 SM、密闭门 MM、泄压门 EM、壁橱门 CM、变压器间门 YM、围墙门 QM、车库门 KM、保险门 XM、引风门 DM、检修门 JM 等。

二、木门窗安装

木门窗应用最早且最普遍,但正在被铝合金门窗、塑料门窗和钢门窗取代。木门窗大多在木材加工厂内制作,现场施工一般以安装木门窗框及内扇为主要内容。

木门窗通常采用后塞口的方法进行安装,即将门窗框塞入预留的门窗洞口内。安装时先用木楔临时固定,同一层门窗应拉通线调整其水平,上下门窗应位于一条垂线上,然后用钉子将门窗框固定在墙内预埋的木砖上,上下横框用木楔楔紧。

木门窗扇的安装应先量好门窗框裁口尺寸,然后在门窗扇上划线,用粗刨刨去线外多余部分,用细刨刨光、平直,将门窗扇放入框内试装。试装合格后,剔出合页槽,用螺钉将门窗扇连接在边框上。门窗扇应安装牢固、开关灵活,留缝应符合规定,门窗上的小五金应安装齐全、位置适宜、固定可靠。

三、铝合金门窗安装

铝合金门窗一般采用后塞口方法安装,先安装门窗框,后安装门窗扇。门窗框加工尺寸应略小于洞口尺寸,因此门窗框应在主体结构基本结束后进行。

安装时应先在洞口弹出门、窗位置线,按弹线位置将门窗框就位,先用木楔临时固定,待检查立面垂直度、左右间隙、中线位置、上下位置符合要求后,用射钉将镀锌锚固板固定在结构上。

铝合金门窗框安装固定验收合格后,应及时进行门窗框与洞口之间间隙的填塞工作。若设计没有专门规定,应采用矿棉条或玻璃丝毡条分层填塞缝隙,表面留深 5~8 mm 的槽口填嵌密封油膏,或在门窗框两侧做防腐处理后填 1:2 水泥砂浆。

铝合金门窗扇的安装应在室内外装修基本结束后进行,以免土建及其他安装工程施工时将其损坏或污染。安装推拉门窗扇时,应先装室内侧门窗扇,后装室外侧门窗扇;安装平开门窗扇时,应先把合页按要求位置固定在铝合金门窗框上,然后将门窗扇嵌入框内临时固定,调整合适后,再将门窗扇固定在合页上,保证上下两个合页轴在同一条轴线上。

安装玻璃时,小块玻璃用双手操作就位,单块玻璃尺寸较大时,通常使用玻璃吸盘就位。玻璃就位后,应及时用橡胶条固定密封,具体有三种做法:一是用橡胶条挤紧,然后在橡胶条上注入密封胶;二是用 1 cm 长的橡胶块将玻璃挤住,然后在间隙内注入密封胶;三是用橡胶压条封缝挤紧,不再注密封胶。

四、塑料门窗安装

塑料门窗是以硬质 PVC 挤出成型方法生产,具有造型美观、耐腐蚀、隔热隔声、密封性能好、不需进行涂装维护等优点,但容易老化和变形。为此采用在其框料内增加钢衬等方法来克服其缺点,如目前广泛使用的塑钢门窗。

塑钢门窗一般在专业工厂内加工制作,组装好后送往施工现场安装。塑料门窗进场后应存放在有靠架的室内,并避免受热变形。安装前应进行检查,不得有断裂、开焊等损坏。

门窗框的尺寸应比洞口尺寸略小,二者之间需留 20 mm 左右的间隙,检查无误后,先装五金配件及镀锌固定件。安装时不能用螺丝直接锤击拧入,应先用手电钻钻孔,再用自攻螺丝拧入固定。

塑料门窗框与洞口的固定主要为连接件法,将门窗框放入洞口中,调整至横平竖直后,用木楔临时固定,用膨胀螺丝或射钉将镀锌连接件与洞口四周固定。塑料门窗框与洞口间的间隙,用软质保温材料,如泡沫塑料条或矿棉毡卷条等填塞(填塞不宜过紧,以免框架变形),外表面留出深 8 mm 左右的槽口用密封材料嵌填严密,也可采用硅橡胶嵌缝,但不宜嵌填水泥砂浆。

第四节　吊顶工程

吊顶又称悬吊式顶棚,是指在建筑物结构层下部悬吊由骨架及饰面板组成的装饰构造层,具有保温、隔热、隔声作用,也是安装电气、通风空调、给排水、采暖、通信等管线设备的隐蔽层。

吊顶按结构形式分为活动式装配吊顶、隐蔽式装配吊顶、金属装饰板吊顶、开敞式吊顶和整体式吊顶;按使用材料分为轻钢龙骨吊顶、铝合金龙骨吊顶、木龙骨吊顶、石膏板吊顶、金属装饰板吊顶、装饰板吊顶和采光板吊顶。

一、吊顶的组成及作用

吊顶主要是由悬挂系统、龙骨、饰面层及其相配套的连接件和配件组成。

（一）吊顶悬挂系统

吊顶悬挂系统包括吊杆(吊筋)、龙骨吊挂件,通过它们将吊顶的自重及其附加荷载传递给建筑物结构层。

吊顶悬挂系统的形式较多,可根据吊顶荷载要求及龙骨种类而定,其与结构层的吊点固定方式通常分为上人型吊顶吊点和不上人型吊顶吊点两类。

（二）吊顶龙骨

吊顶龙骨由主龙骨、覆面次龙骨、横撑龙骨及相关组合件、固结材料等连接而成。吊顶造型骨架组合方式通常有双层龙骨构造和单层龙骨构造两种。

主龙骨是起主干作用的龙骨,是吊顶龙骨体系中主要的受力构件。次龙骨的主要作用是固定饰面板,为龙骨体系中的构造龙骨。

常用的吊顶龙骨分为轻金属龙骨和木龙骨两类。

二、吊顶轻金属龙骨架

吊顶轻金属龙骨是以镀锌钢带、铝带、铝合金型材、薄壁冷轧退火卷带为原料,经冷弯或冲压工艺加工而成的顶棚吊顶的骨架支承材料。其突出优点是自重轻、刚度大、耐火性能好。

吊顶轻金属龙骨通常分为轻钢龙骨和铝合金龙骨两类。轻钢龙骨的断面形状可分为 U 形、C 形、Y 形、L 形等,分别作为主龙骨、覆面龙骨、边龙骨配套使用,在施工中轻钢龙骨应做防锈处理;铝合金龙骨的断面形状多为 T 形、L 形,分别作为覆面龙骨、边龙骨配套使用。

（一）吊顶轻钢龙骨架

吊顶轻钢龙骨架作为吊顶造型骨架，由大龙骨（主龙骨、承载龙骨）、覆面次龙骨（中龙骨）、横撑龙骨及其相应的连接件组装而成。

（二）吊顶铝合金龙骨架

吊顶铝合金龙骨架，其间距、尺寸取决于吊顶使用荷载大小。

三、吊顶饰面层

吊顶饰面层即为固定于吊顶龙骨架下部的罩面板材层。罩面板材品种很多，常用的有胶合板、纸面石膏板、装饰石膏板、钙塑饰面板、金属装饰面板（铝合金板、不锈钢板、彩色镀锌钢板等）、玻璃及 PVC 饰面板等。

饰面板与龙骨架底部可采用钉接或胶粘、搁置、扣挂等方式连接。

四、吊顶工程施工

吊顶工程的主要施工工序为：弹线→固定吊杆→安装边龙骨→安装主龙骨→安装次龙骨→安装灯具→面板安装→板缝处理。

（一）弹线

弹线包括顶棚标高线、造型位置线、吊挂点位置、大中型灯位线等。从墙上的水准 50 线量至吊顶设计高度加上一层饰面板的厚度，用粉线沿墙（柱）弹出水准线，即为吊顶次龙骨的下皮线。按吊顶平面图，在混凝土顶板弹出主龙骨的位置，并标出吊挂点位置、造型位置等。

（二）固定吊杆

吊杆一般用 φ6～φ10 的钢筋制作，上人吊顶吊杆间距 900～1 200 m，不上人吊顶吊杆间距 1 200～1 500 m。吊顶灯具、风口及检修口等处应设附加吊杆。

（三）安装边龙骨

按设计要求弹线，沿墙（柱）上的水平龙骨线把 L 形镀锌轻钢条用自攻螺丝固定在预埋木砖上，如为混凝土墙和柱，可用射钉固定，射钉间距应不大于吊顶次龙骨的间距。

（四）安装主龙骨

主龙骨用吊挂件连接在吊杆上，拧紧螺母固定，吊杆间距 900～1 200 mm。主龙骨应平行于房间长向安装并起拱，起拱高度一般为房间短跨的 1/300～1/200。主龙骨的悬臂段不应大于 300 mm，否则应增加吊杆。主龙骨的接长应采用对接，相邻龙骨的对接接头要相互错开。跨度大于 15 m 的吊顶，在主龙骨上每隔 15 m 加一道大龙骨，垂直主龙骨焊接牢固。主龙骨挂好后应及时调整位置标高。

（五）安装次龙骨

次龙骨通过连接件紧贴主龙骨安装，间距应按饰面板的尺寸和接缝要求准确确定。用 T 形镀锌铁片把次龙骨固定在主龙骨上时，次龙骨的两端应搭在 L 形边龙骨的水平翼缘上。

（六）饰面板安装

饰面板安装前，吊顶内的各种管道和设备应已经安装完毕，并完成调试和验收。饰面板的安装应对称于顶棚的中心线，并由中心向四个方向推进，不可由一边向另一边分格。具体安装方法有以下几种。

1. 搁置法

将饰面板直接放置在 T 形龙骨组成的格框内。考虑有些轻质饰面板刮风时会被掀起（如空调口、通风口附近），可采用卡子固定，如矿棉板、金属饰面板的安装。

2. 嵌入法

将饰面板事先加工成启口暗缝，安装时将 T 形龙骨两肢插入启口缝中，如金属饰面板的安装可采用此法。

3. 粘贴法

将饰面板用胶黏剂直接粘贴在龙骨上，如石膏板、钙塑泡沫板、矿棉板的安装可采用此法。

4. 顶固法

将饰面板用钉、螺丝等固定在龙骨上，如石膏板、钙塑泡沫板、矿棉板、胶合板、纤维板、PVC 饰面板、金属饰面板等的安装可采用此法。

5. 卡固法

多用于铝合金吊顶，板材与龙骨用卡接固定。

第五节　隔墙与隔断工程

非承重的内墙统称隔墙，起着分割房间的作用，具有自重轻、厚度薄、便于拆装、具有一定刚度等优点，部分隔墙还有隔声、耐火、耐腐蚀以及通风、透光等要求。

一、隔墙的分类

隔墙的种类很多，按其构造方式分为骨架隔墙、板材隔墙、活动隔墙和玻璃隔墙等。

（一）骨架隔墙

骨架隔墙是指在隔墙龙骨的两侧安装墙面板以形成墙体的轻质隔断。这类隔墙多以轻钢龙骨、木龙骨等为骨架，以纸面石膏板、人造木板、水泥纤维板、塑料板、胶合板等为墙面板，并根据隔声、保温或防火的设计要求，在两层面板中设置填充材料，以达到预期效果。

（二）板材隔墙

板材隔墙是指不需要设置隔墙龙骨，由隔墙板材自承重，将预制或现制的隔墙板材连接固定于建筑主体结构上的隔墙工程。这类隔墙的工厂化程度较高，施工速度快，大大减轻了现场的作业工程量，广泛应用于工业化预装配式建筑的配套隔墙和高层建筑中。常用的板材有复合轻质隔墙、石膏空心板、预制或现制的钢丝网水泥板、加气混凝土轻质隔板、轻质陶粒混凝土条板等。

（三）活动隔墙

活动隔墙是地面和顶棚带有轨道，可以推拉的轻质隔断。

（四）玻璃隔墙

玻璃隔墙是以轻钢龙骨、铝合金龙骨及木龙骨为骨架，以玻璃为墙面板的隔墙，这种隔墙的透光率较高。

二、隔墙的施工工艺

这里主要介绍骨架隔墙和玻璃隔墙的施工工艺。

（一）骨架隔墙施工工艺

1. 弹线

在地面和墙面上弹出隔墙的宽度线和中心线，以及门窗洞口的位置线。

2. 安装龙骨

先安装沿地、沿顶龙骨，与地面、顶面接触处，铺填橡胶条或沥青泡沫塑料条，再按中距 0.6～1.0 m 用射钉（或电锤钻眼固定膨胀螺栓）将沿地、沿顶龙骨固定于地面和顶面。然后将预先裁好长度的竖向龙骨，装入横向沿地、沿顶龙骨内，翼缘朝向拟安装板材的方向，校正其垂直度，将竖向龙骨与沿地、沿顶龙骨固定好，固定方法可以用点焊、连接件或自攻螺钉固定。

3. 安装墙面板

将墙面板竖直贴在预定位置龙骨上，用电钻同时将板材与龙骨一起钻孔，拧上自攻螺丝，钉头埋入板材平面 2～3 mm，钉眼应用石膏腻子抹平。墙面板应竖向铺设，长边接缝应落在竖向龙骨上，接缝处用嵌缝腻子嵌平。

需要隔声、保温、防火的墙面板，应根据设计要求在龙骨一侧安装好板材后，进行隔声、保温、防火等材料的填充，一般隔声、防火采用玻璃丝棉处理，保温采用聚苯板填充处理，最后封闭另一侧面板。

铺装罩面板时，端部的隔墙面板与周围的墙或柱应留有 3 mm 的槽口。先在槽口处加注嵌缝膏，然后铺板并挤压嵌缝膏，使面板与邻近表层接触紧密。在丁字形或十字形相接处，如为阴角应用腻子嵌满，并贴上接缝带，如为阳角则应做护角。

4. 饰面施工

待嵌缝腻子完全干燥后，即可在隔墙表面进行涂料施工或裱糊墙纸。

（二）玻璃隔墙施工工艺

1. 弹线

根据楼层标高水平线，顺墙高量至顶棚设计标高，沿墙弹隔断垂直标高线及天地龙骨的水平线，并在天地龙骨的水平线上画好龙骨的分档位置线。

2. 安装天地龙骨和边龙骨

首先根据设计要求安装固定天地龙骨，如无设计要求时，可以用 φ8～φ12 膨胀螺栓或

3～5寸(1寸＝3.33 cm)钉子固定,膨胀螺栓固定点间距600～800 mm。安装前应做好防腐处理。

然后根据设计要求沿墙边安装固定边龙骨,边龙骨应启抹灰收口槽。若无设计要求时,可以用φ8～φ12膨胀螺栓或3～5寸钉子与预埋木砖固定,膨胀螺栓固定点间距800～1 000 mm。安装前应做好防腐处理。

3.安装主龙骨

按分档线位置固定主龙骨,龙骨每端固定应不少于3颗钉子,应使用4寸的铁钉固定牢固。

4.安装小龙骨

按分档线位置固定小龙骨,用扣榫或钉子固定。安装小龙骨前,可以根据玻璃规格在小龙骨上安装玻璃槽。

5.安装玻璃

根据设计要求将玻璃安装在小龙骨上。如果用压条安装时,先固定玻璃一侧的压条,用橡胶垫垫在玻璃下方,再用压条将玻璃固定;如果用玻璃胶直接固定玻璃,先将玻璃安装在小龙骨的预留槽内,然后用玻璃胶封闭固定。

6.打玻璃胶

首先在玻璃四周粘上纸胶带,然后将玻璃胶均匀地打在玻璃与小龙骨之间,待玻璃胶完全干后撕掉纸胶带。

7.安装压条

将压条用钉子或玻璃胶固定于小龙骨上,如设计无要求,可以根据需要选用10 mm×12 mm木压条、10 mm×10 mm的铝压条或10 mm×10 mm的不锈钢压条。

三、隔断及其施工工艺

隔断是指用来分割室内空间的装饰构件,与隔墙有相似之处,但也有本质区别。隔断的作用是变化空间或遮挡视线,增加空间的层次和深度。常见的隔断形式有屏风式、镂空式、玻璃墙式、移动式或家具式等。

(一)屏风式隔断

屏风式隔断,通常不隔到顶,隔断与顶棚保持一段距离,形成大空间中的小空间。隔断高一般为1 050 mm、1 350 mm、l 500 mm、1 800 mm等,应根据不同的使用要求选用。

屏风式隔断分为固定式和活动式两种,固定式又分为立筋骨架势和预制板式。其中立筋骨架势与隔墙相似,骨架采用螺栓、焊接等方式与地面固定,两侧可铺钉饰面板,亦可镶嵌玻璃,玻璃可用磨砂玻璃、彩色玻璃及压花玻璃等。

活动式屏风隔断可以移动放置,在屏风扇面下安装金属支撑架,直接安置在地面上,也可在支架下安装橡胶滚动轮或滑动轮。

(二)镂空花格式隔断

镂空花格式隔断多用在公共建筑门厅、客厅等处,用以分割空间,有竹制、木制和混凝土等多种形式。竹制、木制隔断可用钉子固定,混凝土隔断可焊接在预埋铁件上。

(三)玻璃隔断

玻璃隔断有玻璃砖隔断和玻璃板隔断两种形式。玻璃砖隔断采用玻璃砖砌筑而成,既可分割空间,又能通透光线,常用于公共建筑的接待室、会议室等处。玻璃板隔断可采用普通平板玻璃、磨砂玻璃、刻花玻璃、压花玻璃、彩色玻璃以及各种颜色的有机玻璃等,将玻璃板镶入木框或金属框的骨架中,使隔断具有透光性、遮挡性和装饰性。

(四)其他隔断

其他隔断有拼装式、滑动式、折叠式、悬吊式、卷帘式和起落式等形式,具有使用灵活多变、可随意闭合和开启的特点。家具式隔断是利用各种家具来分隔空间的室内装饰方法,此种分割方法将空间使用功能与家具配套巧妙地结合起来,既节省费用,又节约面积,是现代室内装饰设计的常用方法。

第六节　幕墙工程

幕墙是由金属构件与各种板材组成的悬挂在主体结构上、不承担主体结构荷载与作用的建筑物外围护结构。

现代建筑,特别是高层建筑的外墙面装饰常常采用幕墙,常用的幕墙有玻璃幕墙、金属幕墙以及石材幕墙(干挂工艺)。其中玻璃幕墙的优点是自重轻、施工方便、工期短,结构轻盈美观,并具有良好的防水、保温、隔热、隔声、气密、防火、避雷和防结露等性能,因此玻璃幕墙在现代建筑中得到广泛应用,但因其具有光污染、耗能大等缺点,在大城市中已限制使用。

一、玻璃幕墙的组成

玻璃幕墙主要由饰面玻璃和固定玻璃的骨架组成。目前采用的幕墙玻璃主要有安全玻璃、中空玻璃、热反射镀膜玻璃、吸热玻璃、浮法玻璃、夹丝玻璃和防火玻璃等。玻璃幕墙所用龙骨包括立柱、横杆,其材料主要有槽钢、角钢和经过特殊挤压成型的铝合金型材。

二、玻璃幕墙的分类

根据安装方法的不同,玻璃幕墙可以分为以下几种。

(一)明框玻璃幕墙

明框玻璃幕墙是最传统的幕墙形式,幕墙玻璃板镶嵌在框内,金属框架构件显露在玻璃外表面。其最大特点在于横框和立柱本身兼龙骨及固定玻璃的双重作用,横梁上有固定玻璃的凹槽,而不需要其他配件,工作性能可靠,施工技术要求较低。

(二)半隐框玻璃幕墙

幕墙金属框架竖向或横向构件显露在玻璃外表面的有框玻璃幕墙,即将玻璃两对边嵌在框内,另两对边用结构胶粘在框上,形成半隐框玻璃幕墙。

（三）隐框玻璃幕墙

金属框架构件全部隐蔽在玻璃后面的有框玻璃幕墙，即将玻璃用结构胶黏结在框架的外表面，形成大面积全玻璃镜面。

（四）全玻幕墙

全玻幕墙又称为无金属骨架玻璃幕墙，是由玻璃板和玻璃肋构成的玻璃幕墙。在建筑物底层、顶层及旋转餐厅，为游览观光的需要，采取无骨架的全玻璃幕墙，整个幕墙在高度方向必须采用通长的大块玻璃；在宽度方向，则采用玻璃肋来解决玻璃拼接和加强受力性能的问题。

（五）点支撑玻璃幕墙

点支撑玻璃幕墙又称为挂架式玻璃幕墙，是由玻璃面板、点支撑装置和支撑结构构成的玻璃幕墙。它采用四爪式不锈钢挂架与立柱相焊接，每块玻璃四角在加工厂钻四个 φ20 mm 孔，挂架的每个爪与一块玻璃的一个孔相连接，即一个挂架同时与四块玻璃相连接，因此，每块玻璃都需要四个挂件来固定。

三、玻璃幕墙的施工工艺

（一）定位放线

测量放线是根据土建单位提供的中心线及标高点进行。幕墙设计一般是以建筑物的轴线为依据，所以必须对已经完工的土建结构进行准确校核测量。

放线应根据土建轴线测量立柱轴线，确定幕墙立柱分隔的调整方案，沿楼板外沿弹出墨线，定出幕墙平面基准线，从基准线测出一定距离为幕墙平面，以此线为基准弹出立柱的左右位置线；再根据每层立柱顶标高与楼层标高的关系，沿楼板外沿弹出墨线，定出立柱顶标高线，确定立柱的锚固点位置。

（二）骨架安装

1. 安装连接件

骨架的固定是通过连接件将骨架与主体结构相连接的。常用的固定方法有两种：一种是按照弹线位置将型钢连接件与主体结构上的预埋铁件焊接牢固；另一种是将型钢连接件与主体结构上的预埋膨胀螺栓连接固定。

2. 立柱安装

立柱安装一般自下而上进行（也可从上至下），先把芯套插入立柱内，带芯套的一端朝上，然后在立柱上钻孔，将连接角码用不锈钢螺栓安装在立柱上，接着将已加工、钻孔后的立柱镶入连接件角钢内，用不锈钢螺栓初步固定。

立柱安装用螺栓固定后，对整个安装完的立柱进行校正，校正的同时也要对立柱安装工序进行全面验收，调整立柱的垂直度、平整度，检查是否符合设计分割尺寸及进出位置，如有偏差应及时调整，经检查合格后，将螺栓最终拧紧固定。

3. 横杆安装

立柱安装完毕后，将横杆的位置线弹到立柱上。横杆一般分段在立柱上安装，若骨架为型钢，可采用焊接或螺栓连接；若是铝合金型材骨架，一般是通过铝拉铆钉与连接件进行固定。骨架横杆两端与立柱连接处设有弹性橡胶垫,以适应横向温度变形的需要。安装完一层后,应进行检查、调整,校正后再固定,以符合安装质量标准。

(三)玻璃安装

玻璃通常在工厂加工成型,在工地进行安装。首先要检查玻璃尺寸,其误差应在规定范围内;然后将玻璃表面尘土和污物擦拭干净,四周的铝框也要清洗干净,以保证嵌缝耐候胶黏结可靠。

玻璃安装一般采用吊篮进行,也可在室内外搭设脚手架,用手动或电动吸盘器配合,自上而下进行安装。

(四)嵌缝

玻璃安装就位后,在玻璃与槽壁间留有的空腔中嵌入橡胶条或注入耐候胶固定玻璃。注胶后,要用刮刀将胶缝压紧、抹平,将胶缝刮成设计形状,并将多余的胶刮掉,使胶缝平整光滑,玻璃清洁无污物。玻璃幕墙四周与主体结构之间的缝隙,应采用防火的保温材料填塞,内外表面应采用密封胶连续密封,接缝处应严密不漏水。

第七节 涂饰与裱糊工程

一、涂饰工程

(一)涂料

涂料由胶结剂、颜料、溶剂和辅助材料等组成,具体由主要成膜物质、次要成膜物质、辅助成膜物质和其他外加剂、分散剂等组成。涂料一般包括油脂、合成树脂及乳液等。

涂料按刷涂位置可分为外墙涂料、内墙涂料、天棚涂料、地面涂料、门窗涂料(油漆)、屋面涂料等;按用途可分为一般涂料和防火涂料、防水涂料等。

涂饰工程所用品种、型号和性能,应根据涂饰的部位、基体材料及功能特征按设计要求选用,并应符合相应质量标准及国家环保的有关规定。施工中对环境温度、湿度、清洁度及基体的含水率要严格控制,并采取有效的防火、防中毒措施。

(二)配套材料

1.腻子

在涂刷涂料前,应先用腻子将基层或基体表面的缺陷和坑洼不平之处嵌实填平,并用砂纸打磨平整光滑。涂料工程所用腻子的塑性和易涂性应满足施工要求,干燥后应坚固、不起皮、不龟裂和粉化,易打磨,能与基层、底涂料和面涂料的性能配套使用。

2.稀释剂

对于不同的油漆,应根据漆中所含的成膜物质、性质和各种溶剂的溶解力、挥发速度和对漆膜的影响等选择并配制稀释剂。

(三)涂饰工程施工

1.基层处理

应事先清理干净木材表面上的灰尘、污垢等,木材表面的缝隙、毛刺和脂囊等修整后用与木材同色腻子填补,并用砂纸磨光。基层在涂饰前应刮腻子数遍找补,并在每遍腻子干燥后,用砂纸打磨。通常情况下,第一遍涂料涂刷后仍要用腻子找补。

金属表面应事先将灰尘、油渍、鳞皮、焊渣等清理干净,并采用手工或机械的方式除锈。潮湿的表面不得涂刷涂料。旧墙面涂饰前,要清除疏松的旧装修层并涂刷界面剂。

基层腻子应平整、坚实、牢固,无粉化、起皮和裂缝;厨房和卫生间墙面必须使用耐水腻子。

2. 刷涂料(油漆)

涂料(油漆)在使用前必须搅拌均匀,用于同一表面的涂料应注意颜色一致。涂料黏度应调整适合,如需稀释请用专用材料稀释。

涂料的涂刷遍数视涂饰工程的质量等级而定,后一遍涂刷必须在前一遍干燥成膜后才能进行。涂料的涂刷方法一般有刷涂法、滚涂法、喷涂法、弹涂法和抹涂法等。

(1)刷涂法

人工刷涂时,用刷子蘸上涂料直接涂于物件表面上,其涂刷方向和行程长短应均匀一致;应勤蘸短刷,接槎应在分格缝处;所用涂料干燥较快时应缩短刷距。刷涂顺序为从里向外,从上至下,从左到右。

(2)滚涂法

用辊子蘸上少量涂料后再在被滚墙面上轻缓平稳地来回滚动,直上直下,避免扭蛇行,以保证厚度、色泽、质感一致。常用的辊子直径为 40～50 mm、长 180～240 mm。刷不到的边角部位,用刷子补刷。

(3)喷涂法

喷涂的机具有手持喷枪、装有自动压力控制器的空气压缩机和高压胶管。喷涂时,涂料稠度、空气压力、喷射距离、喷枪运行中的角度和速度等方面均有一定要求。涂料稠度必须适中,太稠不便施工,太稀影响涂层厚度,且易流淌。空气压力在 0.4～0.8 N/mm^2 之间选择。喷射距离一般为 400～600 mm。喷枪运行中心线必须与墙面垂直。喷枪移动过快,涂层较薄,色泽不均;运行过慢,涂料黏附太多,易流淌。喷涂施工应连续作业,争取到分格缝处再停歇。

室内一般先喷涂顶棚后再喷涂墙面,两遍成活,间隔时间约为 2 h;室外喷涂一般为两遍,较好的饰面为三遍。作业分段线应设在水落管、接缝、雨罩等结构分格处。

(4)弹涂法

弹涂所用工具为电动彩弹机及相应的配套和辅助器具、料桶、料勺等。彩弹饰面施工必须根据事先设计的样板上的色泽和涂层表面形状的要求进行。在基层上先刷涂 1～2 道底涂层,待干燥后进行弹涂。弹涂时,弹涂器的喷出口应垂直于墙面,距离应保持在 300～500 mm,按一定的速度自上而下、由左向右弹涂。

(5)抹涂法

在底层刷涂或滚涂 1～2 道底层涂料,待其干燥后(常温 2 h 以上),用不锈钢抹子将涂料抹到已刷的底层涂料上,一般抹 1～2 遍(总厚度 2～3 mm),间隔 1 h 后再用不锈钢抹子压平。

(四)涂饰工程质量控制与检查

1. 一般要求

涂饰工程验收时应检查下列文件和记录:涂饰工程的施工图、设计说明及其他设计文件;材料的产品合格证书、性能检测报告和进场记录及施工记录。

检查数量应符合下列规定:室外工程每 100 m² 应至少检查一处,每处不得少于 10 m²;室内每 50 间至少抽查 10％,并不得少于 3 间。

2. 质量要求与检验方法

对于不同品种、规格、型号和性能各异的涂料,其质量要求也有区别。

(1)水性涂料

水性涂料包括薄涂料、厚涂料和复合涂料。水性涂料质量要求及检验方法见表 6-1。

表 6-1　水性涂料质量要求及检验方法

项目	质量要求	检验方法
主控项目	水性涂料工程所用涂料的品种、型号和性能符合设计要求	检查产品合格证书、性能检测报告和进场验收记录
	水性涂料工程所用涂料的颜色、图案符合设计要求	观察
	水性涂料工程应涂饰均匀、黏结牢固,不得漏涂、透底、起皮掉粉	观察、手摸检查
	水性涂料工程的基层处理应符合一般要求	观察、手摸检查
一般项目	普通涂饰:颜色均匀一致,允许少量轻微泛碱、咬色流坠、砂眼、刷纹	观察
	高级涂饰:颜色均匀一致,不允许有泛碱、咬色流坠、无砂眼、刷纹	观察

(2)溶剂型涂料

所用涂料的品种、型号和性能应符合设计要求;颜色、光泽、图案应符合设计要求;应涂饰均匀、黏结牢固,不得有漏涂、透底、起皮和反锈。

色漆的涂饰质量和检验方法见表 6-2。清漆的涂饰质量和检验方法见表 6-3。

表 6-2　色漆的涂饰质量和检验方法

项次	项目	普通涂饰	高级涂饰	检验方法
1	颜色	均匀一致	均匀一致	观察
2	光泽、光滑	光泽基本均匀、光滑无挡手感	光泽均匀一致、光滑	观察、手摸检查
3	刷纹	刷纹通顺	无刷纹	观察
4	裹棱、流坠、皱皮	明显处不允许	不允许	观察
5	装饰线、分色线直线度允许偏差/mm	2	1	拉 5 m 线,不足 5 m 拉通线,用钢尺检查

表 6-3　清漆的涂饰质量和检验方法

项次	项目	普通涂饰	高级涂饰	检验方法
1	颜色	基本一致	均匀一致	观察
2	木纹	棕眼刮平、木纹清楚	棕眼刮平、木纹清楚	观察
3	光泽、光滑	光泽基本均匀、光滑无挡手感	光泽基本均匀一致、光滑	观察、手摸检查
4	刷纹	无刷纹	无刷纹	观察
5	裹棱、流坠、皱皮	明显处不允许	不允许	观察

（五）涂料的安全技术

涂料的材料和所用设备必须由专人保管，各类储存原料的桶必须有封盖。涂料库房内必须有消防设备，要隔绝火源，与其他建筑物相距 25～40 m。操作者应做好自身保护工作，穿戴安全防护用具；使用溶剂时，应防护好眼睛、皮肤；熬胶、烧油应离开建筑物 10 m 以外。

二、裱糊工程

裱糊工程是将壁纸或墙布用胶黏剂裱糊在室内墙面、柱面及顶棚的一种装饰工艺。此种装饰具有色彩丰富、质感强，既耐用又易清洗的特点，可仿造各种材料的纹理、图案，且施工速度快、湿作业少，多用于室内高级装饰。

（一）裱糊工程材料

1. 壁纸

（1）普通壁纸

普通壁纸以纸做基材，表面涂以高分子乳液，经印花、压纹而成。这种壁纸花色品种多，适用面广，价格低廉，耐光、耐老化、耐水擦洗，便于维护。

（2）发泡壁纸

发泡壁纸也称为浮雕壁纸，是以纸做基材，涂塑掺有发泡剂的聚氯乙烯糊状材料，印花后，再经加热发泡而成，分为高发泡印花和低发泡印花两种。其中高发泡壁纸发泡率较大，表面呈现突出的、富有弹性的凹凸花纹，具有装饰、吸声等功能。

（3）麻草壁纸

麻草壁纸以纸为基层，以编织的天然麻草为面料，麻草事先染成不同的颜色和色调，与纸基层复合加工而成。麻草壁纸具有阻燃、吸声、散潮湿、不变形等特点，具有浓厚的自然气息。

（4）纺织纤维壁纸

纺织纤维壁纸也称为花色线壁纸，由棉、麻、丝等天然纤维或化学纤维制成各种色彩、花式的粗细纱或织物，粘到基层纸上，并制成花样繁多的纺织纤维壁纸。这种壁纸材料质感强，色彩柔和、高雅，具有无毒、吸声、透气等多种功能。

（5）特种壁纸

特种壁纸也称为专用壁纸，是指具有特殊功能的塑料面层壁纸，如耐水壁纸、防火壁纸、抗腐蚀壁纸、抗静电壁纸、防污壁纸、图景画壁纸等。

2. 墙布

（1）玻璃纤维墙布

玻璃纤维墙布是以中碱玻璃纤维布为基材，表面印上彩色图案，经喷涂耐磨树脂保护层加工而成。它具有布纹质感强、色彩鲜艳、耐火、耐潮、不易老化等功能，可用皂水洗刷，但盖底能力稍差，涂层磨损后会散落出少量玻璃纤维。

（2）无纺墙布

无纺墙布是采用棉、麻等天然纤维或涤纶、腈纶等合成纤维，经过无纺成型上树脂、印制彩色花纹制成的一种贴墙材料。它具有一定的透气性和防潮性，同时还具有擦洗时不褪色、富有弹性、不易折断、纤维不易老化和散失、色彩鲜艳、图案雅致、表面挺括等优点，但价格比较昂贵。

（3）装饰墙布

装饰墙布是用纯棉平纹布经过前处理、印花、涂层制作而成的。装饰墙布具有强度大、静电小、变形小、无光、吸声、无毒、无味、耐擦洗、蠕变小、色泽花型美观大方等优点。

（二）裱糊施工

裱糊施工的工序为：基层处理→弹线和裁料→湿润和刷胶黏剂→裱糊→赶压胶黏剂气泡→擦净挤出的胶液→清理修整。

1. 基层处理

基层要具有一定的强度，如水泥砂浆、混合砂浆、石膏灰、纸筋灰等抹灰面层，以及石膏板、石棉水泥板等板材表面，都可进行裱糊施工。

对基层的要求是坚固密实，平整光滑，表面颜色应一致，无粉化和剥落，无孔洞和无大裂缝、毛刺和起鼓等，否则应进行基层处理。

墙上、顶棚上的钉帽应嵌入基层表面，并用腻子填平。外露的钢筋、铁丝及其他铁件均应清除、打磨，并涂刷防锈漆且不少于两道。油污等用碱水清洗并用清水冲净。不同基体材料的对接处，如木夹板与石膏板、石膏板面与抹灰或混凝土面的对缝，都应嵌填接缝材料并粘贴接缝带。为防止基层吸水过快，引起胶黏剂脱水而影响黏结，可在基层表面刷一道用水稀释的 108 胶进行彻底胶封闭处理。

2. 弹线和裁料

为了使裱糊的壁纸或墙布的花纹、图案、线条纵横连贯，应先弹分格线，在墙面上弹出水平线、垂直线作为裱糊的依据。弹线时应从墙的阳角处开始，按壁纸的标准宽度找规矩弹线，保证壁纸裱糊后横平竖直、图案端正。裱糊顶棚时也应弹出基准线。

裁料前应先预拼试贴，观察接缝效果，确定裁纸尺寸及花式拼贴方法。根据弹线找规矩的实际尺寸统一规划裁纸，并按粘贴顺序编号。裁纸时应以上口为准，下口可比规定尺寸略长 10～20 mm，如为带花饰的壁纸，应先将上口的花饰对好，小心裁割，不得错位。裁好的壁纸要卷起平放，不得立放。

3. 润纸和刷胶

塑料壁纸有遇水膨胀、干后收缩的特性，因此施工前应将壁纸放在水槽中浸泡 3～5 min，取出后抖掉明水，静置 20 min，然后再涂胶裱糊；金属壁纸浸水 1～2 min，取出后抖掉明水，静置 5～8 min 即可刷胶裱糊；复合纸质壁纸由于湿强度较差，禁止浸水润纸处理，可在壁纸的背面均匀地涂刷胶黏剂，然后将其胶面对胶面地静置 4～8 min 即可上墙裱糊；纺织纤维壁纸不宜浸水，裱帖前只需用湿布在纸背稍揩一遍，即可达到润纸的目的。

一般基层表面与壁纸背面应同时刷胶，刷胶要薄而均匀，不裹边、不起堆，以防溢出污染壁纸。基层表面刷胶宽度要比壁纸宽 20～30 mm，涂刷一段，裱糊一张，若用背面带胶的壁纸，则只需在基层表面涂刷胶黏剂。

4.裱糊

壁纸上墙粘贴顺序是先上后下、先长墙后短墙、先高后低、先细部后大面,保证垂直后对花拼缝。应根据不同种类的壁纸、不同的裱贴部位,采用不同的裱贴方法。

(1)搭接法

搭接法多用于壁纸的裱糊,是在裱贴时相邻两幅在拼缝处,后贴的一幅压前一幅30 mm左右,然后用直尺和裁剪刀在搭接部位的中间将搭接的双层壁纸切透,撕去切掉的两小条壁纸,最后用刮板从上到下均匀地赶胶,将多余的胶从缝中刮出,并及时用湿布清理干净。无图案的壁纸多用这种方法裱贴。

(2)拼接法

拼接法多用于有图案的壁纸和墙布的裱糊,以保证图案的完整性和连续性。拼接法是指裱糊材料上墙前先按对花拼缝裁料,上墙时相邻的两幅裱糊材料先对图案后拼缝,从上到下将图案吻合后,用刮板将壁纸赶平压实,缝隙中刮出的多余胶液用湿毛巾擦干净。

阳角处只能包角压实,不能对接和搭接,还应对阳角的垂直度和平整度严格控制。窄条纸的裁边应留在阴角处,其接缝应为搭接。大厅明柱应在侧面或不明显处对缝。裱糊到电灯开关、插座等处应裁口做标志,以后再安装纸面上的照明设备或附件。

(3)推贴法

推贴法裱贴多用于顶棚的裱糊,即先将壁纸卷成一卷,一人推着前进,另一人随后将壁纸赶平、赶密实。采用这种方法时胶黏剂宜刷在基层上,不宜刷在材料背面。

5.清理修整

整个房间贴好后,要进行全面细致的检查,壁纸、墙布应表面平整、色泽一致,不得有波纹起伏、裂缝及皱褶。对未贴好的局部进行清理修整。若出现空鼓、气泡,可用针刺放气,再用注射针挤进胶黏剂,用刮板刮压密实。要求修整后不留痕迹,然后进行成品保护。

第八节　楼地面工程

一、楼地面构造

(一)楼地面组成

楼地面是底层地面和楼板面的总称。楼地面由面层、结合层、找平层、防潮层、保温层、垫层、基层等组成。根据不同的设计,其组成也不尽相同。

面层:与人体、家具直接接触的表面层,承受各种物理化学作用,并起到美化和改善环境及保护结构层的作用。

结合层:面层与下一构造层间的做法,也可以作为多个面层的弹性基层,各种块材面层都需要结合层,可根据面层材料选择结合层的做法。

找平层:在垫层、楼板或填充层上起整平、找坡或加强作用的构造层,其施工质量直接影响到楼地面的质量。

填充隔离层:起隔声、保温、找坡、敷设管线作用的构造层。

垫层:仅用于地面下,传递地面荷载于基土上的构造层。

基层:地面垫层下的土层。

此外,根据需要还可设防潮层、保温层等。

(二)楼地面分类

按照面层施工方法不同,可将楼地面分为三大类:一是整体楼地面,又分为水泥砂浆地面、混凝土地面、水磨石地面等;二是块材地面,又分为预制板材、大理石和花岗石、地面砖等;三是木竹地面。

二、楼地面施工

(一)基层施工

1.抄平弹线统一标高

检查墙、楼地面的标高,并在各房间内弹离楼地面高 50 cm 的水平控制线,简称 50 线,房间内的装饰以此为准。

2.基土回填

基土是底层地面垫层下的土层,承受由整个地面传来荷载的地基结构层。基土如为淤泥、淤泥质土和杂填土、充填土以及其他高压缩性土等软弱土层,则应按照设计要求采取换土、机械夯实或加固等措施。基土施工应严格按照《建筑地面工程施工质量验收规范》的有关规定进行。填土土质应在最优含水量的状况下施工,并分层填土、分层压实。经过压实后的基土表面应平整,标高应符合设计要求。基土施工完后,应及时施工其上垫层或面层,防止基土被破坏。

3.板缝处理

楼面的基层是楼板,对于预制板楼板,应做好板缝灌浆、堵塞和板面清理工作。

(二)垫层施工

垫层是承受并传递地面荷载于基土上的构造层。垫层施工通常是在基层回填土之上的工程做法,包括灰土垫层、砂垫层和砂石垫层、水泥混凝土垫层、碎石垫层和碎砖垫层、三合土垫层、炉渣垫层等。下面简要介绍其中几种。

1.灰土垫层施工

灰土垫层是采用熟化石灰与黏土(或粉质黏土、粉土)按一定比例或按设计要求经拌和后铺设在基土层而成,其厚度不应小于 100 mm。灰土拌合料要随拌随用,不得隔日夯实,也不得受雨淋。如遭受雨淋浸泡,应将积水及松软灰土除去,晾干后再补填夯实。垫层铺设完毕,应尽快进行面层施工,防止长期暴晒。

2.砂垫层和砂石垫层施工

砂垫层和砂石垫层是分别采用砂和天然砂石铺设在基土层上而成,如有人工级配的砂石,应按一定比例拌和均匀后使用。砂垫层厚度不应小于 60 mm,砂石垫层厚度不应小于 100 mm。垫层应分层摊铺均匀,采用平振法、插振法、水撼法、夯实法、碾压法等方法处理密实,压实后的密实度应符合设计要求。

3.水泥混凝土垫层

水泥混凝土垫层的厚度应大于 60 mm。浇筑混凝土垫层前,应清除基层的淤泥和杂物。在墙上弹出控制标高线,垫层面积较大时,可采用细石混凝土或水泥砂浆做找平墩控制垫层标高。铺设前,将基层湿润,并在基底上刷一道素水泥浆或界面结合剂,随刷随铺混凝土。用表面振捣器振捣密实后,用木抹子将表面搓平,还应加强养护工作。垫层施工时应严格按照《建筑地面工程施工质量验收规范》的有关规定进行质量控制。

(三)整体面层施工

整体面层包括水泥混凝土面层、水泥砂浆面层、水磨石面层、水泥钢(铁)屑面层、防油渗面层、不发火(防爆)面层等。

水泥砂浆面层是地面做法中最常用的一种整体面层。水泥砂浆地面面层的厚度为 20 mm 左右,用强度等级不低于 32.5 MPa 的水泥和中粗砂拌和配制,配合比为 1.0∶2.0 或 1.0∶2.5。

铺设前,先刷一道含 108 胶 4‰~5‰胶的水泥浆,随即铺抹水泥砂浆,用刮尺赶平,并用木抹子压实,在砂浆初凝后终凝前用铁抹子原浆反复压光三遍,不允许撒干灰赶平收光。砂浆终凝后覆盖草帘、麻袋,浇水养护,养护时间应大于 7 d。水泥砂浆面层施工时应严格按照有关规范、规定进行质量控制。

(四)板块面层施工

板块面层包括砖面层(瓷锦砖、缸砖、陶瓷地砖和水泥花砖面层等)、大理石面层和花岗石面层、预制板块面层(水泥混凝土板块、水磨石板块面层)、料石面层(条石、块石面层)、塑料板面层、活动地板面层、地毯面层等。

1.板块面层施工工艺流程

选板→试拼→弹线→试排→铺板块面层→灌缝、擦缝→养护→打蜡(当面层为大理石或花岗石时有此工序)。

(1)选板

对板块逐块进行认真挑选,将翘曲、拱背、宽窄不一、不方正的挑出来,用在适当部位或剔除。

(2)试拼

在正式铺设前,应先对色、拼花并编号。试拼时将花色和规格好的板块排放在显眼部位,花色和规格较差的铺砌在较隐蔽处。

(3)弹线

将找平的+500 mm 水平基准线标高弹在四周墙上,以便拉线控制铺灰厚度和平整度。根据施工大样图,在房间的主要部位弹互相垂直的控制线,用以检查和控制板块的位置,控制线可以弹在基层上,并引至墙面底部。

(4)试排

在房间内两个互相垂直的方向,铺设两条干砂,起标筋作用,其宽度大于板块,厚度不小于 30 mm。根据试拼板编号及施工大样图,结合房间实际尺寸,把板块排好,以便检查板块之间的缝隙,核对板块与墙面、柱、洞口等部位的相对位置。当尺寸不足整块倍数时,将非整板块用于边角处。

(5)铺板块

一般房间应先里后外沿控制线进行铺设,即先从远离门口的一边开始,按照试拼编号,依次铺砌,逐步退至门口。铺砌前将板块浸水湿润,晾干后表面无明水时方可使用。先将找平层洒水湿润,均匀涂刷素水泥浆(水灰比为 0.4~0.5),纵向铺 2~3 行砖,以此为标筋拉纵横水平标高线。凡有柱子的大厅,宜先铺砌柱子与柱子中间的部分,然后向两边展开。板块安放时四角同时往下落,用橡皮锤或木锤轻击木垫板(不得用木锤直接敲击块料),根据水平线找平,铺完第一块向两侧和后退方向顺序镶铺,要对好纵横缝并调整好与相邻板块的标高。如发现空隙,应将板块掀起,用砂浆补实再进行安装。

(6)灌缝、擦缝

板块与板块之间接缝要严密,缝宽小于 1 mm,纵横缝隙要顺直。一般在铺砌两昼夜后进行灌浆擦缝。选择相同颜色矿物颜料和水泥拌和均匀调成 1∶1 稀水泥浆,用浆壶徐徐灌入块料之间的缝隙,并用长把刮板把流出的水泥浆向缝隙内喂灰。灌浆时,多余的砂浆应立即擦去,灌浆 1~2 h 后,用棉丝团蘸原稀水泥浆擦缝,与板面擦平,同时将板面上水泥浆擦净。

(7)养护

面层施工完毕后,封闭房间,派专人洒水养护,应不少于 7 d。

(8)贴踢脚板

贴踢脚板可采用灌浆法和粘贴法。两种方法都要试排,使踢脚板的缝隙与地面块料板接缝对齐。墙面和附墙柱的阳角处,应采取正面板盖侧面板,或者切割成 45°斜面碰角连接。

(9)打蜡

待砂浆强度达到 70 MPa 后,用油石分几遍浇水磨光,最后用 5%浓度的草酸清洗,再打蜡。打蜡应在大理石(或花岗石)地面和踢脚板均做完,其他工序也完工,准备交付使用时再进行,要达到光滑、洁净。

2.木、竹地板施工

木、竹地板面层多用于室内高级装修地面。木、竹面层包括实木地板面层、实木复合地板面层、中密度(强化)复合地板面层、竹地板面层等。这里主要介绍实木地板面层的施工。

实木地板面层具有弹性好、导热系数小、干燥、易清洁和不起尘等性能,是一种较理想的建筑地面材料,可采用单层木板面层或双层木板面层铺设。单层木板面层是在木搁栅上直接钉企口木板,适用于办公室、会议室、高档旅馆及住宅;双层木板面层是在木搁栅上先钉一层毛地板,再钉一层企口木板,其面层坚固、耐磨、洁净美观,但造价高,适用于室内体育训练、比赛、练习用房和舞厅、舞台等公共建筑。

木搁栅有空铺和实铺两种形式。实铺式地面是将木搁栅铺于钢筋混凝土楼板上,木搁栅之间填以炉渣隔音材料。空铺在木格栅之间无填充材料。木地板拼缝用得较多的是企口缝、截口缝、平头接缝等,其中以企口缝最为普遍。

(1)长条板地面施工

将木搁栅直接固定在基底上,然后用圆钉将地板钉在木搁栅上。条形木地板的铺设方向应考虑铺钉方便、固定牢固和使用美观。走廊、过道等地方,宜顺着行走的方向铺设;房间内应顺着光线铺设,可以克服接缝处不平的缺陷。

用钉固定木板有明钉和暗钉两种钉法。明钉是将钉帽砸扁,垂直钉入板面与搁栅,一般钉两只钉,钉的位置应在同一直线上,并将钉帽冲入板内 3~5 mm;暗钉是将钉帽砸扁,从板边的凹角处斜向钉入,但最后一块地板用明钉。

(2)拼花板地面施工

拼花板地面一般采用黏结固定的方法施工。

弹线:按设计图案及板的规格,结合房间的具体尺寸弹出垂直交叉的方格线。放线时,先弹房间纵横中心线,再从中心向四边画出方格;房间四周边框留 15~20 mm 宽的尺寸。方格是否方正是直接影响地板施工质量优劣的主要因素。

粘贴:一般用玻璃胶粘贴。粘贴前对硬木拼板进行挑选,将色彩好的拼版粘贴在房间明显或经常出入的位置,稍差一些的粘贴于门背后隐秘处;粘贴时从中心开始,然后依次排列;用胶时,基层和木板背面同时抹胶阴干一会儿,便可将木板按在基底上。

地板打磨刨平时应注意木纹方向,一次不要刨得太深,每次刨削厚度都应小于 0.5 mm,并应无刨痕。刨平后用砂纸打磨,做清漆涂刷时应透出木纹,以增加装饰效果。

(3)踢脚板施工

踢脚板与木板面层间装订木压条。要求踢脚板与墙紧贴,装订牢固,上口平直。踢脚板接缝处应做企口或错口相接。

三、楼地面工程质量控制与检验

(一)整体面层

铺设整体面层时,其水泥类基层的抗压强度不得小于 1.2 MPa;表面应粗糙、洁净、湿润,不得有积水。

整体面层施工后,养护时间不应少于 7 d;在抗压强度达到 5 MPa 后,才允许上人行走;达到设计要求后,方可正常使用。

(二)块料面层的检查标准

铺设板块面层时,其水泥类基层的抗压强度不得小于 1.2 MPa。石板类板块面层的结合层和板块间的填缝应采用水泥砂浆。

板块的铺砌应符合设计要求,当无设计要求时,可避免出现板块小于 1/4 边长的角料。

第七章　建筑施工项目目标管理

第一节　施工项目成本管理

一、施工项目成本管理的含义

（一）施工项目成本管理的目的

施工项目成本管理的目的是在预定的时间、预定的质量前提下，通过不断改善项目管理工作，充分采用经济、技术、组织措施挖掘降低成本的潜力，以尽可能少的耗费实现预定的目标成本。

（二）施工项目成本管理的内容

1. 项目成本预测

项目成本预测是通过成本信息和工程项目的具体情况，并运用一定的专门方法，对未来的成本水平及其可能的发展趋势做出科学的估计，其实质就是在施工之前对成本进行核算。通过成本预测，可以使项目经理部在满足建设单位和企业要求的前提下，选择成本低、效益好的最佳成本方案，并能够在项目成本形成过程中，针对薄弱环节，加强成本控制，克服盲目性，提高预见性。因此，项目成本预测是项目成本决策与计划的依据。

2. 项目成本计划

项目成本计划是项目经理部对项目施工成本进行计划管理的工具。它是以货币形式编制工程项目在计划期内的生产费用、成本水平、成本降低率以及为降低成本所采取的主要措施和规划的书面方案，是建立项目成本管理责任制、开展成本控制和核算的基础。一般来说，一个项目成本计划应包括从开工到竣工所必需的施工成本，是降低项目成本的指导文件和设立目标成本的依据。

3. 项目成本控制

项目成本控制是指在施工过程中，对影响项目成本的各种因素加强管理，并采取各种有效措施，将施工中实际发生的各种消耗和支出严格控制在成本计划范围内，随时揭示并及时反馈，严格审查各项费用是否符合标准，计算实际成本和计划成本之间的差异并进行分析，消除施工中的损失浪费现象，发现和总结先进经验。通过成本控制，使之最终实现甚至超过预期的成本节约目标。项目成本控制应贯穿工程项目从招标投标阶段开始直到项目竣工验收的全过程，它是企业全面成本管理的重要环节。

4.项目成本核算

项目成本核算是指项目施工过程中所发生的各种费用和形式项目成本的核算。一是按照规定的成本开支范围对施工费用进行归集,计算出施工费用的实际发生额;二是根据成本核算对象,采用适当的方法,计算出该工程项目的总成本和单位成本。项目成本核算所提供的各种成本信息,是成本预测、成本计划、成本控制、成本分析和成本考核等各个环节的依据。因此,加强项目成本核算工作,对降低项目成本、提高企业经济效益具有积极的作用。

5.项目成本分析

项目成本分析是在成本形成过程中,对项目成本进行的对比评价和剖析总结工作,它贯穿于项目成本管理的全过程。也就是说,项目成本分析主要利用工程项目的成本核算资料(成本信息),与目标成本(计划成本)、预算成本以及类似的工程项目的实际成本等进行比较,了解成本的变动情况,同时分析主要技术经济指标对成本的影响,系统研究成本变动的因素,检查成本计划的合理性,并通过成本分析,深入揭示成本变动的规律,寻找降低项目成本的途径,以便有效进行成本控制。

6.项目成本考核

项目成本考核是指在项目完成后,对项目成本形成中的各责任者,按项目成本目标责任制的有关规定,将成本的实际指标与计划、定额、预算进行对比和考核,评定项目成本计划的完成情况和各责任者的业绩,并以此给予相应的奖励和处罚。通过成本考核,做到有奖有惩,赏罚分明,才能有效地调动企业的每一位职工在各自的施工岗位上努力完成目标成本的积极性,为降低项目成本和增加企业的积累做出自己的贡献。

(三)项目成本管理措施

为了取得项目成本管理的理想成果,应当从多方面采取措施实施管理,通常可以将这些措施归纳为组织措施、技术措施、经济措施、合同措施四个方面。

1.组织措施

组织措施是指从项目成本管理的组织方面采取的措施。如实行项目经理责任制,落实项目成本管理的组织机构和人员,明确各级项目成本管理人员的任务和职能分工、权力和责任,编制本阶段项目成本控制工作计划和详细的工作流程图等。项目成本管理不仅是专业成本管理人员的工作,各级项目管理人员也负有成本控制责任。组织措施是其他各类措施的前提和保障,而且一般不需要增加费用,运用得当可以收到良好的效果。

2.技术措施

技术措施不仅对解决项目成本管理过程中的技术问题是不可缺少的,而且对纠正项目成本管理目标偏差也具有相当重要的作用。因此,运用技术措施的关键,一是能提出多个不同的技术方案;二是对不同的技术方案进行技术经济分析。在实践中,要避免仅从技术角度选定方案而忽视对其经济效果的分析论证。

3.经济措施

经济措施是最易被人接受和采用的措施。管理人员应编制资金使用计划,确定、分解项目成本管理目标。对项目成本管理目标进行风险分析,并制定防范性对策。通过偏差原因分析和未完项目成本预测,会发现一些可能导致未完项目成本增加的潜在问题,对这些问题应以主动控制为出发点,及时采取预防措施。由此可见,经济措施的运用绝不仅仅是财务人员的事情。

4.合同措施

成本管理要以合同为依据,因此,合同措施就显得尤为重要。对于合同措施,从广义上理解,除了参加合同谈判、修订合同条款、处理合同执行过程中的索赔问题、防止并处理好与业主和分包商之间的索赔之外,还应分析不同合同之间的相互联系和影响,对每一个合同做总体规划和具体分析等。

二、施工项目成本预测

（一）项目成本预测的意义

1.是投标决策的依据

建筑施工企业在选择投标项目过程中,往往需要根据项目是否盈利、利润大小等因素确定是否对工程投标。这样在投标决策时就要估计项目施工成本的情况,通过与施工图概预算的比较,才能分析出项目是否盈利以及利润大小等。

2.是编制成本计划的基础

计划是管理的第一步,因此,编制可靠的计划具有十分重要的意义。但要想编制出正确可靠的成本计划,就必须遵循客观经济规律,从实际出发,对成本做出科学的预测。这样才能保证成本计划不脱离实际,切实起到控制成本的作用。

3.是成本管理的重要环节

成本预测是在分析各种经济与技术要素对成本升降影响的基础上,推算其成本水平变化的趋势及其规律性,预测实际成本。它是预测和分析的有机结合,是事后反馈与事前控制的结合。通过成本预测,有利于及时发现问题,找出成本管理中的薄弱环节,采取措施,控制成本。

（二）项目成本预测程序

1.制订预测计划

制订预测计划是保证预测工作顺利进行的基本条件。预测计划的内容主要包括组织领导及工作布置、配合的部门、时间进度、搜集材料等方面。

2.搜集预测资料

根据预测计划搜集预测资料是进行预测的重要步骤。预测资料一般有纵向和横向两方面的数据,其中纵向资料是企业成本费用的历史数据,据此分析其发展趋势;横向资料是指同类工程项目、同类施工企业的成本资料,据此分析所预测项目与同类项目的差异,并做出估计。

3.选择预测方法

成本的预测方法可以分为定性预测法和定量预测法两种。

定性预测法是根据经验和专业知识进行判断的一种预测方法。常用的定性预测法有管理人员判断法、专业人员意见法、专家意见法及市场调查法等。

定量预测法是利用历史成本费用资料以及成本与影响因素之间的数量关系,通过一定的数学模型来推测、计算未来成本的可能结果。

4.成本初步预测

根据定性预测法及一些横向成本资料的定量预测,对成本进行初步估计。这一步的结果往往比较粗糙,需要结合现有的成本水平进行修正,才能保证预测结果的质量。

5.影响成本水平的因素预测

影响成本水平的因素主要有物价变化、劳动生产率、物料消耗指标、项目管理费开支、企业管理层次等。可根据近期内工程实施情况、本企业及分包企业情况、市场行情等,推测未来哪些因素会对成本费用水平产生影响,其结果如何。

6.成本预测

根据初步的成本预测以及对成本水平变化因素的预测结果,确定成本情况。

7.分析预测误差

成本预测往往与实施过程中及其之后的实际成本有出入,而产生预测误差。预测误差大小,反映预测的准确程度。如果误差较大,应分析产生误差的原因,并积累经验。

三、施工项目成本计划

(一)项目成本计划的类型

1.实施性成本计划

实施性成本计划是指项目施工准备阶段的施工预算成本计划,它是以项目实施方案为依据,以落实项目经理责任目标为出发点,采用组织施工定额并通过施工预算的编制而形成的成本计划。

2.指导性成本计划

指导性成本计划是指选派工程项目经理阶段的预算成本计划。这是组织在总结项目投标过程合同评审、部署项目实施时,以合同标书为依据,以组织经营方针目标为出发点,按照设计预算标准提出的项目经理的责任成本目标,但它一般情况下只是确定责任总成本指标。

3.竞争性成本计划

竞争性成本计划是工程投标及合同阶段的估算成本计划。这类成本计划是以招标文件为依据,以投标竞争策略与决策为出发点,按照预测分析,采用估算或概算定额、指标等编制而成的。这种成本计划虽然也着力考虑降低成本的途径和措施,甚至作为商业机密参与竞争,但其总体上都较为粗略。

(二)项目成本计划的编制要求

1.应有具体的指标

①成本计划的数量指标。

②成本计划的质量指标。

③成本计划的效益指标。

$$设计预算成本计划降低额＝设计预算总成本-计划总成本$$

$$(7-1)$$

$$责任目标成本计划降低额＝责任目标总成本-计划总成本$$

$$(7-2)$$

2. 应有明确的责任

项目成本计划由项目管理组织负责编制,并采取自下而上分级编制并逐层汇总的做法。这里的项目管理组织就是组织派出的工程项目经理部,它应承担项目成本实施性计划的编制任务。当工程项目的构成有多个子项,分级进行项目管理时,应由各子项的项目管理组织分别编制子项目成本计划,而后进行自下而上的汇总。

3. 应有明确的依据

①工程承包合同文件。除合同文本外,招标文件、投标文件、设计文件等均是合同文件的组成内容,合同中的工程内容、数量、规格、质量、工期和支付条款都将对工程的成本计划产生重要的影响,因此,承包方除了在签订合同前进行详细的合同评审外,还需要进行认真的研究与分析,以谋求在正确履行合同的前提下降低工程成本。

②工程项目管理的实施规划。其中包括以工程项目施工组织设计文件为核心的项目实施技术方案与管理方案。它们是在充分调查和研究现有条件及相关法律法规的基础上制定的,不同实施条件下的技术方案和管理方案,将导致工程成本的不同。

③可行性研究报告和相关设计文件。

④生产要素的价格信息、反映企业管理水平的消耗定额(企业施工定额)以及类似工程的成本资料等。

(三)项目成本计划的编制方法

1. 施工预算法

施工预算法是指根据施工图中的工程实物量,套用施工工料消耗定额,计算工料消耗量,并进行工料汇总,然后统一以货币形式反映其施工生产耗费水平的方法。用公式表示为

$$施工预算法的计划成本＝施工预算施工生产耗费水平(工料消耗费用)-$$
$$技术节约措施计划节约额$$

$$(7-3)$$

2. 技术节约法

技术节约法是指以工程项目计划采取的技术组织措施和节约措施所能取得的经济效果为项目成本降低额,然后求工程项目的计划成本的方法。用公式表示为

$$工程项目计划成本＝工程项目预算成本-技术节约措施计划节约额(成本降低额)$$

$$(7-4)$$

四、施工项目成本控制

(一)施工成本控制的步骤

在确定了项目施工成本计划之后,必须定期进行施工成本计划值与实际值的比较,当实际值偏离计划值时,分析产生偏差的原因,采取适当的纠偏措施,以确保施工成本控制目标的实现。其具体步骤如下。

1.比较

按照某种确定的方式将施工成本计划值与实际值逐项进行比较,以发现施工成本是否超支。

2.分析

对比较结果进行分析,以确定偏差的严重性及偏差产生的原因。

3.预测

根据项目实施情况估算整个项目完成时的施工成本。

4.纠偏

当工程项目的实际施工成本出现了偏差,应根据工程的具体情况、偏差分析和预测的结果,采取适当的措施,以期达到尽可能减少施工成本偏差的目的。

5.检查

对工程的进展进行跟踪和检查,及时了解工程进展状况,查看纠偏措施的执行情况和效果,为今后的工作积累经验。

(二)施工成本控制的方法

施工成本控制的方法有很多,常用的是偏差分析法,即在计划成本的基础上,通过成本分析找出计划成本与实际成本之间的偏差,分析偏差产生的原因,并采取措施减少或消除不利偏差,从而实现目标成本的方法。

在项目成本控制中,施工成本的实际值与计划值的差异叫作施工成本偏差,即

施工成本偏差=已完工程实际施工成本-已完工程计划施工成本

$$(7-5)$$

已完工程实际施工成本=已完工程量×实际单位成本

$$(7-6)$$

已完工程计划施工成本=已完工程量×计划单位成本

$$(7-7)$$

若施工成本偏差为正,表示施工成本超支;若施工成本偏差为负,则表示施工成本节约。但是必须特别指出,进度偏差对施工成本偏差分析的结果有重要影响,如果不加考虑,就不能正确反映施工成本偏差的实际情况。如果某一阶段的施工成本超支,可能是由进度超前导致的,也可能是由物价上涨所致。所以,必须引入进度偏差的概念。

$$进度偏差（Ⅰ）=已完工程实际时间-已完工程计划时间$$

$$(7-8)$$

为了将进度偏差与施工成本偏差联系起来，进度偏差也可以表示为

$$进度偏差（Ⅱ）=拟完工程计划施工成本-已完工程计划施工成本$$

$$(7-9)$$

所谓拟完工程计划施工成本，是指根据进度计划安排在某一确定时间内所应完成的工程内容的计划施工成本，即

$$拟完工程计划施工成本＝拟完工程量（计划工程量）×计划单位成本$$

$$(7-10)$$

若进度偏差为正值，表示工期拖延；若进度偏差为负值，则表示工期提前。在实际应用时，为了便于工期调整，还需要将用施工成本差额表示的进度偏差转换为所需要的时间。

五、施工项目成本核算

为了及时准确地进行成本控制与管理，需要通过统计、会计等手段及时收集施工过程中发生的各项生产费用，进行成本核算。核算的范围因工程的不同成本管理体系而不同。核算内容主要是"两算对比，三算分析"，即比较施工图预算和施工预算的差异，然后将预算成本、计划成本和实际成本进行比较，考核成本控制的效果，分析产生偏差的原因。通常按下列各式计算成本控制的效果指标：

$$计划成本降低额＝预算成本-计划成本$$

$$(7-11)$$

$$实际成本降低额＝预算成本-实际成本$$

$$(7-12)$$

六、施工项目成本分析

施工项目成本分析是工程成本管理的重要一环，通过成本分析，可以找出影响工程成本的主要原因和影响因素，总结成本管理的经验与存在问题，从而采取措施，进一步挖掘潜力，提高施工管理水平。

（一）项目成本分析的内容

工程项目成本分析的内容包括以下几个方面。

①随着项目进展进行的成本分析。其主要有分部（分项）工程成本分析，周、旬、月（季）度成本分析，年度成本分析，竣工成本分析。

②按成本项目进行的成本分析。其主要有人工费分析、材料费分析、机械使用费分析、其他直接费分析、间接成本分析。

③针对特定问题和与成本有关事项的分析。其主要有成本盈亏异常分析、工期成本分析、资金成本分析、技术组织措施节约效果分析、其他有利因素和不利因素对成本影响的

分析。

（二）造成成本升高的原因分析

施工中造成成本升高的原因有很多，归纳起来，主要有以下几方面：第一，设计变更的影响；第二，价格变动的影响；第三，停工造成的影响；第四，协作不利的影响；第五，施工管理不善的影响。

第二节　施工项目安全管理

安全管理工作是企业管理工作的重要组成部分，是保证施工生产顺利进行，防止伤亡事故发生，确保安全生产而采取的各种对策、方针和行动的总称。施工项目安全管理包括安全施工和劳动保护两方面的管理工作。由于建筑施工多为露天作业，现场环境复杂，手工操作、高处作业和交叉施工多，劳动条件差，不安全和不卫生因素多，极易出现安全事故，因此，施工中必须坚持安全第一、预防为主的安全生产方针，从组织上、技术上采取一系列措施，切实做好安全施工和劳动保护工作。

一、施工现场的不安全因素

（一）管理上的不安全因素

管理上的不安全因素，通常也称为管理上的缺陷，是事故潜在的不安全因素，作为间接的原因共有以下几方面。

①教育上的缺陷。

②技术上的缺陷。

③管理上的缺陷。

④社会、历史等原因造成的缺陷。

⑤生理上的缺陷。

⑥心理上的缺陷。

（二）人的不安全因素

人的不安全因素是指影响安全的人的因素，即能够使系统发生故障或发生性能不良事件的个人的不安全因素及违背设计和安全要求的错误行为。

人的不安全因素包括以下内容。

①能力上的不安全因素。能力上的不安全因素包括知识技能、应变能力、资格等不能适应工作和作业岗位要求的影响因素。

②生理上的不安全因素。生理上的不安全因素包括视觉、听觉等感觉器官以及体能、年龄、疾病等不符合工作或作业岗位要求的影响因素。

③心理上的不安全因素。心理上的不安全因素是指人在心理上具有影响安全的性格、气质和情绪，如懒散、粗心等。

（三）物的不安全状态因素

1．不安全状态的类型

①防护等装置缺乏或有缺陷。

②设备、设施、工具、附件有缺陷。

③缺少个人防护用品、用具或有缺陷。

④施工生产场地环境不良。

2．不安全状态的内容

①物（包括机器、设备、工具、物质等）本身存在的缺陷。

②防护保险方面的缺陷。

③物的放置方法的缺陷。

④作业环境场所的缺陷。

⑤外部的和自然界的不安全状态。

⑥作业方法导致的物的不安全状态。

⑦保护器具信号、标志和个体防护用品的缺陷。

二、施工现场安全管理的基本原则

①安全管理工作必须符合国家有关法律法规的规定。

②安全管理工作应以积极的预防为主。

③安全管理工作应建立严格的安全生产责任制度。

④安全管理工作必须随时检查和严肃处理各种安全事故。

三、施工安全组织保证体系和安全管理制度

建立安全生产的组织保证体系是安全管理的重要环节。一般应建立以施工项目负责人（项目经理、工长）为首的安全生产领导班子，本着"管生产必须管安全"的原则，建立安全生产责任制和安全生产奖惩制度，并设立专职安全管理人员，从组织体系上保证安全生产。

为了加强安全管理，还必须将其制度化，使施工人员有章可循，将安全工作落到实处。安全管理规章制度主要包括：安全生产责任制度；安全生产奖惩制度；安全技术措施管理制度；安全教育制度；安全检查制度；工伤事故管理制度；交通安全管理制度；防暑降温、防冻保暖管理制度；特种设备、特种作业安全管理制度；安全值班制度；工地防火制度。

四、施工现场安全教育

（一）经常性教育

经常性教育的主要内容如下。

①上级的劳动保护、安全生产法规及有关文件、指示。

②各部门、科室和每个职工的安全责任。

③遵章守纪。

④事故案例及教育、安全技术先进经验和革新成果等。

(二)新工人安全教育

新工人三级安全教育的内容如下。

1. 公司进行的安全教育

①党和国家的安全生产方针。

②安全生产法规、标准和法治观念。

③本单位施工(生产)过程及安全生产规章制度、安全纪律。

④本单位安全生产的形势及历史上发生的重大事故及应吸取的教训。

⑤发生事故后如何抢救伤员、排险、保护现场和及时报告。

2. 工程项目处进行的安全教育

①本单位(工程处、项目部、车间)施工安全生产基本知识。

②本单位(包括施工、生产场地)安全生产制度、规定及安全注意事项。

③本工种的安全技术操作规程。

④机械设备、电气安全及高空作业安全基本知识。

⑤防毒、防尘、防火、防爆知识及紧急情况安全处置和安全疏散知识。

⑥防护用品发放标准及防护用具、用品使用基本知识。

3. 班组教育

①班组作业特点及安全操作规程。

②班组安全生产活动制度及纪律。

③爱护和正确使用安全防护装置(设施)及个人劳动防护用品。

五、施工现场安全检查

(一)安全检查的要求

①项目经理应组织项目经理部定期对安全控制计划的执行情况进行检查、考核和评价。对施工中存在的不安全行为和隐患,项目经理部应分析原因并制定相应的整改防范措施。

②项目经理部应根据施工过程的特点和安全目标的要求,确定安全检查内容。

③项目经理部进行安全检查应配备必要的设备或器具,确定检查负责人和检查人员,并明确检查内容及要求。

④项目经理部安全检查应采取随机抽样、现场观察、实地检测相结合的方法,并记录检测结果。应对现场管理人员的违章指挥和操作人员的违章作业行为进行纠正。

⑤安全检查人员应对检查结果进行分析,找出存在安全隐患的部位,确定危险程度。

⑥项目经理部应编写安全检查报告。

(二)安全检查的主要内容

安全检查的重点是违章指挥和违章作业。安全检查后应编制安全检查报告,说明已达标项目、未达标项目、存在问题及原因分析、纠正和预防措施。

1. 思想检查

思想检查主要检查企业的领导和职工对安全生产工作的认识。

2. 管理检查

管理检查主要检查工程的安全生产管理是否有效。其主要内容包括安全生产责任制、安全技术措施计划、安全组织机构、安全保证措施、安全技术交底、安全教育、持证上岗、安全设施、安全标志、操作规程、违规行为、安全记录等。

3. 隐患检查

隐患检查主要检查作业现场是否符合安全生产、文明生产的要求。

4. 事故处理检查

事故处理检查主要检查对安全事故的处理是否达到查明事故原因、明确责任以及是否对责任者进行处理、落实整改措施等要求。同时还应检查对伤亡事故是否及时报告、认真调查、严肃处理。

六、施工现场安全管理技术措施

（一）卫生与防疫安全管理

1. 卫生安全管理

①施工现场不宜设置职工宿舍,必须设置时应尽量与施工场地分开。现场应具备必要的医务设施。在办公室内显著位置应张贴急救车和有关医院电话号码。根据需要采取防暑降温和消毒、防毒措施。施工作业区与办公区应分区明确。

②承包人应明确施工保险及第三者责任险的投保人和投保范围。

③项目经理部应对现场管理进行考评,考评办法由企业按有关规定制定。

④项目经理部应进行现场节能管理。有条件的现场应下达能源使用指标。

⑤现场的食堂、厕所等应符合卫生要求,并应设置饮水设施。

2. 防疫安全管理

①食堂管理应当在组织施工时就进行策划。现场食堂应按照现场就餐人数安排食堂面积、设施以及炊事员和管理人员。食堂卫生必须符合《中华人民共和国食品安全法》和其他有关卫生管理规定的要求。炊事人员应经定期体格检查合格后方可上岗;炊具应严格消毒,生熟食应分开;原料及半成品应经检验合格后方可采用。

②现场食堂不得出售酒精饮料。现场人员在工作时间严禁饮用酒精饮料。要确保现场人员饮水的正常供应,炎热季节要供应清凉饮料。

（二）用电安全管理

1. 临时用电施工组织设计的编制

①现场勘察。

②确定电源进线和变电所、配电室、总配电箱等的装设位置及线路走向。

③负荷计算。

④选择变压器容量、导线截面和电器的类型、规格。

⑤绘制电气平面图、立面图和接线系统图。

⑥制定安全用电技术措施和电气防火措施。

2.TN-S 接零保护系统的采用

①TN-S 系统是指电气设备金属外壳的保护零线要与工作零线分开，单独敷设。如在三相四线制的施工现场中，要使用五根线，第五根即保护零线（PE 线）。

②在施工现场专用电源（电力变压器等）为中性点直接接地的电力线路中，必须采用TN-S 接零保护系统，即电气设备的金属外壳必须与专用保护零线连接。专用保护零线应由工作接地线、配电室的零线或第一级漏电保护器电源侧的零线引出。

③施工现场配电线路安全。施工现场的配电线路包括室外线路和室内线路，其敷设方式是：室外线路主要有绝缘导线架空敷设（架空线路）和绝缘电缆埋地敷设（埋地电缆线路）两种，也有电缆线路架空明敷设的；室内线路通常有绝缘导线和电缆的明敷设和暗敷设两种。

④配电形式安全要求。施工现场临时用电工程应采用放射形与树干形相结合的分级配电形式。第一级为配电室的配电屏（盘）或总配电箱，第二级为分配电箱，第三级为开关箱，开关箱以下就是用电设备，并且实行"一机一闸"制。

（三）现场防火安全管理

现场防火安全管理的要求如下。

①施工现场防火工作必须认真贯彻"预防为主，防消结合"的方针，立足于自防自救，坚持安全第一，实行"谁主管谁负责"的原则，在防火业务上要接受当地行政主管部门和当地公安消防机构的监督和指导。

②施工单位应对职工进行经常性的防火宣传教育，普及消防知识，增强消防意识，自觉遵守各项防火规章制度。

③施工应根据工程的特点和要求，在制定施工方案或施工组织设计时制定消防防火方案，并按规定程序实行审批。

④施工现场必须设置防火警示标志，施工现场办公室内应挂有防火责任人、防火领导小组成员名单、防火制度。

⑤施工现场实行层级防火责任制，落实各级防火责任人，各负其责。项目经理是施工现场防火责任人，全面负责施工现场的防火工作，由公司发给任命书。施工现场必须成立防火领导小组，由防火责任人任组长，成员由项目相关职能部门人员组成，防火领导小组定期召开防火工作会议。

⑥按规定实施防火安全检查，及时整改查出的火险隐患，本部门难以解决的要及时上报。

⑦施工现场必须根据防火的需要配置相应种类、数量的消防器材、设备和设施。

七、安全事故的预防与处理

(一)事故原因分析

1. 全面调查

通过全面调查,查明事故经过,弄清造成事故的原因,包括人、物、生产管理和技术管理等方面的问题,进行认真、客观、全面、细致、准确分析,确定事故的性质和责任。

2. 事故分析的步骤

首先整理和仔细阅读调查材料,然后按受伤部位、受伤性质、起因物、致害物、伤害方法、不安全状态和不安全行为七项内容进行分析,确定直接原因、间接原因和事故责任者。

①根据调查所确认事实,从直接原因入手,逐步深入分析间接原因。

②通过对直接原因和间接原因的分析,确定事故中的直接责任者和领导责任者,再根据其在事故发生过程中的具体作用,确定主要责任者。

(二)安全事故的预防

安全事故预防的主要方式如下。

①约束人的不安全行为。

②消除物的不安全状态。

③同时约束人的不安全行为,消除物的不安全状态。

④采取隔离防护措施,使人的不安全行为与物的不安全状态不相遇。

(三)安全事故的处理

伤亡事故处理工作应当在 90 日内结案,特殊情况不超过 180 日。伤亡事故处理结案后,应当公开宣布处理结果。

在伤亡事故发生后隐瞒不报、谎报、故意推迟不报、故意破坏事故现场,或者以不正当理由拒绝接受调查以及拒绝提供有关情况和资料的,由有关部门按照国家有关规定,对有关单位负责人和直接责任人员给予行政处分;构成犯罪的,由司法机关依法追究其刑事责任。

事故调查组提出的事故处理意见和防范措施建议,由发生事故的企业和主管部门负责处理。因忽视安全生产、违章指挥、违章作业、玩忽职守或发现事故隐患、危害情况不采取有效措施抑制而造成伤亡事故的,由企业主管部门或者企业按照国家有关规定,对企业负责人和直接责任人员给予行政处分;构成犯罪的,由司法机关依法追究其刑事责任。

第三节 施工项目环境保护

一、施工现场环境保护

环境保护是指按照法律法规、各级主管部门和企业的要求,保护和改善作业现场的环境,控制现场的各种粉尘、废水、废气、固体废物、噪声、振动等对环境的污染和危害。工程项目施工现场环境保护是现代化大生产的客观要求,它能够保证项目施工顺利进行,保障人们身体健康和社会文明。

项目经理负责工程项目施工现场环境保护工作的总体策划和部署,建立项目环境管理组织机构,制定相应的制度和措施,开展培训工作,使各级工作人员明确环境保护的意义和责任。

（一）施工现场环境保护的基本规定

施工现场环境保护应遵循以下基本规定。

①把环境保护指标以责任书的形式层层分解到有关单位和个人,列入承包合同和岗位责任制中,建立一支懂行善管的环境保护自我监控体系。

②要加强检查,加强对施工现场粉尘、噪声、废气的监测和监控工作。要与文明施工现场管理一起检查、考核、奖罚;要及时采取措施消除粉尘、废气和污水的污染。

③施工单位要采取有效措施控制人为噪声、粉尘的污染和采取技术措施控制烟尘、污水、噪声污染。建设单位应负责协调外部关系,同当地居委会、村委会、办事处、派出所、居民、施工单位、环保部门加强联系。

④要有技术措施,严格执行国家相关法律法规。在编制施工组织设计时,必须考虑环境保护的技术措施。在施工现场平面布置和组织施工过程中要认真执行国家、地区、行业和企业有关防治空气污染、水源污染、噪声污染等环境保护的法律法规和规章制度。

⑤建筑工程施工由于技术、经济条件限制,对环境的污染不能控制在规定的范围内的,建设单位应当会同施工单位事先报请当地人民政府住房和城乡建设主管部门及环境行政主管部门批准。

（二）施工现场环境保护的工作内容

项目经理部在工程项目施工现场有关环境保护的工作内容应包括以下几个方面。

①按照分区划块原则,搞好项目的环境管理,进行定期检查,加强协调,及时解决发现的问题,实施纠正和预防措施,保持现场良好的作业环境、卫生条件和工作秩序,做到预防污染。

②对环境因素进行控制,制定应急准备和相应措施,并保证信息通畅,预防可能出现的非预期的损害。出现环境事故时,应及时消除污染,并制定相应措施,防止环境二次污染。

③应保存有关环境管理的工作记录。

④进行现场节能管理,有条件时应规定能源使用指标。

（三）防止大气污染的措施

①高层和多层建筑物清理施工垃圾时,要搭设封闭式专用垃圾道,采用容器吊运或将永久性垃圾道随结构安装好,以供施工使用,严禁凌空随意抛撒。

②施工现场道路采用焦渣、级配砂石、粉煤灰级配砂石、沥青混凝土或水泥混凝土等建造,做到文明施工,可利用永久性道路,并指定专人定期洒水清扫,形成制度,防止道路扬尘。

③袋装水泥、粉煤灰、白灰等易飞扬的细颗粒粉状材料,应库内存放。室外临时露天存

放时,必须下垫上盖,严密遮盖,防止扬尘。

④散装水泥、粉煤灰、白灰等细颗粒粉状材料,应存放在固定容器(散灰罐)内。没有固定容器时,应设封闭式专库存放,并具有可靠的防扬尘措施。

⑤运输水泥、粉煤灰、白灰等细颗粒粉状材料时,要采取遮盖措施,防止沿途遗洒、扬尘。卸运时,应采取措施以减少扬尘。

⑥车辆不带泥沙出现场。可在大门口铺一段石子路,定期过筛清理;做一段水沟冲刷车轮;人工拍土,清扫车轮、车帮;挖土装车不超装;车辆行驶不猛拐,不急刹车,防止洒土;卸土后注意关好车厢门;场区和场外安排人员清扫、洒水,基本做到不洒土、不扬尘,减少对周围环境的污染。

⑦除设有符合规定的装置外,禁止在施工现场焚烧油毡、橡胶、塑料、皮革、树叶、枯草等,以及其他会产生有毒、有害烟尘和恶臭气体的物质。

⑧机动车要安装 PCA 阀,对那些尾气排放超标的车辆要安装净化消声器,确保其不冒黑烟。

⑨尽可能采用消烟除尘型茶炉、锅炉和消烟节能回风灶,将烟尘降至允许排放为止。

⑩工地搅拌站除尘是治理的重点。有条件时要修建集中搅拌站,由计算机控制进料、搅拌、输送全过程,在进料仓上方安装除尘器,可使水泥、砂、石中的粉尘降低99%以上。采用现代化先进设备是解决工地粉尘污染的根本途径。

⑪工地采用普通搅拌站,先将搅拌站封闭严密,从而不使粉尘外泄,不让扬尘污染环境。在搅拌机拌筒出料口安装活动胶皮罩,通过高压静电除尘器或旋风滤尘器等除尘装置将风尘分开净化,达到除尘目的。最简单易行的方法是将搅拌站封闭后,在拌筒出料口上方和地上料斗侧面装几组喷雾器喷头,利用水雾除尘。

⑫拆除旧有建筑物时,应适当洒水,防止扬尘。

(四)防止水污染措施

①禁止将有毒、有害废弃物作土方回填。

②施工现场搅拌站废水,现制水磨石的污水、电石(碳化钙)的污水需经沉淀池沉淀后再排入城市污水管道或河流。最好将沉淀水用于工地洒水降尘以回收利用。上述污水未经处理不得直接排入城市污水管道或河流中。

③现场存放油料,必须对库房地面进行防渗处理。如采用防渗混凝土地面、铺油毡等。使用时,要采取措施,防止油料跑、冒、滴、漏,污染水体。

④施工现场 100 人以上的临时食堂,污物排放时可设置简易有效的隔油池,定期掏油和杂物,防止污染。

⑤工地临时厕所、化粪池应采取防渗漏措施。中心城市施工现场的临时厕所可采取水冲式,蹲坑上加盖,并有防蝇、灭蝇措施,防止污染水体和环境。

⑥化学药品、外加剂等要妥善保管,于库内存放,防止污染环境。

(五)防止噪声污染措施

①严格控制人为噪声,进入施工现场不得高声喊叫、无故甩打模板、乱吹哨,严格限制使

用高音喇叭,最大限度地减少噪声扰民。

②凡在人口密集区进行强噪声作业时,要严格控制作业时间,一般晚 10 时到次日早 6 时之间停止强噪声作业。确有特殊情况必须昼夜施工时,应尽量采取降低噪声措施,并会同建设单位一起找当地居委会、村委会或当地居民协调,出安民告示,取得群众谅解。

③尽量选用低噪声设备和工艺代替高噪声设备与加工工艺,如低噪声振捣器、风机、电动空压机、电锯等。

④在声源处安装消声器消声。

⑤采取吸声、隔声、隔振和阻尼等声学处理的方法来降低噪声。

（六）固体废物的处理方法

固体废物的处理方法主要有以下几种。

1.回收利用

回收利用是对固体废物进行资源化、减量化的重要手段之一。对建筑渣土可视具体情况加以利用,废钢可按需要用作金属原材料,对废电池等废弃物应分散回收,集中处理。

2.减量化处理

减量化是对已经产生的固体废物进行分选、破碎、压实浓缩、脱水等减少其最终处置量,减低处理成本,减少对环境的污染。在减量化处理的过程中,还包括与其他处理技术相关的工艺方法,如焚烧、热解、堆肥等。

3.焚烧技术

焚烧用于不适合再利用且不宜直接予以填埋处置的废物,尤其是对于受到病菌、病毒污染的物品,可以用焚烧进行无害化处理。焚烧处理应使用符合环境要求的处理装置,注意避免对大气的二次污染。

4.稳定和固化技术

利用水泥、沥青等胶结材料,将松散的废物包裹起来,减少废物的毒性和可迁移性,使污染减少。

5.填埋

填埋是固体废物处理的最终处理方法,经过无害化、减量化处理的废物残渣集中到填埋场进行处置。

二、文明施工

文明施工是指保持施工场地整洁、卫生,保证施工组织科学、施工程序合理的一种施工活动。实现文明施工,不仅要做好现场的场容管理工作,而且要做好现场材料、机械、安全、技术、保卫、消防和生活卫生等方面的管理工作。一个工地的文明施工水平是该工地乃至所在企业各项管理工作水平的综合体现。

（一）施工现场文明施工的基本条件

①有整套的施工组织设计(或施工方案)。

②有健全的施工指挥系统和岗位责任制度。

③工序衔接交叉合理,交接责任明确。

④有严格的成品保护措施和制度。

⑤临时设施和各种材料、构件、半成品按平面布置堆放整齐。

⑥施工场地平整,道路畅通,排水设施得当,水电线路整齐。

⑦机具设备状况良好,使用合理,施工作业符合消防和安全要求。

(二)施工现场文明施工的基本要求

①工地主要入口要设置简朴、规整的大门,门旁必须设立明显的标牌,标明工程名称、施工单位和工程负责人姓名等内容。

②施工现场要建立文明施工责任制,划分区域,明确管理负责人,实行挂牌制,做到现场清洁、整齐。

③施工现场场地平整,道路坚实、畅通,有排水措施,基础、地下管道施工完成后要及时回填平整,清除积土。

④现场施工临时水电要有专人管理,不得有长流水、长明灯。

⑤施工现场的临时设施,包括生产、办公、生活用房、仓库、料场、临时上下水管道以及照明、动力线路等,要严格按施工组织设计确定的施工平面图布置、搭设或埋设整齐。

⑥工人操作地点和周围必须清洁、整齐,做到活完脚下清、工完场地清,丢洒在楼梯、楼板上的砂浆、混凝土要及时清除,落地灰要回收过筛后使用。

⑦砂浆、混凝土在搅拌、运输、使用过程中,要做到不洒、不漏、不剩,使用地点盛放砂浆、混凝土必须有容器或垫板,如有洒、漏要及时清理。

⑧要有严格的成品保护措施,严禁损坏、污染成品,堵塞管道。高层建筑要设置临时便桶,严禁在建筑物内大小便。

⑨建筑物内清除的垃圾渣土,要通过临时搭设的竖井或利用电梯井或采取其他措施稳妥下卸,严禁从门窗口向外抛掷。

⑩施工现场不准乱堆垃圾及杂物。应在适当的地点设置临时堆放点,并定期外运。清运渣土垃圾及流体物品,要采取遮盖防漏措施,运送途中不得遗撒。

⑪根据工程性质和所在地区的不同情况,采取必要的围护和遮挡措施,并保持外观整洁。

⑫针对施工现场情况设置宣传标语和黑板报,适时更换内容,切实起到表扬先进、促进后进的作用。

⑬施工现场严禁家属居住,严禁居民、家属、小孩在施工现场穿行、玩耍。

⑭现场使用的机械设备,要按平面布置规划固定点存放,遵守机械安全规程,经常保持机身及周围环境的清洁,机械的标记、编号明显,安全装置可靠。

⑮清洗机械排出的污水要有排放措施,不得随地流淌。

⑯在用的搅拌机、砂浆机旁必须设有沉淀池,不得将浆水直接排放至下水道及河流等处。

⑰塔式起重机轨道按规定铺设整齐、稳固,塔边要封闭,道砟不外溢,路基内外排水畅通。

⑱施工现场应建立不扰民措施,针对施工特点设置防尘和防噪声设施,夜间施工必须有当地主管部门的批准。

第八章　建筑工程质量的监督管理

第一节　施工阶段的质量控制

一、工程施工质量控制的依据和工作程序

（一）工程施工质量控制的依据

项目监理机构施工质量控制的依据，大体分为以下四类。

1. 工程合同文件

建设工程监理合同、建设单位与其他相关单位签订的合同，包括与施工单位签订的施工合同，与材料设备供应单位签订的材料设备采购合同等。项目监理机构监理人员应熟悉这些合同的相应条款，据以进行质量控制。

2. 工程勘察设计文件

工程勘察包括工程测量、工程地质和水文地质勘察等内容，工程勘察成果文件是项目监理机构审批工程施工组织设计或施工方案、工程地基基础验收等工程质量控制的重要依据。经过批准的设计图纸和技术说明书等设计文件，是质量控制的重要依据。

3. 有关质量管理方面的法律法规、部门规章与规范性文件

（1）法律

《中华人民共和国建筑法》《中华人民共和国刑法》《中华人民共和国防震减灾法》《中华人民共和国节约能源法》《中华人民共和国消防法》等。

（2）法规

《建设工程质量管理条例》《民用建筑节能条例》等。

（3）部门规章

《建筑工程施工许可管理办法》《实施工程建设强制性标准监督规定》《房屋建筑和市政基础设施工程质量监督管理规定》等。

（4）规范性文件

《房屋建筑工程施工旁站监理管理办法（试行）》《建设工程质量责任主体和有关机构不良记录管理办法（试行）》，以及关于《建设行政主管部门对工程监理企业履行质量责任加强监督》的若干意见等。

4. 质量标准与技术规范（规程）

质量标准与技术规范（规程）是针对不同行业、不同的质量控制对象而制定的，包括各种

有关的标准、规范或规程。根据适用性,质量标准分为国家标准、行业标准、地方标准和企业标准。它们是建立和维护正常的生产和工作秩序应遵守的准则,也是衡量工程、设备和材料质量的尺度。对于国内工程,国家标准是必须执行与遵守的最低要求,行业标准、地方标准和企业标准的要求不能低于国家标准的要求。企业标准是企业生产与工作的要求与规定,适用于企业的内部管理。

在工程建设国家标准与行业标准中,有些条文用粗体字表达,它们被称为工程建设强制性标准(条文),是指直接涉及工程质量、安全、卫生及环境保护等方面的工程建设标准强制性条文。国家规定,在中华人民共和国境内从事新建、扩建、改建等工程建设活动必须执行工程建设强制性标准。工程质量监督机构对工程建设施工、监理、验收等执行强制性标准的情况实施监督,项目监理机构在质量控制中不得违反工程建设标准强制性条文的规定。

项目监理机构在质量控制中,依据的质量标准与技术规范(规程)主要有以下几类。

①工程项目施工质量验收标准。这类标准主要是由国家或部门统一制定的,用以作为检验和验收工程项目质量水平所依据的技术法规性文件。

②有关工程材料、半成品和构配件质量控制方面的专门技术法规性依据。

③控制施工作业活动质量的技术规程。例如,电焊操作规程、砌体操作规程、混凝土施工操作规程等。它们是为了保证施工作业活动质量在作业过程中应遵照执行的技术规程。

凡采用新工艺、新技术、新材料的工程,事先应进行试验,并应有权威性技术部门的技术鉴定书及有关的质量数据、指标,在此基础上制定相应的质量标准和施工工艺规程,以此作为判断与控制质量的依据。如果拟采用的新工艺、新技术、新材料不符合现行强制性标准规定,应当由拟采用单位提请建设单位组织专题技术论证,报批准标准的建设行政主管部门或者国务院有关主管部门审定。

(二)工程施工质量控制的工作程序

在施工阶段,项目监理机构要进行全过程的监督、检查与控制,不仅涉及最终产品的检查、验收,而且涉及施工过程的各环节及中间产品的监督、检查与验收。

在施工质量验收过程中,涉及结构安全的试块、试件以及有关材料,应按规定进行见证取样检测;对涉及结构安全和使用功能的重要分部工程,应进行抽样检测,承担见证取样检测及有关结构安全检测的单位应具有相应资质。

二、工程施工准备阶段的质量控制

(一)图纸会审与设计交底

1.图纸会审

图纸会审是指建设单位、监理单位、施工单位等相关单位,在收到施工图审查机构审查合格的施工图设计文件后,在设计交底前进行的全面细致的熟悉和审查施工图纸的活动。监理人员应熟悉工程设计文件,并应参加建设单位主持的图纸会审会议;建设单位应及时主持召开图纸会审会议,组织项目监理机构、施工单位等相关人员进行图纸会审,并整理成会审问题清单,由建设单位在设计交底前约定的时间内提交设计单位。图纸会审由施工单位整理会议纪要,与会各方会签。

总监理工程师组织监理人员熟悉工程设计文件是项目监理机构实施事前质量控制的一项重要工作。

图纸会审的内容具体如下:

①审查设计图纸是否满足项目立项的功能,技术是否可靠、安全,是否符合经济适用的要求;

②图纸是否已由审查机构签字、盖章;

③地质勘探资料是否齐全,设计图纸与说明是否齐全,设计深度是否达到规范要求;

④设计地震烈度是否符合当地要求;

⑤总平面与施工图的几何尺寸、平面位置、标高等是否一致;

⑥防火、消防是否满足要求;

⑦各专业图纸本身是否有差错及矛盾,结构图与建筑图的平面尺寸及标高是否一致,建筑图与结构图的表示方法是否清楚,是否符合制图标准,预留、预埋件是否表示清楚;

⑧工程材料来源有无保证,新工艺、新材料、新技术的应用有无问题;

⑨地基处理方法是否合理,建筑与结构构造是否存在不能施工、不便于施工的技术问题,或容易导致质量、安全、工程费用增加等方面的问题;

⑩工艺管道、电气线路、设备装置、运输道路与建筑物之间或相互之间有无矛盾。

2.设计交底

设计单位交付工程设计文件后,按法律规定的义务就工程设计文件的内容向建设单位、施工单位和监理单位做出详细的说明。帮助施工单位和监理单位正确贯彻设计意图,加深对设计文件特点、难点、疑点的理解,掌握关键工程部位的质量要求,以确保工程质量。设计交底的主要内容一般包括施工图设计文件总体介绍,设计的意图说明,特殊的工艺要求,建筑、结构、工艺、设备等各专业在施工中的难点、疑点和容易发生问题的说明,以及施工单位、监理单位、建设单位等对设计图纸疑问的解释等。

工程开工前,建设单位应组织并主持召开工程设计技术交底会。先由设计单位进行设计交底,后转入图纸会审问题解释,设计单位对图纸会审问题清单予以解答。通过建设单位、设计单位、监理单位、施工单位及其他有关单位协商研究,确定图纸存在的各种技术问题的解决方案。

设计交底会议纪要由设计单位整理,与会各方会签。

(二)施工组织设计审查

施工组织设计是指导施工单位进行施工的实施性文件。

1.施工组织设计审查的基本内容与程序要求

(1)审查的基本内容

施工组织设计审查应包括下列基本内容:①编审程序应符合相关规定;②施工进度、施工方案及工程质量保证措施应符合施工合同要求;③资金、劳动力、材料、设备等资源供应计划应满足工程施工需要;④安全技术措施应符合工程建设强制性标准;⑤施工总平面布置应科学合理。

(2)审查的程序要求

施工组织设计的报审应遵循下列程序及要求:

①施工单位编制的施工组织设计经施工单位技术负责人审核签认后,与施工组织设计报审表一并报送项目监理机构;

②总监理工程师应及时组织专业监理工程师进行审查,需要修改的,由总监理工程师签发书面意见退回修改;符合要求的,由总监理工程师签认;

③已签认的施工组织设计由项目监理机构报送建设单位;

④施工组织设计在实施过程中,施工单位如需做较大的变更,应经总监理工程师审查同意。

2.施工组织设计审查质量控制要点

①受理施工组织设计。施工组织设计的审查必须是在施工单位编审手续齐全(即有编制人、施工单位技术负责人的签名和施工单位公章)的基础上,由施工单位填写施工组织设计报审表,并按合同约定时间报送项目监理机构。

②总监理工程师应在约定的时间内,组织各专业监理工程师进行审查,专业监理工程师在报审表上签署审查意见后,总监理工程师审核批准。需要施工单位修改施工组织设计时,由总监理工程师在报审表上签署意见,发回施工单位修改。施工单位修改后重新报审,总监理工程师应组织审查。

施工组织设计应符合国家的技术政策,充分考虑施工合同约定的条件、施工现场条件及法律法规的要求;施工组织设计应针对工程的特点、难点及施工条件,具有可操作性,质量措施切实能保证工程质量目标,采用的技术方案和措施先进、适用、成熟。

③项目监理机构应将审查施工单位施工组织设计的情况,特别是要求发回修改的情况及时向建设单位通报,并将已审定的施工组织设计及时报送建设单位。涉及增加工程措施费用的项目,应与建设单位协商,并征得建设单位的同意。

④经审查批准的施工组织设计,施工单位应认真贯彻实施,不得擅自随意改动。若需进行实质性的调整、补充或变动,应报项目监理机构审查同意。如果施工单位擅自改动,监理机构应及时发出监理通知单,要求按程序报审。

(三)施工方案审查

总监理工程师应组织专业监理工程师审查施工单位报审的施工方案,符合要求后应予以签认。施工方案审查应包括以下基本内容:①编审程序符合相关规定;②工程质量保证措施符合有关标准。

1.程序性审查

应重点审查施工方案的编制人、审批人是否符合有关权限规定的要求。根据相关规定,通常情况下,施工方案应由项目技术负责人组织编制,并经施工单位技术负责人审批签字后提交项目监理机构。项目监理机构在审批施工方案时,应检查施工单位的内部审批程序是否完善、签章是否齐全,重点核对审批人是否为施工单位技术负责人。

2. 内容性审查

应重点审查施工方案是否具有针对性、指导性、可操作性;现场施工管理机构是否建立了完善的质量保证体系,是否明确了工程质量要求及目标,是否健全了质量保证体系组织机构及岗位职责,是否配备了相应的质量管理人员;是否建立了各项质量管理制度和质量管理程序等;施工质量保证措施是否符合现行的规范、标准等,特别是工程建设的强制性标准是否符合现行的规范、标准。

例如,审查建筑地基基础工程土方开挖施工方案,要求土方开挖的顺序、方法必须与设计工况相一致,并遵循"开槽支撑,先撑后挖,分层开挖,严禁超挖"的原则。在质量安全方面的要点是:

①基坑边坡土不应超过设计荷载以防边坡塌方;

②挖方时不应碰撞或损伤支护结构、降水设施;

③开挖到设计标高后,应对坑底进行保护,验槽合格后,尽快施工垫层;

④严禁超挖;

⑤开挖过程中,应对支护结构、周围环境进行观察、监测,发现异常及时处理等。

3. 审查的主要依据

建设工程施工合同文件及建设工程监理合同,经批准的建设工程项目文件和设计文件、相关法律法规、规范、规程、标准图集等,以及其他工程基础资料、工程场地周边环境(含管线)资料等。

(四)现场施工准备质量控制

1. 施工现场质量管理检查

工程开工前,项目监理机构应审查施工单位现场的质量管理组织机构、管理制度及专职管理人员和特种作业人员的资格,主要内容包括项目部质量管理体系、现场质量责任制、主要专业工种操作岗位证书、分包单位管理制度、图纸会审记录、地质勘察资料、施工技术标准、施工组织设计编制及审批、物资采购管理制度、施工设施和机械设备管理制度、计量设备配备、检测试验管理制度、工程质量检查验收制度等。

2. 分包单位资质的审核确认

分包工程开工前,项目监理机构应审核施工单位报送的分包单位资格报审表及有关资料,专业监理工程师进行审核并提出审查意见,符合要求后,由总监理工程师审批并签署意见。分包单位资格审核应包括的基本内容有:营业执照、企业资质等级证书;安全生产许可文件;类似工程业绩;专职管理人员和特种作业人员的资格。

3. 查验施工控制测量成果

专业监理工程师应检查、复核施工单位报送的施工控制测量成果及保护措施,签署意见,并对施工单位在施工过程中报送的施工测量放线成果进行查验。施工控制测量成果及保护措施的检查、复核,包括施工单位测量人员的资格证书及测量设备检定证书;施工平面控制网、高程控制网和临时水准点的测量成果及控制桩的保护措施。

4.施工试验室的检查

专业监理工程师应检查施工单位为本工程提供服务的试验室(包括施工单位自有试验室或委托的实验室)。试验室的检查应包括下列内容:①试验室的资质等级及试验范围;②法定计量部门对试验设备出具的计量检定证明;③实验室管理制度;④试验人员资格证书。项目监理机构收到施工单位报送的试验室报审表及有关资料后,总监理工程师应组织专业监理工程师对施工试验室审查。专业监理工程师在熟悉本工程的试验项目及其要求后对施工试验室进行审查。

5.工程材料、构配件、设备的质量控制

项目监理机构收到施工单位报送的工程材料、构配件、设备报审表后,应审查施工单位报送的用于工程的材料、构配件、设备的质量证明文件,并按有关规定、建设工程监理合同约定,对用于工程的材料进行见证取样。

6.工程开工条件审查与开工令的签发

总监理工程师应组织专业监理工程师审查施工单位报送的工程开工报审表及相关资料,同时在具备下列条件时,由总监理工程师签署审查意见,并应报建设单位批准后,由总监理工程师签发工程开工令。

①设计交底和图纸会审已完成。

②施工组织设计已由总监理工程师签认。

③施工单位现场质量、安全生产管理体系已建立,管理及施工人员已到位,施工机械具备使用条件,主要工程材料已落实。

④进场道路及水、电、通信等已满足开工要求。

总监理工程师应在距开工日期 7 天时向施工单位发出工程开工令。工期自总监理工程师发出的工程开工令中载明的开工日期起计算。总监理工程师应组织专业监理工程师审查施工单位报送的开工报审表及相关资料,并对开工应具备的条件进行逐项审查,全部符合要求后签署审查意见,报建设单位批准后,再由总监理工程师签发工程开工令。施工单位应在开工日期后尽快施工。

三、工程施工过程质量控制

(一)巡视与旁站

1.巡视

(1)巡视的内容

巡视是项目监理机构对施工现场进行的定期或不定期的检查活动,是项目监理机构对工程实施建设监理的方式之一。

项目监理机构应安排监理人员对工程施工质量进行巡视。巡视主要包括下列主要内容。

①施工单位是否按工程设计文件、工程建设标准和批准的施工组织设计、(专项)施工方

案施工。

②使用的工程材料、构配件和设备是否合格。

③施工现场管理人员,特别是施工质量管理人员是否到位。

④特种作业人员是否持证上岗。根据《建筑施工特种作业人员管理规定》,对于建筑电工、建筑架子工、建筑起重信号司机工、建筑起重机械司机、建筑起重机械安装拆卸工、高处作业吊篮安装拆卸工、焊接切割操作工以及经省级以上人民政府建设主管部门认定的其他特种作业人员,必须持施工特种作业人员操作证上岗。

(2)巡视检查要点

①检查原材料。

施工现场原材料、构配件的采购和堆放是否符合施工组织设计(方案)要求;其规格、型号等是否符合设计要求;是否已见证取样,并检测合格;是否已按程序报验并允许使用;有无使用不合格材料,有无使用质量合格证明资料欠缺的材料。

②检查施工人员。

施工现场管理人员,尤其是质检员、安全员等关键岗位人员是否到位,是否能确保各项管理制度和质量保证体系得到落实;特种作业人员是否持证上岗,人证是否相符,是否进行了技术交底并有记录;现场施工人员是否按照规定佩戴安全防护用品。

③检查基坑土方开挖工程。

土方开挖前的准备工作是否到位,开挖条件是否具备;土方开挖顺序、方法是否与设计要求一致;挖土是否分层、分区进行,分层高度和开挖面放坡坡度是否符合要求,垫层混凝土的浇筑是否及时;基坑坑边和支撑上的堆载是否在允许范围内。是否存在安全隐患;挖土机械有无碰撞或损伤基坑围护和支撑结构、工程桩、降压井等现象;是否限时开挖,尽快形成围护支撑,尽量缩短围护结构无支撑暴露时间;每道支撑底面黏附的土块、垫层、竹笆等是否及时清理;每道支撑上的安全通道和临边防护的搭设是否及时、符合要求;挖土机械工作是否有专人指挥,有无违章、冒险作业现象。

④检查砌体工程。

基层清理是否干净,是否按要求用细石混凝土或水泥砂浆进行了找平;是否有"碎砖"集中使用和外观质量不合格的块材使用现象;是否按要求使用皮数杆,墙体拉结筋型式、规格、尺寸、位置是否正确,砂浆饱满度是否合格,灰缝厚度是否超标,有无透明缝、"瞎缝"和"假缝";墙上的架眼、工程需要的预留、预埋等有无遗漏等。

⑤检查钢筋工程。

钢筋有无锈蚀、被隔离剂和淤泥等污染现象;垫块规格、尺寸是否符合要求,强度能否满足施工需要,有无使用木块、大理石板等代替水泥砂浆(或混凝土)垫块的现象;钢筋搭接长度、位置、连接方式是否符合设计要求,搭接区段箍筋是否按要求加密;对于梁柱或梁梁交叉部位的"核心区"有无主筋被截断、箍筋漏放等现象。

⑥检查模板工程。

模板安装和拆除是否符合施工组织设计(方案)的要求,支模前隐蔽内容是否已经验收合格;模板表面是否清理干净、有无变形损坏,是否已涂刷隔离剂,模板拼缝是否严密,安装是否牢固;拆模是否事先按程序和要求向项目监理机构报审并签认,拆模有无违章冒险行为;模板捆扎、吊运、堆放是否符合要求。

⑦检查混凝土工程。

现浇混凝土结构构件的保护是否符合要求;构件拆模后构件的尺寸偏差是否在允许范围内,有无质量缺陷,缺陷修补处理是否符合要求;现浇构件的养护措施是否有效、可行、及时等;采用商品混凝土时,是否留置标养试块和同条件试块,是否抽查砂与石子的含泥量和粒径等。

⑧检查钢结构工程。

钢结构零部件加工条件是否合格(如场地、温度、机械性能等),安装条件是否具备(如基础是否已经验收合格等);施工工艺是否合理、符合相关规定;钢结构原材料及零部件的加工、焊接、组装、安装及涂饰质量是否符合设计文件和相关标准、要求等。

⑨检查屋面工程。

基层是否平整坚固、清理干净;防水卷材搭接部位、宽度、施工顺序、施工工艺是否符合要求,卷材收头、节点、细部处理是否合格;屋面块材搭接、铺贴质量如何、有无损坏等。

⑩检查装饰装修工程。

基层处理是否合格,是否按要求使用垂直、水平控制线,施工工艺是否符合要求;需要进行隐蔽的部位和内容是否已经按程序报验并通过验收;细部制作、安装、涂饰等是否符合设计要求和相关规定;各专业之间工序穿插是否合理,有无相互污染、相互破坏等情况。

⑪检查安装工程。

重点检查是否按规范、规程、设计图纸、图集和批准的施工组织设计(方案)施工;是否有专人负责,施工是否正常等。

⑫检查施工环境。

施工环境和外界条件是否对工程质量、安全等造成不利影响,施工单位是否已采取相应措施;各种基准控制点、周边环境和基坑自身监测点的设置、保护是否正常,有无被压(损)现象;季节性天气中,工地是否采取了相应的季节性施工措施,比如暑期、冬季和雨季施工措施等。

2. 旁站

旁站是指项目监理机构对工程的关键部位或关键工序的施工质量进行的监督活动。

项目监理机构应根据工程特点和施工单位报送的施工组织设计,将影响工程主体结构安全的、完工后无法检测其质量的或返工会造成较大损失的部位及其施工过程作为旁站的关键部位、关键工序,安排监理人员进行旁站,及时记录旁站情况。

(1)旁站工作程序

①开工前,项目监理机构应根据工程特点和施工单位报送的施工组织设计,确定旁站的关键部位、关键工序,并书面通知施工单位。

②施工单位在需要实施旁站的关键部位、关键工序于施工前书面通知项目监理机构。

③接到施工单位书面通知后,项目监理机构应安排旁站人员实施旁站。

（2）旁站工作要点

①编制监理规划时，应明确旁站的部位和要求。

②根据部门规范性文件，房屋建筑工程旁站的关键部位、关键工序是：基础工程方面包括土方回填，混凝土灌注桩浇筑，地下连续墙、土钉墙、后浇带及其他结构混凝土、防水混凝土浇筑，卷材防水层细部构造处理，钢结构安装；主体结构工程方面包括梁柱节点钢筋隐蔽工程，混凝土浇筑，预应力张拉，装配式结构安装，钢结构安装，网架结构安装，索膜安装。

③其他工程的关键部位、关键工序，应根据工程类别、特点及有关规定和施工单位报送的施工组织设计确定。

④旁站人员的主要职责是：检查施工单位现场质检人员到岗、特殊工种人员持证上岗及施工机械、建筑材料准备情况；现场监督关键部位、关键工序的施工执行方案以及工程建设强制性标准情况；核查进场建筑材料、构配件、设备和商品混凝土的质量检验报告等，并可在现场监督施工单位进行检验或者委托具有资格的第三方进行复验；做好旁站记录，保存旁站原始资料。

⑤对施工中出现的偏差及时纠正，保证施工质量。发现施工单位有违反工程建设强制性标准行为的，应责令施工单位立即整改；发现其施工活动已经或者可能危及工程质量的，应当及时向专业监理工程师或总监理工程师报告，由总监理工程师下达暂停令，指令施工单位整改。

⑥对需要旁站的关键部位、关键工序的施工，凡没有实施旁站监理或者没有旁站记录的，专业监理工程师或总监理工程师不得在相应文件上签字。工程竣工验收后，项目监理机构应将旁站记录存档备查。

⑦旁站记录内容应真实、准确，并与监理日志相吻合。对旁站的关键部位、关键工序，应按照时间或工序形成完整的记录。必要时可进行拍照或摄影，记录当时的施工过程。

（二）见证取样与平行检验

1. 见证取样

见证取样是指项目监理机构对施工单位进行的涉及结构安全的试块、试件及工程材料现场取样、封样、送检工作的监督活动。

（1）见证取样的工作程序

①工程项目施工前，由施工单位和项目监理机构共同对见证取样的检测机构进行考察确定。对于施工单位提出的试验室，专业监理工程师要进行实地考察。试验室一般是与施工单位没有行政隶属关系的第三方。试验室要具有相应的资质，经国家或地方计量、试验主管部门认证，试验项目满足工程需要，试验室出具的报告对外具有法定效果。

②项目监理机构要将选定的试验室报送负责本项目的质量监督机构备案并得到认可，同时要将项目监理机构中负责见证取样的专业监理工程师在该质量监督机构备案。

③施工单位应按照规定制订检测试验计划，配备取样人员，负责施工现场的取样工作，并将检测试验计划报送项目监理机构。

④施工单位在对进场材料、试块、试件、钢筋接头等实施见证取样前要通知负责见证取样的专业监理工程师,在专业监理工程师的现场监督下,施工单位按相关规范的要求,完成材料、试块、试件等的取样过程。

⑤完成取样后,施工单位取样人员应在试样或其包装上做出标识、封志。标识和封志应标明工程名称、取样部位、取样日期、样品名称和样品数量等信息,并由见证取样的专业监理工程师和施工单位取样人员签字。如钢筋样品、钢筋接头,则贴上专用加封标志,然后送往试验室。

(2)实施见证取样的要求

①试验室要具有相应的资质并进行备案、认可。

②负责见证取样的专业监理工程师要具有材料、试验等方面的专业知识,并经培训考核合格,且要取得见证人员培训合格证书。

③施工单位从事取样的人员一般应由试验室工作人员或专职质检人员担任。

④试验室出具的报告一式两份,分别由施工单位和项目监理机构保存,并作为归档材料,是工序产品质量评定的重要依据。

⑤见证取样的频率,国家或地方主管部门有规定的,执行相关规定;施工承包合同中如有明确规定的,执行施工承包合同的规定。

⑥见证取样和送检的资料必须真实、完整,符合相应规定。

2.平行检验

平行检验是指项目监理机构在施工单位自检的同时,按有关规定、建设工程监理合同约定对同一检验项目进行的检测试验活动。项目监理机构应根据工程特点、专业要求,以及建设工程监理合同约定,对施工质量进行平行检验。

平行检验的项目、数量、频率和费用等应符合建设工程监理合同的约定。对平行检验不合格的施工质量,项目监理机构应签发监理通知单,要求施工单位在指定的时间内整改并重新报验。

(三)监理通知单、工程暂停令、工程复工令的签发

1.监理通知单的签发

在工程质量控制方面,项目监理机构发现施工存在质量问题,或施工单位采用不适当的施工工艺等,造成工程质量不合格的,应及时签发监理通知单,要求施工单位整改。监理通知单由专业监理工程师或总监理工程师签发。

监理通知单对存在问题部位的表述应具体。

项目监理机构签发监理通知单时,应要求施工单位在发文本上签字,并注明签收时间。施工单位应按监理通知单的要求进行整改。整改完毕后,向项目监理机构提交监理通知回复单。项目监理机构应根据施工单位报送的监理通知回复单对整改情况进行复查,并提出复查意见。

2. 工程暂停令的签发

监理人员发现可能造成质量事故的重大隐患或已发生质量事故的,总监理工程师应签发工程暂停令。

项目监理机构发现下列情形之一时,总监理工程师应及时签发工程暂停令。

①建设单位要求暂停施工且工程需要暂停施工的。

②施工单位未经批准擅自施工或拒绝项目监理机构管理的。

③施工单位未按审查通过的工程设计文件施工的。

④施工单位违反工程建设强制性标准的。

⑤施工存在重大质量、安全事故隐患或发生质量、安全事故的。

总监理工程师签发工程暂停令,应事先征得建设单位同意。在紧急情况下,未能事先征得建设单位同意的,应在事后及时向建设单位书面报告。施工单位未按要求停工,项目监理机构应及时报告建设单位,必要时向有关主管部门报送监理报告。

暂停施工事件发生时,项目监理机构应如实记录所发生的情况。对于建设单位要求停工且工程需要暂停施工的,应重点记录施工单位人工、设备在现场的数量和状态;对于因施工单位原因造成暂停施工的,应记录直接导致停工发生的原因。

3. 工程复工令的签发

因建设单位原因或非施工单位原因引起工程暂停的,在具备复工条件时,应及时签发工程复工令,指令施工单位复工。

(1)审核工程复工报审表

因施工单位原因引起工程暂停的,施工单位在复工前应向项目监理机构提交工程复工报审表申请复工。工程复工报审时,应附有能够证明已具备复工条件的相关文件资料,包括相关检查记录、有针对性的整改措施及其落实情况、会议纪要、影像资料等。当导致暂停的原因是危及结构安全或使用功能时,整改完成后,应具有建设单位、设计单位、监理单位各方共同认可的整改完成文件,其中涉及建设工程鉴定的文件必须由有资质的检测单位出具。

对需要返工处理或加固补强的质量缺陷,项目监理机构应要求施工单位报送经设计等相关单位认可的处理方案,并应对质量缺陷的处理过程进行跟踪检查,同时对处理结果进行验收。

对需要返工处理或加固补强的质量事故,项目监理机构应要求施工单位报送质量事故调查报告和经设计等相关单位认可的处理方案,并对质量事故的处理过程进行跟踪检查,对处理结果进行验收。项目监理机构应及时向建设单位提交质量事故书面报告,并将完整的质量事故处理记录整理归档。

(2)签发工程复工令

项目监理机构收到施工单位报送的工程复工报审表及有关材料后,应对施工单位的整改过程和结果进行检查、验收,符合要求的,总监理工程师及时签署审批意见,并报建设单位批准后签发工程复工令,施工单位接到工程复工令后组织复工。施工单位未提出工程复工申请的,总监理工程师可根据工程实际情况指令施工单位恢复施工。

（四）工程变更的控制

施工过程中,由于前期勘察设计的原因,或由于外界自然条件的变化,或未探明的地下障碍物、管线、文物、地质条件不符等,以及施工工艺方面的限制、建设单位要求的改变,均会涉及工程变更。做好工程变更的控制工作是工程质量控制的一项重要内容。

工程变更单由提出单位填写,写明工程变更原因、工程变更内容,并附必要的附件,包括工程变更的依据、详细内容、图纸;对工程造价、工期的影响程度分析及对功能、安全影响的分析报告。

工程变更单的提出单位,可以是施工单位,也可以是建设单位或设计单位,项目监理机构应按不同程序进行处理。

如果变更涉及项目功能、结构主体安全,该工程变更还要按有关规定报送施工图原审查机构及管理部门进行审查与批准。

（五）质量资料的管理

质量资料是施工单位进行工程施工或安装期间,实施质量控制活动的记录,还包括对这些质量控制活动的意见及施工单位对这些意见的答复,它详细地记录了工程施工阶段质量控制活动的全过程。因此,不仅在工程施工期间对工程质量的控制有重要作用,而且在工程竣工和投入运行后,对于查询和了解工程建设的质量情况以及工程维修和管理提供大量有用的资料和信息。

质量资料记录包括以下三方面内容。

1. 施工现场质量管理检查记录资料

施工现场质量管理检查记录主要包括施工单位现场质量管理制度,质量责任制度;主要专业工种操作上岗证书;分包单位资质及总承包施工单位对分包单位的管理制度;施工图审查核对资料（记录）,地质勘察资料;施工组织设计、施工方案及审批记录;施工技术标准;工程质量检验制度;混凝土搅拌站及计量设置;现场材料、设备存放与管理等。

2. 工程材料质量记录

工程材料质量记录主要包括进场工程材料半成品、构配件、设备的质量证明资料;各种试验检验报告（如力学性能试验、化学成分试验、材料级配试验等）;各种合格证;设备进场维修记录或设备进场运行检验记录。

3. 施工过程作业活动质量记录资料

施工或安装过程可按分项、分部、单位工程建立相应的质量记录资料。在相应质量记录资料中应包含有关图纸的图号、设计要求;质量自检资料;项目监理机构的验收资料;各工序作业的原始施工记录;检测及试验报告;材料、设备质量资料的编号、存放档案卷号。此外,质量记录资料还应包括不合格项的报告、通知以及处理、检查验收资料等。

质量资料记录应在工程施工或安装开始前,由项目监理机构和施工单位一起,根据建设单位的要求及工程竣工验收资料组卷归档的有关规定,研究列出各施工对象的质量资料清单。以后,随着工程施工的进展,施工单位应不断补充和填写关于材料、构配件及施工作业活动的有关内容,记录新的情况。当每一阶段(如检验批,一个分项或分部工程)施工或安装工作完成后,相应的质量记录资料也应随之完成,并整理组卷。

质量资料记录应真实、齐全、完整,相关各方人员的签字齐备、字迹清楚、结论明确,与施工过程的进展同步。在对作业活动效果的验收中,如缺少资料和资料不全,项目监理机构应拒绝验收。

监理资料的管理应由总监理工程师负责,并指定专人具体实施。除了配置资料管理员外,还需要包括项目总监理工程师、各专业监理工程师、监理员在内的各级监理人员自觉履行各自监理职责,保证监理文件资料管理工作的顺利完成。

第二节　建筑工程质量问题和质量事故的处理

项目监理机构应采取有效措施预防工程质量缺陷及事故的出现。工程施工过程中一旦出现工程质量缺陷及事故,就需要对工程质量缺陷及事故及时进行处理。本节主要介绍工程质量缺陷及事故的分类与处理。

一、工程质量缺陷和工程质量事故的分类

（一）工程质量缺陷的含义

工程质量缺陷是指工程不符合国家或行业的有关技术标准、设计文件及合同中对质量的要求。工程质量缺陷可分为施工过程中的质量缺陷和永久质量缺陷,施工过程中的质量缺陷又可分为可整改质量缺陷和不可整改质量缺陷。

（二）工程质量缺陷的成因

1. 常见质量缺陷的成因

由于建设工程施工周期较长,所用材料品种繁杂,在施工过程中,受社会环境和自然条件等方面因素的影响,产生的工程质量问题多种多样。这使得引起工程质量缺陷的成因也错综复杂,往往一项质量缺陷是由多种原因引起的。虽然每次发生质量缺陷的类型各不相同,但通过对大量质量缺陷调查与分析发现,其发生的原因有不少相同或相似之处,归纳其最基本的因素主要有以下几方面。

（1）违背基本建设程序

基本建设程序是工程项目建设过程及其客观规律的反映,违背基本建设程序就是不按建设程序办事,例如,未弄清地质情况就仓促开工;边设计边施工;无图施工;不经竣工验收就交付使用等。

（2）违反法律法规

例如,无证设计;无证施工;越级设计;越级施工;转包、挂靠;工程招投标中的不公平竞

争;超常的低价中标;非法分包;擅自修改设计等。

(3)地质勘察数据失真

例如,未认真进行地质勘察或勘探时钻孔深度、间距、范围不符合规定要求,地质勘察报告不详细、不准确,不能全面反映实际的地基情况,从而使得地下情况不清,或对基岩起伏、土层分布误判,或未查清地下软土层、墓穴、孔洞等,均会导致采用不恰当或错误的基础方案,造成地基不均匀沉降、失稳,使上部结构或墙体开裂、破坏,或引发建筑物倾斜、倒塌等。

(4)设计差错

例如,盲目套用图纸,采用不正确的结构方案,计算简图与实际受力情况不符,荷载取值过小,内力分析有误,沉降缝或变形缝设置不当,悬挑结构未进行抗倾覆验算,以及计算错误等。

(5)施工与管理不到位

不按图施工或未经设计单位同意擅自修改设计。例如,将铰接做成刚接,将简支梁做成连续梁,导致结构破坏;挡土墙不按图设滤水层、排水孔,导致压力增大,墙体破坏或倾覆;不按有关规范和操作规程施工,浇筑混凝土时振捣不良,造成薄弱部位;砖砌体砌筑上下通缝,灰浆不饱满等均能导致砖墙破坏。施工组织管理紊乱,不熟悉图纸,盲目施工;施工方案考虑不周,施工顺序颠倒;图纸未经会审就仓促施工;技术交底不清,违章作业;疏于检查、验收等。

(6)操作人员素质有待提高

近年来,施工操作人员的素质亟须提高,过去师傅带徒弟的技术传承方式应当延续,熟练工人的总体数量很难满足全国大量开工的基本建设需求,工人流动性大,缺乏培训,操作技能差欠缺,质量意识和安全意识不够。

(7)使用不合格的原材料、构配件和设备

近年来,假冒伪劣的材料、构配件和设备大量出现,一旦把关不严,不合格的建筑材料及制品被用于工程,将导致质量隐患,造成质量缺陷和质量事故。例如,钢筋物理力学性能不良导致钢筋混凝土结构破坏;骨料中碱活性物质导致碱骨料反应使混凝土产生破坏;水泥安定性不合格会造成混凝土爆裂;水泥受潮、过期、结块,砂石含泥量及有害物含量超标,外加剂掺量等不符合要求时,影响混凝土强度、和易性、密实性、抗渗性,从而导致混凝土结构强度不足、裂缝、渗漏等质量缺陷。此外,预制构件截面尺寸不足、支承锚固长度不足、未可靠地建立预应力值、漏放或少放钢筋、板面开裂等均可能出现断裂、坍塌;变配电设备质量缺陷可能导致自燃或火灾。

(8)自然环境因素

自然环境因素包括空气温度、湿度、暴雨、大风、洪水、雷电、日晒和浪潮等。

(9)盲目抢工

盲目抢工包括盲目压缩工期,不尊重质量、进度、造价的内在规律。

(10)使用不当

使用不当即对建筑物或设施使用不当。例如,装修中未经校核验算就任意对建筑物加层;任意拆除承重结构部件;任意在结构物上开槽、打洞、削弱承重结构截面等。

2. 质量缺陷成因分析方法

工程发生质量缺陷,既可能因设计计算和施工图纸中存在错误,也可能因施工中出现不合格或质量缺陷,还可能因使用不当。要分析究竟是哪种原因所引起,必须对质量缺陷的特征表现,以及其在施工中和使用中所处的实际情况和条件进行具体分析。分析的基本步骤和要领如下。

(1)基本步骤

①进行细致的现场调查研究,观察记录全部实况,充分了解与掌握引发质量缺陷的原因。

②收集调查与质量缺陷有关的全部设计和施工资料,分析摸清工程在施工或使用过程中所处的环境及面临的各种条件和情况。

③找出可能产生质量缺陷的所有因素。

④分析、比较和判断,找出最可能造成质量缺陷的原因。

⑤进行必要的计算分析或模拟试验予以论证确认。

(2)要领

①确定质量缺陷的初始点,即所谓原点,它是一系列独立原因集合起来形成的爆发点。能够反映出质量缺陷的直接原因,因而在分析过程中具有关键性作用。

②围绕原点对现场各种现象和特征进行分析,区别导致同类质量缺陷的不同原因,逐步揭示质量缺陷产生、发展和最终形成的过程。

③综合考虑原因的复杂性,确定诱发质量缺陷的起源点(即真正原因)。工程质量缺陷原因分析是对一堆模糊不清的事物和现象的客观属性及其内在联系的反映,它的准确性和管理人员的能力学识、经验态度有极大关系,其结果不单是简单的信息描述,同时还是逻辑推理的产物,其推理可用于工程质量的事前控制。

(三)工程质量事故等级划分

工程质量事故是指由于建设、勘察、设计、施工、监理等单位违反工程质量有关法律法规和工程建设标准,使工程产生结构安全、重要使用功能等方面的质量缺陷,造成人身伤亡或者重大经济损失的事故。根据工程质量事故造成的人员伤亡或者直接经济损失,工程质量事故可分为四个等级。

①特别重大事故,是指造成30人以上死亡,或者100人以上重伤,或者1亿元以上直接经济损失的事故。

②重大事故,是指造成10人以上30人以下死亡,或者50人以上100人以下重伤,或者5 000万元以上1亿元以下直接经济损失的事故。

③较大事故,是指造成3人以上10人以下死亡,或者10人以上50人以下重伤,或者1 000万元以上5 000万元以下直接经济损失的事故。

④一般事故,是指造成3人以下死亡,或者10人以下重伤,或者100万元以上1 000万

元以下直接经济损失的事故。

四个等级划分中所称的"以上"包括本数,所称的"以下"不包括本数。

二、工程质量缺陷和工程质量事故的处理

(一)工程质量缺陷的处理

工程施工过程中,由于种种主观和客观原因,出现质量缺陷往往难以避免。对已发生的质量缺陷,项目监理机构应按下列程序进行处理。

①发生工程质量缺陷后,项目监理机构签发监理通知单,责成施工单位进行处理。

②施工单位进行质量缺陷调查,分析质量缺陷产生的原因,并提出经设计等相关单位认可的处理方案。

③项目监理机构审查施工单位报送的质量缺陷处理方案,并签署意见。

④施工单位按审查合格的处理方案实施处理,项目监理机构对处理过程进行跟踪检查,对处理结果进行验收。

⑤质量缺陷处理完毕后,项目监理机构应根据施工单位报送的监理通知回复单对质量缺陷处理情况进行复查,并提出复查意见。

⑥将处理记录整理归档。

(二)工程质量事故处理

建设工程一旦发生质量事故,除相关行业有特殊要求外,应按照《关于做好房屋建筑和市政基础设施工程质量事故报告和调查处理工作的通告》的要求,由各级政府建设行政主管部门按事故等级划分开展相关的工程质量事故调查,明确相应责任单位,提出相应的处理意见。项目监理机构除积极配合做好上述工程质量事故调查外,还应做好由于事故对工程产生的结构安全及重要使用功能等方面的质量缺陷处理工作,为此,项目监理机构应掌握工程质量事故所造成缺陷的处理依据、程序和基本方法。

1.工程质量事故处理的依据

进行工程质量事故处理的主要依据有四个方面:一是相关的法律法规;二是具有法律效力的工程承包合同、设计委托合同、材料或设备购销合同以及监理合同或分包合同等合同文件;三是质量事故的实况资料;四是有关的工程技术文件、资料、档案。

(1)相关法律法规

相关法律法规包括《中华人民共和国建筑法》《建设工程质量管理条例》等。《中华人民共和国建筑法》的颁布实施,为加强建筑活动的监督管理、维护市场秩序、保证建设工程质量提供了法律保障。《建设工程质量管理条例》以及相关的配套法规的相继颁布,完善了工程质量及质量事故处理有关的法律法规体系。

(2)有关合同及合同文件

所涉及的合同文件包括工程承包合同、设计委托合同、设备与器材购销合同、监理合

同等。

有关合同和合同文件在处理质量事故中的作用是:确定在施工过程中有关各方是否按照合同条款实施其活动,借以探寻产生事故的可能原因。例如,施工单位是否在规定时间内通知项目监理机构进行隐蔽工程验收,项目监理机构是否按规定时间实施了检查验收;施工单位在材料进场时,是否按规定或约定进行了检验等。此外,有关合同文件还是界定质量责任的重要依据。

(3)质量事故的实况资料

要弄清质量事故的原因和确定处理对策,首要的是掌握质量事故的实际情况。有关质量事故实况的资料主要来自以下几个方面。

①施工单位的质量事故调查报告。

质量事故发生后,施工单位有责任就所发生的质量事故进行周密的调查、研究,掌握实际情况,并在此基础上写出调查报告,提交项目监理机构和建设单位。在调查报告中首先就与质量事故有关的实际情况做详尽的说明,其内容应包括:质量事故发生的时间、地点、工程部位;质量事故发生的简要经过,造成工程损失状况,伤亡人数和直接经济损失的初步估计;质量事故发展变化的情况(其范围是否继续扩大,程度是否已经稳定等);有关质量事故的观测记录、事故现场状态的照片或录像。

②项目监理机构所掌握的质量事故相关资料。

项目监理机构所掌握的质量事故相关资料内容大致与施工单位调查报告中的有关内容相似,可用来与施工单位所提供的情况对照、核实。

(4)有关的工程技术文件、资料和档案

有关的文件、资料和档案是指设计类文件,如施工图纸和技术说明等。在处理质量事故中,这些文件、资料和档案的作用一方面是可以对照设计文件,核查施工质量是否完全符合设计的规定和要求;另一方面是可以根据所发生的质量事故情况,核查设计中是否存在问题或缺陷,成为导致质量事故的原因。

与施工有关的技术文件、资料和档案主要包括以下几个方面。

①施工组织设计或施工方案、施工计划。

②施工记录、施工日志等。根据它们可以查对发生质量事故的工程施工时的情况,如施工时的气温、降雨、风力、海浪等有关的自然条件;施工人员的情况;施工工艺与操作过程的情况;使用的材料情况;施工场地、工作面、交通等情况;地质及水文地质情况等。借助这些资料可以追溯和查找事故的可能原因。

③有关建筑材料的质量证明资料。例如,材料批次、出厂日期、出厂合格证或检验报告、施工单位抽检或试验报告等。

④现场制备材料的质量证明资料。例如,混凝土拌合料的级配、水灰比、坍落度记录;混凝土试块强度试验报告;沥青拌合料配比、出机温度和摊铺温度记录等。

⑤质量事故发生后,对事故状况的观测记录、试验记录或试验报告等。例如,对地基沉

降的观测记录;对建筑物倾斜或变形的观测记录;对地基钻探取样记录与试验报告;对混凝土结构物钻取试样的记录与试验报告等。

上述各类技术资料对于分析质量事故原因,判断其发展变化趋势,推断事故影响及严重程度,确定处理措施等都是不可缺少的。

2. 工程质量事故处理程序

工程质量事故发生后,项目监理机构可按以下程序进行处理。

①工程质量事故发生后,总监理工程师应签发《工程暂停令》,要求暂停质量事故部位和与其有关联部位的施工,要求施工单位采取必要的措施,防止事故扩大并保护好现场。同时,要求质量事故发生单位迅速按类别和等级向相应的主管部门上报。

②项目监理机构要求施工单位进行质量事故调查、分析质量事故产生的原因,并提交质量事故调查报告。对于由质量事故调查组处理的事故,项目监理机构应积极配合,客观地提供相应证据。

③根据施工单位的质量调查报告或质量事故调查组提出的处理意见,项目监理机构要求相关单位完成技术处理方案。质量事故技术处理方案一般由施工单位提出,经原设计单位同意签认,并报建设单位批准。对于涉及结构安全和加固处理等的重大技术处理方案,一般由原设计单位提出。必要时,应要求相关单位组织专家论证,以确保处理方案可靠、可行,能够保证结构安全和使用功能。

④技术处理方案经相关各方签认后,项目监理机构应要求施工单位制定详细的施工方案。对处理过程进行跟踪检查,对处理结果进行验收。必要时应组织有关单位对处理结果进行鉴定。

⑤质量事故处理完毕后,具备工程复工条件时,施工单位提出复工申请,项目监理机构应审查施工单位报送的工程复工报审表及有关资料,符合要求后,总监理工程师签署审核意见,报建设单位批准后,签发工程复工令。

⑥项目监理机构应及时向建设单位提交质量事故书面报告,并应将完整的质量事故处理记录整理归档。质量事故书面报告应包括如下内容。

一是工程及各参建单位名称。

二是质量事故发生的时间、地点、工程部位。

三是事故发生的简要经过、造成工程损失状况、伤亡人数和直接经济损失的初步估计。

四是事故发生原因的初步判断。

五是事故发生后采取的措施及处理方案。

六是事故处理的过程及结果。

3. 工程质量事故处理的基本方法

工程质量事故处理的基本方法包括工程质量事故处理方案的确定和工程质量事故处理后的鉴定验收。工程质量事故处理目的是消除质量缺陷,以达到建筑物的安全可靠和正常使用功能及寿命要求,并保证后续施工的正常进行。其一般处理原则是:正确确定事故性质,看它是表面性还是实质性、是结构性还是一般性、是迫切性还是可缓性;正确确定处理范围,除直接发生部位外,还应检查处理事故相邻影响作用范围的结构部位或构件。其处理基本要求是安全可靠,不留隐患;满足建筑物的功能和使用要求;技术可行,经济合理。

(1)工程质量事故处理方案的确定

工程质量事故处理方案的确定,要以分析事故调查报告中事故原因为基础,结合实地勘察成果,并尽量满足建设单位的要求。因同类和同一性质的事故常可以选择不同的处理方案,在确定处理方案时,应审核其是否遵循一般处理原则和要求,尤其应重视工程实际条件,如建筑物实际状态、材料实测性能、各种作用的实际情况等,以确保作出正确判断和选择。

尽管质量事故的技术处理方案多种多样,但根据质量事故的情况可归纳为三种类型的处理方案,监理人员应掌握从中选择最适用处理方案的方法,方能对相关单位上报的事故处理方案作出正确审核结论。

①工程质量事故处理方案类型。

第一,修补处理。这是最常用的一类处理方案。通常当工程的某个检验批、分项或分部工程的质量虽未达到规定的规范、标准或设计要求,存在一定缺陷,但通过修补或更换构配件、设备后还可达到要求的标准,又不影响使用功能和外观要求,在此情况下,可以进行修补处理。

关于修补处理类的具体方案很多,诸如封闭保护、复位纠偏、结构补强、表面处理等。某些事故造成的结构混凝土表面裂缝,可根据其受力情况,仅做表面封闭处理;某些混凝土结构表面的蜂窝、麻面,经调查分析,可进行剔凿、抹灰等表面处理,一般不会影响其使用和外观。

对较严重的质量缺陷,可能影响结构的安全性和使用功能,必须按一定的技术方案进行加固补强处理,这样往往会造成一些永久性缺陷,如改变结构外形尺寸,影响一些次要的使用功能等。

第二,返工处理。当工程质量未达到规定的标准和要求,存在严重的质量缺陷,对结构的使用和安全构成重大影响,且又无法通过修补处理时,可对检验批、分项、分部工程甚至整个工程返工处理。例如,某防洪堤坝填筑压实后,其压实土的干密度未达到规定值,经核算将影响土体的稳定且不满足抗渗能力要求,可挖除不合格土,重新填筑,进行返工处理。对某些存在严重质量缺陷,又无法采用加固补强等修补处理或修补处理费用比原工程造价还高的工程,应进行整体拆除,全面返工。

第三,不做处理。某些工程质量缺陷虽然不符合规定的要求和标准构成质量事故,但视其严重情况,经过分析、论证、法定检测单位鉴定和设计等有关单位认可,对工程或结构使用及安全影响不大,也可不做专门处理。通常不用专门处理的情况有以下几种。

A.不影响结构安全和正常使用。例如,有的建筑物出现放线定位偏差,严重超过规范标准规定,若要纠正会造成重大经济损失,经过分析、论证其偏差不影响生产工艺和正常使用,在外观上也无明显影响,可不做处理。又如,某些隐蔽部位结构混凝土表面裂缝,经检查分析,属于表面养护不够的干缩微裂,不影响使用及外观,也可不做处理。

B.有些质量缺陷,经过后续工序可以弥补。例如,混凝土墙表面轻微麻面,可通过后续的抹灰、喷涂或刷白等工序弥补,亦可不做专门处理。

C.经法定检测单位鉴定合格。例如,某检验批混凝土试块强度值不满足规范要求,强度不足,在法定检测单位对混凝土实体采用非破损检验方法,测定其实际强度已达规范允许和设计要求值时,可不做处理。对经检测未达要求值,但相差不多,经过分析论证,只要使用前经再次检测达设计强度,也可不做处理。

D.出现的质量缺陷,经检测鉴定达不到设计要求,但经原设计单位核算,仍能满足结构安全和使用功能。例如,某一结构构件截面尺寸不足,或材料强度不足,影响结构承载力,但经按实际检测所得截面尺寸和材料强度复核验算,仍能满足设计的承载力,可不做专门处理。这是因为一般情况下,规范标准给出了满足安全和功能的最低限度要求,而设计往往在此基础上留有一定余量,这种处理方式实际上是挖掘了设计潜力或降低了设计的安全系数。

不论哪种情况,特别是不做处理的质量缺陷,均要备好必要的书面文件,对技术处理方案、不做处理结论和各方协商文件等有关档案资料认真组织签认。对责任方应承担的经济责任和合同中约定的罚则应正确判定。

②选择最适用工程质量事故处理方案的辅助方法。

选择工程质量处理方案,是复杂而重要的工作,它直接关系到工程的质量、费用和工期。处理方案选择不合理,不仅劳民伤财,严重的还会留有隐患,危及人身安全,特别是对需要返工或不做处理的方案,更应慎重对待。下面给出一些可采取的选择工程质量事故处理方案的辅助决策方法。

第一,试验验证。即对某些有严重质量缺陷的项目,可采取合同规定的常规试验以外的试验方法进一步进行验证,以便确定缺陷的严重程度。如公路工程的沥青面层厚度误差超过了规范允许的范围,可采用弯沉试验,检查路面的整体强度等。监理人员可根据对试验验证结果的分析、论证,研究选择最佳的处理方案。

第二,定期观测。有些工程当发现质量缺陷时,其状态可能尚未达到稳定仍会继续发展,在这种情况下一般不宜过早做出决定,可以对其进行一段时间的观测,然后再根据情况做出决定。属于这类质量缺陷的有:桥墩或其他工程的基础在施工期间发生沉降超过预计的或规定的标准;混凝土表面发生裂缝,并处于发展状态等。有些有质量缺陷的工程,短期内其影响可能不十分明显,需要较长时间的观测才能得出结论。对此,项目监理机构应与建设单位及施工单位协商,是否可以留待责任期解决或采取修改合同,延长责任期的办法。

第三,专家论证。对于某些工程质量缺陷,可能涉及的技术领域比较广泛,或问题很复杂,有时仅根据合同规定难以决策,这时可提请专家论证。但采用这种办法时,应事先做好充分准备,尽早为专家提供尽可能详尽的情况和资料,以便专家能够充分、全面和细致地分析、研究,提出切实可行的意见与建议。实践证明,采用这种方法,对于监理人员正确选择重大工程质量缺陷的处理方案十分有益。

第四,方案比较。这是比较常用的一种方法。同类型和同一性质的事故可先设计多种处理方案,然后结合当地的资源情况、施工条件等逐项给出权重,做出对比,从而选择具有较好处理效果又便于施工的处理方案。例如,结构构件承载力达不到设计要求,可采用改变结构构造来减少结构内力、结构卸荷或结构补强等不同处理方案,将每一方案按经济、工期、效果等指标列项并分配相应权重值,进行对比,辅助决策。

(2)工程质量事故处理的鉴定验收

鉴定验收主要是看质量事故的技术处理是否达到了预期目的,消除了工程质量不合格和工程质量缺陷,是否仍留有隐患,项目监理机构应通过组织检查和必要的鉴定,认真验收并予以最终确认。

①检查验收。

工程质量事故处理完成后,项目监理机构在施工单位自检合格的基础上,应严格按施工验收标准及有关规范的规定进行检查,依据质量事故技术处理方案设计要求,通过实际检测,检查各种资料数据进行验收,并办理验收手续,组织各有关单位会签。

②必要的鉴定。

为确保工程质量事故的处理效果,凡涉及结构承载力等使用安全和其他重要性能的处理工作,常需做必要的试验和检验鉴定工作。如果质量事故处理施工过程中建筑材料及构配件保障资料严重缺乏,或对检查验收结果各参与单位有争议,这时就需要检验鉴定。常见的检验工作有:混凝土钻芯取样,用于检查密实性和裂缝修补效果,或检测实际强度;结构荷载试验,确定其实际承载力;超声波检测焊接或结构内部质量;池、罐、箱柜工程的渗漏检验等。检测鉴定必须委托具有资质的法定检测单位进行。

③验收结论。

对所有质量事故无论经过技术处理,通过检查鉴定验收还是不需专门处理的,均应有明确的书面结论。若对后续工程施工有特定要求,或对建筑物使用有一定限制条件,还应在结论中提出。验收结论通常有以下几种:

a.事故已排除,可以继续施工;

b.隐患已消除,结构安全有保证;

c.经修补处理后,完全能够满足使用要求;

d.基本上满足使用要求,但使用时应有附加限制条件,如限制荷载等;

e.对耐久性的结论;

f.对建筑物外观影响的结论。

对短期内难以做出结论的,可提出进一步观测检验意见;对于处理后符合《建筑工程施工质量验收统一标准》规定的,监理人员应予以验收、确认,并应注明责任方承担的经济责任。对经加固补强或返工处理仍不能满足安全使用要求的分部工程、单位(子单位)工程,应拒绝验收。

第三节　建筑工程质量控制的统计分析方法

工程项目的质量验收是指工程施工质量在施工单位自行质量检查评定合格的基础上,由工程质量验收责任方组织,工程建设相关单位参加,共同对检验批、分项、分部、单位工程和隐蔽工程的质量进行抽样复验,对技术文件进行审核,并根据设计文件和相关标准以书面形式对工程质量是否达到合格做出确认。施工质量验收包括施工过程的质量验收和工程项目竣工质量验收两个部分,是工程质量控制的重要环节。

一、工程施工质量验收层次划分

(一)施工质量验收层次划分及目的

1.施工质量验收层次划分

随着我国经济的发展和施工技术的进步,工程建设规模不断扩大,技术复杂程度越来越高,出现了大量工程规模较大的单体工程和具有综合使用功能的综合性建筑物。由于大型单体工程可能在功能或结构上由若干个单体组成,且整个建设周期较长,也可能出现已建成可使用的部分单体需先投入使用,或先将工程中一部分提前建成使用等情况,需要进行分段验收。再加上对规模特别大的工程进行一次验收也不方便等。因此标准规定,可将此类工程划分为若干个子单位工程进行验收。同时为了更加科学地评价工程施工质量和有利于对其进行验收,根据工程特点,按结构分解的原则将单位或子单位工程又划分为若干个分部工程。在分部工程中,按相近工作内容和系统又划分为若干个子分部工程。每个分部工程或子分部工程又可划分为若干个分项工程。每个分项工程中又可划分为若干个检验批。检验批是工程施工质量验收的最小单位。

2.施工质量验收层次划分目的

工程施工质量验收涉及工程施工过程质量验收和竣工质量验收,是工程施工质量控制的重要环节。根据工程特点,按项目层次分解的原则合理划分工程施工质量验收层次,有利于对工程施工质量进行过程控制和阶段质量验收,特别是不同专业工程的验收批的确定,将直接影响到工程施工质量验收工作的科学性、经济性、实用性和可操作性。因此,对施工质量验收层次进行合理划分非常必要,这有利于工程施工质量的过程控制和最终把关,确保工程质量符合有关标准。

(二)单位工程的划分

单位工程是指具备独立的设计文件、独立的施工条件并能形成独立使用功能的建筑物或构筑物。对于建筑工程,单位工程的划分应按下列原则确定。

①具备独立施工条件并能形成独立使用功能的建筑物或构筑物为一个单位工程。如一所学校中的一栋教学楼、办公楼、传达室,某城市的广播电视塔等。

②对于规模较大的单位工程,可将其能形成独立使用功能的部分划分为一个子单位工程。

子单位工程的划分一般可根据工程的建筑设计分区、使用功能的显著差异、结构缝的设置等实际情况加以确定。施工前,应由建设单位、监理单位、施工单位商定划分方案,并据此收集整理施工技术资料和验收。

③室外工程可根据专业类别和工程规模划分单位工程或子单位工程、分部工程。

(三)分部工程的划分

分部工程是单位工程的组成部分。一般按专业性质、工程部位或特点、功能和工程量确定。对于建筑工程,分部工程的划分应按下列原则确定。

①分部工程的划分应按专业性质、工程部位确定。如建筑工程划分为地基与基础、主体结构、建筑装饰装修、屋面、建筑给水排水及供暖、通风与空调、建筑电气、建筑智能化、建筑节能、电梯十个分部工程。

②当分部工程较大或较复杂时,可按材料种类、施工特点、施工程序、专业系统及类别将分部工程划分为若干个子分部工程。如建筑智能化分部工程中就包含了通信网络系统、计算机网络系统、建筑设备监控系统、火灾报警及消防联动系统、会议系统与信息导航系统、专业应用系统、安全防范系统、综合布线系统、智能化集成系统、电源与接地、计算机机房工程、住宅智能化系统等子分部工程。

（四）分项工程的划分

分项工程是分部工程的组成部分。分项工程可按主要工种、材料、施工工艺、设备类别进行划分。如建筑工程主体结构分部工程中,混凝土结构子分部工程按主要工种分为模板、钢筋、混凝土等分项工程;按施工工艺又分为预应力、现浇结构、装配式结构等分项工程。建筑工程分部或子分部工程、分项工程的具体划分详见《建筑工程施工质量验收统一标准》及相关专业验收规范的规定。

（五）检验批的划分

检验批在《建筑工程施工质量验收统一标准》中是指按相同的生产条件或按规定的方式汇总起来供抽样检验用的,由一定数量样本组成的检验体。它是建筑工程质量验收划分中的最小验收单位。

分项工程可由一个或若干个检验批组成,检验批可根据施工、质量控制和专业验收的需要,按工程量、楼层、施工段、变形缝进行划分。

施工前,应由施工单位制定分项工程和检验批的划分方案,并由项目监理机构审核。对于《建筑工程施工质量验收统一标准》及相关专业验收规范未涵盖的分项工程和检验批,可由建设单位组织监理、施工等单位协商确定。

通常,多层及高层建筑的分项工程可按楼层或施工段来划分检验批;单层建筑的分项工程可按变形缝等划分检验批;地基与基础的分项工程一般划分为一个检验批,有地下层的基础工程可按不同地下层划分检验批;屋面工程的分项工程可按不同楼层屋面划分为不同的检验批;其他分部工程中的分项工程,一般按楼层划分检验批;对于工程量较少的分项工程可划分为一个检验批;安装工程一般按一个设计系统或设备组别划分为一个检验批;室外工程一般划分为一个检验批;台阶、明沟等含在地面检验批中。

二、工程施工质量验收程序和标准

（一）施工质量验收基本规定

施工现场应具有健全的质量管理体系、相应的施工技术标准、施工质量检验制度和综合施工质量水平评定考核制度。

当工程未实行监理时,建设单位相关人员应履行有关验收规范涉及的监理职责。

建筑工程的施工质量控制应符合下列规定。

①建筑工程采用的主要材料、半成品、成品、建筑构配件、器具和设备应进行进场检验。凡涉及安全、节能、环境保护和主要使用功能的重要材料、产品,应按各专业工程施工规范、验收规范和设计文件等规定进行复验,并应经专业监理工程师检查认可。

②各施工工序应按施工技术标准进行质量控制,每道施工工序完成后,经施工单位自检符合规定后,才能进行下道工序施工。各专业工种之间的相关工序应进行交接检验,并应记录。

③对于项目监理机构提出检查要求的重要工序,应经专业监理工程师检查认可,才能进行下道工序施工。

④若专业验收规范中对工程中的验收项目未做出相应规定,应由建设单位组织监理、设计、施工等相关单位制定专项验收要求。涉及结构安全、节能、环境保护等项目的专项验收应由建设单位组织专家论证。

⑤建筑工程施工质量应按下列要求进行验收:

A.工程施工质量验收均应在施工单位自检合格的基础上进行;

B.参加工程施工质量验收的各方人员应具备相应的资格;

C.检验批的质量应按主控项目和一般项目验收;

D.对涉及结构安全、节能、环境保护和主要使用功能的试块、试件及材料,应在进场时或施工中按规定进行见证检验;

E.隐蔽工程在隐蔽前应由施工单位通知项目监理机构进行验收,并应形成验收文件,验收合格后方可继续施工;

F.对涉及结构安全、节能、环境保护等的重要分部工程应在验收前按规定进行抽样检验;

G.工程的观感质量应由验收人员现场检查,并应共同确认。

⑥建筑工程施工质量验收合格应符合下列规定:

A.符合工程勘察、设计文件的规定;

B.符合《建筑工程施工质量验收统一标准》和相关专业验收规范的规定。

（二）检验批质量验收

1.检验批质量验收程序

检验批是工程施工质量验收的最小单位,是分项工程乃至整个建筑工程质量验收的基础。检验批质量验收应由专业监理工程师组织施工单位项目专业质量检查员、专业工长等进行。

验收前,施工单位应先对施工完成的检验批进行自检,合格后由项目专业质量检查员填写检验批质量验收记录及检验批报审、报验表,并报送项目监理机构申请验收;专业监理工程师对施工单位所报资料进行审查,并组织相关人员到验收现场进行主控项目和一般项目的实体检查、验收。对验收不合格的检验批,专业监理工程师应要求施工单位进行整改,并自检合格后予以复验;对验收合格的检验批,专业监理工程师应签认检验批报审、报验表及质量验收记录,准许进行下一道工序施工。

2.检验批质量验收合格的规定

①主控项目的质量经抽样检验均应合格。

②一般项目的质量经抽样检验应合格。当采用计数抽样时,合格点率应符合有关专业验收规范的规定,且不得存在严重缺陷。

③具有完整的施工操作依据、质量验收记录。

检验批质量验收合格条件除主控项目和一般项目的质量经抽样检验合格外,其施工操作依据、质量验收记录尚应完整且符合设计、验收规范的要求。只有符合检验批质量验收合格条件,该检验批质量才能判定为合格。

3.检验批质量检验方法

检验批质量检验,可根据检验项目的特点从下列抽样方案中选取。

①计量、计数的抽样方案。

②一次、二次或多次抽样方案。

③对重要的检验项目,当有简易快速的检验方法时,选用全数检验方案。

④根据生产连续性和生产控制稳定性情况,采用调整型抽样方案。

⑤经实践证明有效的抽样方案。

检验批抽样样本应随机抽取,满足分布均匀、具有代表性的要求,抽样数量不应低于有关专业验收规范的规定。

明显不合格的个体可不纳入检验批,但必须进行处理,使其满足有关专业验收规范的规定,并对处理情况予以记录。

（三）隐蔽工程质量验收

隐蔽工程是指在下道工序施工后将被覆盖或掩盖,不易进行质量检查的工程,如钢筋混凝土工程中的钢筋工程,地基与基础工程中的混凝土基础和桩基础等。因此隐蔽工程完成后,在被覆盖或掩盖前必须进行隐蔽工程质量验收。隐蔽工程可能是一个检验批,也可能是一个分项工程或子分部工程,所以可按检验批或分项工程、子分部工程进行验收。

如隐蔽工程为检验批时,其质量验收应由专业监理工程师组织施工单位项目专业质量检查员、专业工长等进行。

施工单位应对隐蔽工程质量进行自检,合格后填写隐蔽工程质量验收记录及隐蔽工程报审、报验表,并报送项目监理机构申请验收;专业监理工程师对施工单位所报资料进行审查,并组织相关人员到验收现场进行实体检查、验收,同时应留有照片、影像等资料。对验收不合格的工程,专业监理工程师应要求施工单位进行整改,自检合格后予以复查;对验收合格的工程,专业监理工程师应签认隐蔽工程报审、报验表及质量验收记录,准许进行下一道工序施工。

（四）分项工程质量验收

1.分项工程质量验收程序

分项工程质量验收应由专业监理工程师组织施工单位项目技术负责人等进行。

验收前,施工单位应先对施工完成的分项工程进行自检,合格后填写分项工程质量验收记录及分项工程报审、报验表,并报送项目监理机构申请验收。专业监理工程师对施工单位所报资料逐项进行审查,符合要求后签认分项工程报审、报验表及质量验收记录。

2.分项工程质量验收合格的规定

①分项工程所含检验批的质量均应验收合格。

②分项工程所含检验批的质量验收记录应完整。

分项工程的验收是在检验批的基础上进行的。一般情况下,检验批和分项工程两者具有相同或相近的性质,只是批量的大小不同而已,因此可将有关的检验批汇集构成分项工程。

实际上,分项工程质量验收是一个汇总统计的过程,并无新的内容和要求。分项工程质量验收合格条件比较简单,只要构成分项工程的各检验批的质量验收资料完整,并且均已验收合格,则分项工程质量验收合格。因此,在分项工程质量验收时应注意以下三点。

一是核对检验批的部位、区段是否全部覆盖分项工程的范围,有没有缺漏的部位没有验收到。

二是一些在检验批中无法检验的项目,可在分项工程中直接验收。如砖砌体工程中的全高垂直度、砂浆强度的评定。

三是检验批验收记录的内容及签字人是否正确、齐全。

(五)分部工程质量验收

1.分部(子分部)工程质量验收程序

分部(子分部)工程质量验收应由总监理工程师组织施工单位项目负责人和项目技术、质量负责人等进行。由于地基与基础、主体结构工程要求严格,技术性强,关系到整个工程的安全,为严把质量关,规定勘察、设计单位项目负责人和施工单位技术、质量负责人应参加地基与基础分部工程的验收。设计单位项目负责人和施工单位技术、质量负责人应参加主体结构、节能分部工程的验收。

验收前,施工单位应先对施工完成的分部工程进行自检,合格后填写分部工程质量验收记录及分部工程报验表,并报送项目监理机构申请验收。总监理工程师应组织相关人员进行检查、验收。对验收不合格的分部工程,应要求施工单位进行整改,自检合格后予以复查;对验收合格的分部工程,应签认分部工程报验表及验收记录。

2.分部(子分部)工程质量验收合格的规定

①所含分项工程的质量均应验收合格。

②质量控制资料应完整。

③有关安全、节能、环境保护和主要使用功能的抽样检验结果应符合相应规定。

④观感质量应符合要求。

分部工程质量验收是在其所含各分项工程质量验收的基础上进行的。首先,分部工程所含各分项工程必须已验收合格且相应的质量控制资料齐全、完整,这是验收的基本条件。此外,由于各分项工程的性质不尽相同,因此作为分部工程不能简单地组合而加以验收,尚须进行以下两方面的检查项目。

第一,涉及安全、节能、环境保护和主要使用功能等的抽样检验结果应符合相应规定。即涉及安全、节能、环境保护和主要使用功能的地基与基础、主体结构和设备安装等分部工程应进行有关见证检验或抽样检验。如建筑物垂直度、标高、全高测量记录,照明全负荷试验记录等。总监理工程师应组织相关人员,检查各专业验收规范中规定检验的项目是否都进行了检测;查阅各项检测报告,核查有关检测方法、内容、程序、检测结果等是否符合有关标准规定;核查有关检测单位的资质、见证取样与送样人员资格、检测报告出具单位负责人的签署情况是否符合要求。

第二,观感质量验收,这类检查往往难以定量,只能以观察、触摸或简单量测的方法进行观感质量验收,并由验收人加以主观判断,检查结果不给出"合格"或"不合格"的结论,而是综合给出"好""一般""差"的质量评价结果。所谓"一般"是指观感质量检验符合验收规范的要求;所谓"好"是指在质量符合验收规范的基础上,能到达精致、流畅的要求,细部处理到位、精度控制好;所谓"差"是指勉强达到验收规范要求,或有明显的缺陷,但不影响安全或使用功能。评为差的项目能返修的应进行返修,不能返修的只要不影响结构安全和使用功能的可通过验收。有影响安全和使用功能的项目,不能评价,应返修后再进行评价。

（六）单位工程质量验收

1. 单位(子单位)工程质量验收程序

（1）预验收

单位(子单位)工程完成后,施工单位应依据验收规范、设计图纸等组织有关人员进行自检,对检查结果进行评定,符合要求后填写单位工程竣工验收报审表,以及质量竣工验收记录、质量控制资料核查记录、安全和功能检验资料核查以及观感质量检查记录等,并将单位工程竣工验收报审表及有关竣工资料报送项目监理机构申请验收。

总监理工程师应组织专业监理工程师审查施工单位提交的单位工程竣工验收报审表及有关竣工资料,并对工程质量进行竣工预验收。若存在质量问题,应由施工单位及时整改,整改完毕且合格后,总监理工程师应签认单位工程竣工验收报审表及有关资料,并向建设单位提交工程质量评估报告。施工单位向建设单位提交工程竣工报告,申请工程竣工验收。

对需要进行功能试验的项目(包括单机试车和无负荷试车),专业监理工程师应督促施工单位及时进行试验,并对重要项目进行现场监督、检查,必要时请建设单位和设计单位参加;专业监理工程师应认真审查试验报告单并督促施工单位搞好成品保护和现场清理。

单位工程中的分包工程完工后,分包单位应对所施工的建筑工程进行自检,并应按规定的程序进行验收;验收时,总包单位应派人参加。验收合格后,分包单位应将所分包工程的质量控制资料整理完整后,移交给总包单位。建设单位组织单位工程质量验收时,分包单位负责人应参加验收。

（2）验收

建设单位收到施工单位提交的工程竣工报告和完整的质量控制资料，以及项目监理机构提交的工程质量评估报告后，由建设单位项目负责人组织设计、勘察、监理、施工等，单位项目负责人进行单位工程验收。对验收中提出的整改问题，项目监理机构应督促施工单位及时整改。工程质量符合要求的，总监理工程师应在工程竣工验收报告中签署验收意见。

《建设工程质量管理条例》规定，建设工程竣工验收应当具备下列条件。

①完成建设工程设计和合同约定的各项内容。

②有完整的技术档案和施工管理资料。

③有工程使用的主要建筑材料、建筑构配件和设备的进场试验报告。

④有勘察、设计、施工、工程监理等单位分别签署的质量合格文件。

⑤有施工单位签署的工程保修书。

对于不同性质的建设工程还应满足其他一些具体要求，如工业建设项目，应满足环境保护设施、劳动、安全与卫生设施、消防设施以及必需的生产设施已按设计要求与主体工程同时建成，并经有关专业部门验收合格方可交付使用。

在一个单位工程中，对满足生产要求或具备使用条件，施工单位经自行检验，专业监理工程师已预验收通过的子单位工程，建设单位可组织进行验收。对于几个施工单位负责施工的单位工程，当其中的施工单位所负责的子单位工程已按设计完成，并经自行检验，也可按规定的程序组织正式验收，办理交工手续。在整个单位工程进行全部验收时，已验收的子单位工程验收资料应作为单位工程验收的附件。

单位工程验收时，对因季节影响需后期调试的项目，单位工程可先行验收。后期调试项目可约定具体时间另行验收。如一般空调制冷性能不能在冬季验收，采暖工程不能在夏季验收。

2.单位（子单位）工程质量验收合格的规定

①所含分部（子分部）工程的质量均应验收合格。

②质量控制资料应完整。

③所含分部工程中有关安全、节能、环境保护和主要使用功能等的检验资料应完整。

④主要使用功能的抽查结果应符合相关专业质量验收规范的规定。

⑤观感质量应符合要求。

单位工程质量验收也称质量竣工验收，是建筑工程投入使用前的最后一次验收，也是最重要的一次验收。参建各方责任主体和有关单位及人员，应加以重视，认真做好单位工程质量竣工验收，把好工程质量关。

3.单位（子单位）工程质量竣工验收报审表及竣工验收记录

单位（子单位）工程质量竣工验收报审表、质量竣工验收记录、质量控制资料核查记录、安全和功能检验资料核查、观感质量检查记录等均按相应表格填写。表格中的验收记录由施工单位填写,验收结论由监理单位填写。综合验收结论由参加验收各方共同商定,由建设单位填写,并应对工程质量是否符合设计和规范要求及总体质量水平做出评价。

（七）施工质量验收不符合要求的处理

一般情况下,不合格现象在检验批验收时就应发现并及时处理,但实际工程中不能完全避免不合格情况的出现,因此工程施工质量验收不符合要求的应按下列规定进行处理。

①对返工或返修的检验批,应重新进行验收。在检验批验收时,对于主控项目不能满足验收规范规定或一般项目超过偏差限值时,应及时进行处理。其中,对于严重的质量缺陷应重新施工;一般的质量缺陷可通过返修或更换予以解决,允许施工单位在采取相应的措施后重新验收。如能够符合相应的专业验收规范要求,则应认为该检验批合格。

②经有资质的检测单位检测鉴定能够达到设计要求的检验批,应予以验收。当个别检验批发现问题,难以确定能否验收时,应请具有资质的法定检测单位进行检测鉴定。当鉴定结果认为能够达到设计要求时,该检验批可以通过验收。这种情况通常出现在某检验批的材料试块强度不满足设计要求时。

③经有资质的检测单位检测鉴定达不到设计要求,但经原设计单位核算认可能够满足安全和使用功能要求时,该检验批可予以验收。如经检测鉴定达不到设计要求,但经原设计单位核算、鉴定,仍可满足相关设计规范和使用功能的要求时,该检验批可予以验收。一般情况下,标准、规范规定的是满足安全和功能的最低要求,而设计往往在此基础上留有一些余量。在一定范围内,会出现不满足设计要求而符合相应规范要求的情况,两者并不矛盾。

④经返修或加固处理的分部（分项）工程,满足安全及使用功能要求时,可按技术处理方案和协商文件的要求予以验收。经法定检测单位检测鉴定以后认为达不到规范的相应要求,即不能满足最低限度的安全储备和使用功能时,则必须按一定的技术处理方案进行加固处理,使之满足安全使用的基本要求。这样可能会造成一些永久性的影响,如增大结构外形尺寸,影响一些次要的使用功能等。但为了避免建筑物的整体或局部拆除,避免社会财富更大的损失,在不影响安全和主要使用功能的条件下,可按技术处理方案和协商文件的要求进行验收,责任方应按法律法规承担相应的经济责任和接受处罚。但这种方法不能作为降低质量要求、变相通过验收的一种出路,这是应该特别注意的。

⑤经返修或加固处理仍不能满足安全或重要使用要求的分部工程及单位或子单位工程,严禁验收。分部工程及单位工程如存在影响安全和使用功能的严重缺陷,经返修或加固处理仍不能满足安全使用要求的,严禁通过验收。

⑥工程质量控制资料应齐全完整,当部分资料缺失时,应委托有资质的检测单位按有关标准进行相应的实体检测或抽样试验。实际工程中偶尔会遇到因遗漏检验或资料丢失而导致部分施工验收资料不全的情况,使工程无法正常验收。对此可有针对性地进行工程质量检验,采取实体检测或抽样试验的方法确定工程质量状况。上述工作应由有资质的检测单位完成,检验报告可用于工程施工质量验收。

第九章 建筑工程项目风险管理与收尾管理的监督工作

第一节 建筑工程项目风险管理

一、建筑工程项目风险管理概述

（一）建筑工程风险与风险管理

1. 建筑工程风险

对建筑工程风险的认识，要明确两个基本点：

第一，建筑工程风险大。建筑工程建设周期持续时间长，所涉及的风险因素和风险事件多。对建筑工程的风险因素，最常用的是按风险产生的原因进行分类，即将建设工程的风险因素分为政治、社会、经济、自然、技术等。这些风险因素都会不同程度地作用于建设工程，产生错综复杂的影响。同时，每一种风险因素又都会产生许多不同的风险事件。这些风险事件虽然不会都发生，但总会有风险事件发生。总之，建筑工程风险因素和风险事件发生的概率均较大，其中有些风险因素和风险事件的发生概率很大。这些风险因素和风险事件一旦发生，往往会造成会比较严重的损失后果。

明确这一点，有利于确立风险意识，只有从思想上重视建筑工程的风险问题，才有可能对建筑工程风险进行主动的预防和控制。

第二，参与工程建设的各方均有风险，但各方的风险不尽相同。工程建设各方所遇到的风险事件有较大的差异，即使是同一风险事件，对建筑工程不同参与方的后果有时也迥然不同。

2. 建筑工程风险管理目标

建筑工程风险管理目标应该与企业的总目标相一致，随着企业的环境和特有属性的发展变化而不断调整、改变，力求与之相适应。

3. 建筑工程项目的主要风险

业主方和其他项目参与方都应建立风险管理体系，明确各层管理人员的相应管理责任，以减少项目实施过程中不确定因素对项目的影响。建筑工程项目风险是影响施工项目目标实现的事先不能确定的内外部的干扰因素及其发生的可能性。

4. 建筑工程风险管理过程

风险管理是为了达到一个组织的既定目标，而对组织所承担的各种风险进行管理的系统过程,其采取的方法应符合公众利益、人身安全、环境保护以及有关法规的要求。风险管理包括策划、组织、领导、协调和控制等方面的工作。建筑工程风险管理在这一点上并无特殊性。风险管理应是一个系统的、完整的过程。

工程项目风险管理贯穿于工程项目实现的全过程,对于工程项目的承包方,从准备投标开始直到保修期结束。在整个过程中,因各阶段存在的风险因素不同,风险产生的原因不同,管理的主要责任者、管理方法手段也会有所区别。在项目经理承接该项目之前,风险管理的责任主要集中于企业管理层,并主要是从项目宏观上进行风险管理,而工程项目一旦交由项目经理负责后,项目风险管理的主要责任就落实到项目经理以及项目经理所组建的项目团队手中。

但无论谁是项目风险管理的主要责任人,对于项目整体,都要贯彻全员风险管理意识。

二、建筑工程项目风险识别

(一)风险识别的特点和原则

1.风险识别的特点

(1)个别性

任何风险都有与其他风险不同之处,没有两个风险是完全一致的。不同类型建设工程的风险不同自不必说,同一建设工程如果建造地点不同,其风险也不同,即使是建造地点确定的建设工程,如果由不同的承包商承建,其风险也不同。因此,虽然不同建设工程风险有不少共同之处,但一定存在不同之处,在风险识别时尤其要注意这些不同之处,突出风险识别的个别性。

(2)主观性

风险识别都是由人来完成的,由于个人的专业知识水平,包括风险管理方面的知识、实践经验等方面的差异,同一风险由不同的人识别的结果就会有较大的差异。风险本身是客观存在,但风险识别是主观行为。在风险识别时,要尽可能减少主观性对风险识别结果的影响。想要做到这一点,关键在于提高风险识别的水平。

(3)复杂性

建设工程所涉及的风险因素和风险事件有很多,而且关系复杂、相互影响,这给风险识别带来了很大的复杂性。因此,建设工程风险识别对风险管理人员要求很高,并且需要准确、详细的依据,尤其是定量的资料和数据。

(4)不确定性

不确定性这一特点可以说是主观性和复杂性的结果。在实践中,可能因为风险识别的结果与实际不符而造成损失,这往往是由于风险识别结论错误导致风险对策决策错误而造成的。由风险的定义可知,风险识别本身也是风险。因而避免和减少风险识别的风险也是风险管理的内容。

2.风险识别的原则

(1)由粗及细,由细及粗

由粗及细是指对风险因素进行全面分析,并通过多种途径对工程风险进行分解,逐渐细化,以获得对工程风险的广泛认识,从而得到工程初始风险清单。而由细及粗是指从工程初始风险清单的众多风险中,根据同类建设工程的经验以及对拟建建设工程具体情况的分析和风险调查,确定那些对建设工程目标实现有较大影响的工程风险。并将其作为主要风险,即作为风险评价以及风险对策决策的主要对象。

（2）严格界定风险内涵并考虑风险因素之间的相关性

对各种风险的内涵要严格加以界定,不要出现重复和交叉现象。另外,还要尽可能考虑各种风险因素之间的相关性。如主次关系、因果关系、互斥关系、正相关关系、负相关关系等。应当说,在风险识别阶段考虑风险因素之间的相关性有一定的难度,但至少要做到严格界定风险内涵。

（3）先怀疑,后排除

对于所遇到的问题都要考虑其是否存在不确定性,不要轻易否定或排除某些风险,要通过认真的分析进行确认或排除。

（4）排除与确认并重

对于肯定可以排除和肯定可以确认的风险应尽早予以排除和确认;对于一时既不能排除又不能确认的风险应再做进一步的分析,予以排除或确认;对于肯定不能排除但又不能肯定予以确认的风险按确认考虑。

（5）必要时,可作实验论证

对于某些按常规方式难以判定其是否存在,也难以确定其对建设工程目标影响程度的风险,尤其是技术方面的风险,必要时可做实验论证,如抗震实验、风洞实验等。这样做的结论可靠,但要以付出费用为代价。

（二）风险识别的过程

在大量错综复杂的项目施工活动中,首先要通过风险识别系统、连续地对施工项目主要风险事件的存在、发生时间及其后果做出定性估计,并形成项目风险清单,使人们对整个项目的风险有一个准确、完整和系统的认识和把握,并作为风险管理的基础。

1. 施工项目风险分解

施工项目风险分解是确认施工活动中客观存在的各种风险,从总体到细节,由宏观到微观,层层分解,并根据项目风险的相互关系将其归纳为若干个子系统,使人们能比较容易地识别项目的风险。根据项目的特点一般按目标、时间、结构、环境、因素五个维度相互组合分解。

第一,目标维,是按项目目标进行分解,即考虑影响项目费用、进度、质量和安全目标实现的风险的可能性。

第二,时间维,是按项目建设阶段分解,也就是考虑工程项目进展不同阶段（项目计划与设计、项目采购、项目施工、试生产及竣工验收、项目保修期）的不同风险。

第三,结构维,按项目结构（单位工程、分部工程、分项工程等）组成分解,同时相关技术群也能按其并列或相互支持的关系进行分解。

第四,环境维,按项目与其所在环境（自然环境、社会、政治、经济等）的关系进行分解。

第五,因素维,按项目风险因素（技术、合同、管理、人员等）的分类进行分解。

2.建立初步项目风险清单

清单中应明确列出客观存在的和潜在的各种风险,包括影响生产率、操作运行、质量和经济效益的各种因素。一般是沿着项目风险的五个维度去寻找,由粗到细,先怀疑再排除后确认,尽量做到全面,不要遗漏重要的风险项目。

3.识别各种风险事件并推测其结果

根据初步风险清单中开列的各种重要的风险来源,通过收集数据、案例、财务报表分析、专家咨询等方法,推测与其相关联的各种风险结果的可能性,包括营利或损失、人身伤害、自然灾害、时间和成本、节约或超支等方面,重点是资金的财务结果。

4.进行施工项目风险分类

通过对风险进行分类可以加深对风险的认识和理解,辨清风险的性质和某些不同风险事件之间的关联,有助于制定风险管理目标。

施工项目风险常见的分类方法是由六个风险目录组成的框架形式,在每个目录中都列出不同种类的典型风险,然后针对各个风险进行全面检查,这样既能尽量避免遗漏,又可得到一目了然的效果。

5.建设风险目录摘要

风险目录摘要是将施工项目可能面临的风险汇总并排列出轻重缓急的表格。它能使全体项目人员对施工项目的总体风险有一个全局的印象,每个人不仅考虑自己所面临的风险,而且还能自觉地意识到项目其他方面的风险,了解项目中各种风险之间的联系和可能发生的连锁反应。

通过风险识别最后建立风险目录摘要,其内容可供风险管理人员参考。但是,由于人们认识的局限性,风险目录摘要不可能完全准确、全面,特别是风险自身的不确定性,决定了风险识别的过程是一个动态的连续的过程,最后所形成的风险目录摘要也会随着施工的进展,施工项目内外部条件的变化,以及风险的演变而不断地更新、增删,直至项目结束。

(三)风险识别的方法

除采用风险管理理论中所提出的风险识别的基本方法之外,对建筑工程风险的识别,还可以根据其自身的特点,采用相应的方法。

1.德尔菲法

德尔菲法采取反馈匿名函的方式,即专家之间不互相讨论,不发生联系,调查人员对所要预测问题征询各专家的看法和意见,进行集中整理和归纳,再匿名反馈给各专家,再次征得意见,再集中,再反馈,通过多次反复征询、归纳及修改,得出稳定意见作为预测的结果。这种方法具有广泛的代表性,不仅适用于建筑工程项目风险的识别阶段,也适用于评价和决策过程。

2.财务报表分析法

财务报表分析法是通过项目财务报表全面反映项目的财务状况、现金流量和经营成果,为项目分析识别提供数据来源。通过收集和整理项目财务报告数据,风险识别人员可了解项目拥有资产的种类,以寻找这些资产的风险来源;也能了解项目现有资源,以衡量项目的风险承担能力。因此,只要使用恰当,项目财务报表就能成为风险识别的信息渠道。财务报表分析工作除了可以揭示项目未来的收益和风险外,还可以检查项目预定的完成计划,考核管理人员的业绩,有利于建立健全合理的管理机制。

财务报表分析的内容主要有:偿债能力,分析项目的权益结构,估量项目对债务资金的利用度;资产的营运能力,分析项目资产的分布和周转情况;营利能力,分析项目的营利情况以及不同年度项目营利水平的变化情况

3.工作分解法

工作分解法(WBS)是将整个建筑工程项目分解为若干子项目,再分为若干工作和子工作,直至把项目划分到可以密切关注和操作每个任务的程度,使每步工作具有切实的目标,能清晰地反映出其目标的完成程度。将任务分解得越细,心里越有数,就越能有条不紊地工作、统筹安排时间。然而,也不是盲目分解,WBS 分解的标准有分解后活动结构清晰、集成所有关键因素、包含里程碑和监控点、清楚定义全部活动等。WBS 可按产品结构、实施过程、项目所处地域、项目目标、部门、职能等形式来分解任务。

WBS 主要有以下三个步骤:

第一,分解工作任务,将整个项目逐渐细分到合适的程度,以利于项目计划、执行和控制;

第二,定义活动之间的依赖关系,活动依赖关系是确定项目关键路径和活动时间的必要条件,取决于工作要求,决定了活动的优先顺序;

第三,分配时间和资源。

4.初始清单法

如果对每一个建筑工程风险的识别都从头做起,至少有以下三方面缺陷:一是耗费的时间和精力多,风险识别工作的效率低;二是由于风险识别的主观性,可能导致风险识别的随意性,其结果缺乏规范性;三是风险识别成果资料不便积累,对今后的风险识别工作缺乏指导。因此,为了避免以上缺陷,有必要建立初始风险清单。

通过适当的风险分解方式来识别风险是建立建筑工程初始风险清单的有效途径。对于大型、复杂的建筑工程,首先将其按单项工程、单位工程分解,再对各单项工程、单位工程分别从时间维、目标维和因素维进行分解,可以较容易地识别出建筑工程主要的、常见的风险。从初始风险清单的作用来看,因素维仅分解到各种不同的风险因素是不够的,还应进一步将各风险因素分解到风险事件。

初始风险清单只是为了便于人们较全面地认识风险的存在,而不至于遗漏重要的工程风险,但并不是风险识别的最终结论。初始风险清单建立后,还需要结合特定建筑工程的具体情况进一步识别风险,从而对初始风险清单做一些必要的补充和修正。为此,需要参照同类建设工程风险的经验数据;若无现成的资料,则要多方收集或针对具体建设工程的特点进行风险调查。

5.经验数据法

经验数据法也称为统计资料法,即根据已建各类建设工程与风险有关的统计资料来识别拟建建筑工程的风险。不同的风险管理主体都应有自己关于建筑工程风险的经验数据或

统计资料。在工程建设领域可能有工程风险经验数据或统计资料的风险管理主体，包括咨询公司，含设计单位、承包商以及长期有工程项目的业主，如房地产开发商。由于这些不同的风险管理主体角度不同、数据或资料来源不同，其各自的初始风险清单一般多少会存在差异。

但是，建设工程风险本身是客观事实，有客观的规律性，当经验数据或统计资料足够多时，这种差异性就会大大减小。何况，风险识别只是对建设工程风险的初步认识，还是一种定性分析。因此，这种基于经验数据或统计资料的初始风险清单可以满足对建筑工程风险识别的需要。

6.风险调查法

由风险识别的个别性可知，两个不同的建筑工程不可能有完全一致的工程风险。因此，在建筑工程风险识别的过程中，花费人力、物力、财力进行风险调查是必不可少的。这既是一项非常重要的工作，也是建筑工程风险识别的重要方法。

风险调查应当从分析具体建筑工程的特点入手，一方面对通过其他方法已识别出的风险，如初始风险清单所列出的风险，进行鉴别和确认。另一方面，通过风险调查有可能发现此前尚未识别出的重要的工程风险。

通常，风险调查可以从组织、技术、自然及环境、经济、合同等方面分析拟建建设工程的特点以及相应的潜在风险。

风险调查并不是一次性的。由于风险管理是一个系统的、完整的循环过程，因而风险调查也应该在建筑工程实施全过程中不断地进行，这样才能了解不断变化的条件对工程风险状态的影响。当然，随着工程实施的进展，不确定性因素越来越少，风险调查的内容也将相应减少，风险调查的重点有可能不同。

对于建筑工程的风险识别来说，仅仅采用一种风险识别方法是远远不够的，一般都应综合采用两种或多种风险识别方法，才能取得较为满意的结果。而且，不论采用何种风险识别方法组合，都必须包含风险调查法。从某种意义上讲，前五种风险识别方法的主要作用在于建立初始风险清单，而最后一种风险调查法的作用则在于建立最终的风险清单。

三、建筑工程项目风险应对与监控

风险应对就是对识别出的风险，经过估计与评价之后，选择并确定最佳的对策，并进一步落实到具体的计划和措施中。例如，制订一般计划、应急计划、预警计划等。并且在建筑工程项目实施过程中，对各项风险对策的执行情况进行监控，评价各项风险对策的执行效果；并在项目实施条件发生变化时，确定是否需要提出不同的风险处理方案。除此之外，还需要检查是否有被遗漏的风险或者发现新的风险，也就是进入下一轮的风险识别，开始新一轮的风险管理过程。

(一)风险回避

风险回避就是以一定的方式中断风险源，使其不发生或不再发展，从而避免可能产生的潜在损失。

在采用风险回避对策时需要注意以下问题。

1. 回避一种风险可能产生另一种新的风险

在建筑工程实施过程中,绝对没有风险的情况几乎不存在。就技术风险而言,即使是相当成熟的技术也存在一定的风险。例如,在地铁工程建设中,采用明挖法施工有支撑失败、顶板坍塌等风险。如果为了回避这种风险而采用逆作法施工方案,又会产生地下连续墙失败等其他新的风险。

2. 回避风险的同时也失去了从风险中获益的可能性

由投机风险的特征可知,它具有损失和获益两重性。例如,在涉外工程中,由于缺乏有关外汇市场的知识和信息,为避免承担由此而带来的经济风险,决策者决定选择本国货币作为结算货币,从而也就失去了从汇率变化中获益的可能性。

3. 回避风险可能不实际或不可能

这一点与建筑工程风险的定义或分解有关。建筑工程风险定义的范围越广或分解得越粗,回避风险就越不可能。例如,如果将建筑工程的风险仅分解到风险因素这个层次,那么任何建筑工程都必然会发生经济风险、自然风险和技术风险,根本无法回避。又如,从承包商的角度看,投标总是有风险的,但绝不会为了回避投标风险而不参加任何建设工程的投标。建筑工程的每一活动几乎都存在大小不一的风险,过多地回避风险就等于不采取行动,而这可能是最大的风险所在。由此,可以得出结论,不可能回避所有的风险。正因为如此,才需要其他不同的风险对策。

总之,虽然风险回避是一种必要的,有时甚至是最佳的风险对策,但应该承认这是一种消极的风险对策。如果处处回避,事事回避,其结果只能是停止发展,直至停止生存。因此,建筑工程项目相关部门应当勇敢地面对风险,这就需要适当运用风险回避以外的其他风险对策。

(二)损失控制

1. 损失控制的概念

损失控制是一种主动、积极的风险对策。损失控制可分为预防损失和减少损失两个方面。预防损失措施的主要作用在于降低或消除损失发生的概率,而减少损失措施的作用在于降低损失的严重性或遏制损失的进一步发展,使损失最小化。一般来说,损失控制方案应当是预防损失措施和减少损失措施的有机结合。

2. 制定损失控制措施的依据和代价

制定损失控制措施必须以定量风险评价的结果为依据,才能确保损失控制措施具有针对性,取得预期的控制效果。风险评价时特别要注意间接损失和隐蔽损失。制定损失控制措施还必须考虑其付出的代价,包括费用和时间两方面的代价,而时间方面的代价往往还会引起费用方面的代价。损失控制措施的最终确定,需要综合考虑损失控制措施的效果及其相应的代价。由此可见,损失控制措施的选择也应当进行多方案的技术经济分析和比较。

3. 损失控制计划系统

在采用损失控制这一风险对策时，所制定的损失控制措施应当形成一个周密的、完整的损失控制计划系统。在施工阶段，该计划系统一般由预防计划、灾难计划和应急计划三部分组成。

（1）预防计划

预防计划的目的在于有针对性地预防损失的发生，其主要作用是降低损失发生的概率，在许多情况下也能在一定程度上降低损失的严重性。在损失控制计划系统中，预防计划的内容最广泛，具体措施最多，包括组织措施、管理措施、合同措施、技术措施。

组织措施的首要任务是明确各部门和人员在损失控制方面的职责分工，以使各方人员都能为实施预防计划而有效地配合，还需要建立相应的工作制度和会议制度，必要时，还应对有关人员，尤其是现场工作人员进行安全培训。管理措施既可采取风险分隔措施，将不同的风险单位分离间隔开来，将风险局限在尽可能小的范围内，以避免在某一风险发生时产生连锁反应或互相牵连，如在施工现场将易发生火灾的木工加工场尽可能设在远离现场办公用房的位置，也可采取风险分散措施。通过增加风险单位以减轻总体风险的压力，达到共同分摊总体风险的目的。如在涉外工程结算中采用多种货币组合的方式付款，从而分散汇率风险。合同措施除要保证整个建设工程总体合同结构合理、不同合同之间不出现矛盾之外，还要注意合同具体条款的严密性，并做出与特定风险相应的规定，如要求承包商加强履约保证和预付款保证等。技术措施是在建设工程施工过程中常用的预防损失措施，如地基加固、周围建筑物防护、材料检测等。与其他几方面措施相比，技术措施的显著特征是必须付出费用和时间两方面的代价，因此应当在慎重比较后加以选择。

（2）灾难计划

灾难计划是一组事先编制好的、目的明确的工作程序和具体措施，可为现场人员提供明确的行动指南，使其在各种严重的、恶性的紧急事件发生后，不至于惊慌失措，也不需要临时讨论研究应对措施，可以做到从容不迫、及时、妥善地处理事件，从而减少人员伤亡以及财产和经济损失。

灾难计划是针对严重风险事件制定的，其内容应满足以下要求。

①安全撤离现场人员。

②救援及处理伤亡人员。

③控制事故的进一步发展，最大限度地减少资产和环境损害。

④保证受影响区域的安全，尽快恢复正常生产生活。

灾难计划在严重风险事件发生或即将发生时付诸实施。

（3）应急计划

应急计划是在风险损失基本确定后的处理计划，其宗旨是使因严重风险事件而中断的工程实施过程尽快全面恢复，并减少进一步的损失，使其影响程度减至最小。应急计划不仅要制定所要采取的相应措施，而且要规定不同工作部门相应的职责。

应急计划应包括的内容：调整整个建设工程的施工进度计划，并要求各承包商相应调整各自的施工进度计划；调整材料、设备的采购计划，并及时与材料、设备供应商联系。必要时，还要签订补充协议，准备保险索赔依据，确定保险索赔额度，起草保险索赔报告。全面审查可使用的资金情况，必要时还需调整筹资计划等。

（三）风险自留

顾名思义，风险自留就是将风险留给自己承担，即从企业内部财务的角度应对风险。风险自留与其他风险对策的根本区别在于，它不改变建筑工程风险的客观性质，也就是说，既不改变工程风险的发生概率，也不改变工程风险潜在损失的严重性。

1.风险自留的类型

风险自留可分为非计划性风险自留和计划性风险自留两种类型。

（1）非计划性风险自留

如果风险管理人员没有意识到项目风险的存在，或者没有处理项目风险的准备，风险自留就是非计划和被动的。事实上，对于一个大型复杂的工程项目，风险管理人员不可能识别所有项目风险。从这个意义上说，非计划风险自留是一种常用的风险处理措施。但风险管理人员应尽量减少风险识别和风险分析过程中的失误，并及时实施决策，而避免被迫承担重大项目风险。

（2）计划性风险自留

计划性风险自留是主动的、有意识的、有计划的选择，是风险管理人员在经过正确的风险识别和风险评价后做出的风险对策决策，是整个建设工程风险对策计划的一个组成部分。也就是说，风险自留绝不可能单独运用，而应与其他风险对策结合使用。在实行风险自留时，应保证重大和较大的建筑工程风险已经进行了工程保险或实施了损失控制计划。计划性风险自留的计划性主要体现在风险自留水平和损失支付方式两方面。所谓风险自留水平，是指选择哪些风险事件作为风险自留的对象。确定风险自留水平可以从风险量数值大小的角度考虑。一般应选择风险量小或较小的风险事件作为风险自留的对象。计划性风险自留还应从费用、期望损失、机会成本、服务质量和税收等方面与工程保险比较后才能得出结论。损失支付方式的含义比较明确，即在风险事件发生后，对所造成的损失通过什么方式或渠道来支付。

2.风险自留的适用条件

计划性风险自留至少要符合以下条件之一才应予以考虑：

第一，别无选择。有些风险既不能回避，又不可能预防，且没有转移的可能性，只能自留，这是一种无奈的选择。

第二，期望损失不严重。风险管理人员对期望损失的估计低于保险公司的估计，而且根据自己多年的经验和有关资料，风险管理人员确信自己的估计正确。

第三，损失可准确预测。在此仅考虑风险的客观性。这一点实际上是要求建筑工程有较多的单项工程和单位工程，满足概率分布的基本条件。

第四，企业有短期内承受最大潜在损失的能力。由于风险的不确定性，可能在短期内发生最大的潜在损失。这时,即使设立了自我基金或向母公司保险,已有的专项基金仍不足以弥补损失,需要企业从现金收入中支付。如果企业没有这种能力,可能因此而摧毁企业。对于建筑工程的业主来说,同样要具有短期内筹措大笔资金的能力。

第五,投资机会很好或机会成本很大。如果市场投资前景很好,则保险费的机会成本就显得很大,不如采取风险自留,将保险费作为投资,以取得较多的投资回报。即使今后自留风险事件发生,也足以弥补其造成的损失。

第六,内部服务优良。如果保险公司所能提供的多数服务完全可以由风险管理人员在内部完成,且由于他们直接参与工程的建设和管理活动,从而使服务更方便,质量更高。在这种情况下,风险自留是合理的选择。

(四)风险转移

风险转移是建筑工程风险管理中非常重要而且广泛应用的一项对策,分为非保险转移和保险转移两种形式。

根据风险管理的基本理论,建筑工程的风险应由有关各方分担,风险分担的原则是,任何一种风险都应由最适宜承担该风险或最有能力进行损失控制的一方承担。符合这一原则的风险转移是合理的,可以取得双赢或多赢的结果。例如,项目决策风险应由业主承担,设计风险应由设计方承担,而施工技术风险应由承包商承担等。否则,风险转移就可能付出较高的代价。

1.非保险转移

非保险转移又称为合同转移,因为这种风险转移一般是通过签订合同的方式将工程风险转移给非保险人的对方当事人。建筑工程风险最常见的非保险转移有以下三种情况。

第一,业主将合同责任和风险转移给对方当事人。在这种情况下,被转移者多数是承包商。例如,在合同条款中规定,业主对场地条件不承担责任。又如,采用固定总价合同将涨价风险转移给承包商等。

第二,承包商进行合同转让或工程分包。承包商中标承接某工程后,可能由于资金安排出现困难而将合同转让给其他承包商,以避免由于自己无力按合同规定时间建成工程而遭受违约罚款,或将该工程中专业技术要求很强而自己缺乏相应技术的工程内容分包给专业分包商,从而更好地保证工程质量。

第三,第三方担保。合同当事人的一方要求另一方为其履约行为提供第三方担保。担保方所承担的风险仅限于合同责任,即由于委托方不履行或不适当履行合同以及违约所产生的责任。第三方担保的主要表现是业主要求承包商提供履约保证和预付款保证,在投标阶段还有投标保证。从国际承包市场的发展来看,20世纪末出现了要求业主向承包商提供付款保证的新趋向,但尚未得到广泛应用。我国《建设工程施工合同(示范文本)》,也有发包人和承包人互相提供履约担保的规定。

与其他风险对策相比,非保险转移的优点主要体现在:一是可以转移某些不可保的潜在损失,如物价上涨、法规变化、设计变更等引起的投资增加;二是被转移者往往能较好地进行损失控制。如承包商相对于业主能更好地把握施工技术风险,专业分包商相对于总包商能更好地完成专业性强的工程内容。

但是,非保险转移的媒介是合同,这就可能因为双方当事人对合同条款的理解发生分歧,从而导致转移失败。另外,在某些情况下,可能因被转移者无力承担实际发生的重大损失而导致仍然由转移者来承担损失。例如,在采用固定总价合同的条件下,如果承包商报价中所考虑涨价风险费很低,而实际的通货膨胀率很高,从而导致承包商亏损破产,最终只能由业主自己来承担涨价造成的损失。还需要指出的是,非保险转移一般都要付出一定的代价,有时转移代价可能超过实际发生的损失,从而对转移者不利。仍以固定总价合同为例,在这种情况下,如果实际涨价所造成的损失小于承包商报价中的涨价风险费,这两者的差额就成为承包商的额外利润,业主则因此遭受损失。

2. 保险转移

保险转移通常直接称为保险。对于建设工程风险来说,则为工程保险。通过购买保险,建设工程业主或承包商作为投保人将本应由自己承担的工程风险,包括第三方责任转移给保险公司,从而使自己免受风险损失。保险的这种风险转移形式之所以能得到越来越广泛的运用,原因在于其符合风险分担的基本原则,即保险人比投保人更适宜承担有关的风险。对于投保人来说,某些风险的不确定性很大,即风险很大。但是对于保险人来说,这种风险的发生则趋近于客观概率,不确定性降低,即风险降低。

在发生重大损失后可以从保险公司及时得到赔偿,使建设工程实施能不中断地、稳定地进行,从而最终保证建设工程的进度和质量,也不致因重大损失而增加投资。通过保险还可以使决策者和风险管理人员对建设工程风险的担忧减少,从而可以集中精力研究和处理建设工程实施中的其他问题,提高目标控制的效果。而且,保险公司可向业主和承包商提供较为全面的风险管理服务,从而提高整个建设工程风险管理的水平。

保险这一风险对策的缺点首先表现在机会成本增加。其次,工程保险合同的内容较为复杂,保险费没有统一固定的费率,需根据特定建设工程的类型、建设地点的自然条件,包括气候、地质、水文等条件、保险范围、免赔额的大小等加以综合考虑,因而保险合同谈判常常需要耗费较多的时间和精力。在进行工程保险后,投保人可能产生心理麻痹而疏于损失控制计划,以致增加实际损失和未投保损失。

在做出工程保险这一决策之后,还需考虑与保险有关的几个具体问题:一是保险的安排方式,即究竟是由承包商安排保险计划还是由业主安排保险计划;二是选择保险类别和保险人,一般是通过多家比选后确定,也可委托保险经纪人或保险咨询公司代为选择;三是可能要进行保险合同谈判,这项工作最好委托保险经纪人或保险咨询公司来完成,但免赔额的数额或比例要由投保人自己确定。

需要说明的是,工程保险并不能转移建设工程的所有风险。一方面是因为存在不可保风险;另一方面则是因为有些风险不宜保险。因此,对于建设工程风险,应将工程保险与风险回避、损失控制和风险自留结合起来运用。对于不可保风险,必须采取损失控制措施。即使对于可保风险,也应当采取一定的损失控制措施,这有利于改变风险性质,达到降低风险的目的,从而改善工程保险条件,节省保险费。

第二节　建筑工程项目收尾管理

一、建筑工程项目竣工验收

(一)工程项目竣工验收的定义

建筑工程竣工是指建筑工程项目经施工单位从施工准备到全部施工活动,已完成建筑工程项目设计图纸和工程施工合同规定的全部内容,并达到建设单位的使用要求,它标志建筑工程项目施工任务已全部完成。

建筑工程项目竣工验收是指建筑工程依照国家有关法律法规及工程建设规范、标准的规定完成工程设计文件要求和合同约定的各项内容,建设单位已取得政府有关主管部门(或其委托机构)出具的工程施工质量、消防、规划、环保、城建等验收文件或准许使用文件后,组织工程竣工验收并编制完成《建设工程竣工验收报告》等的一系列审查验收工作的总称。建筑工程项目达到验收标准,经验收合格后,就可以解除合同双方各自承担的义务及经济和法律责任(除保修期内的保修义务之外)。

竣工验收是发包人和承包人的交易行为。竣工验收的主体有交工主体和验收主体两部分,交工主体是承包人,验收主体是发包人,二者都是竣工验收的实施者,是相互依存的关系。

工程项目的竣工验收是施工全过程的最后一道程序,也是工程项目管理的最后一项工作。它是建设投资成果转入生产或使用的标志,也是全面考核投资效益、检验设计和施工质量的重要环节。

(二)竣工验收的依据、要求和条件

1.竣工验收的依据

①上级主管部门有关工程竣工验收文件和规定。

②国家和有关部门颁发的施工规范、质量标准、验收规范。

③批准的设计文件、施工图纸及说明书。

④双方签订的施工合同。

⑤设备技术说明书。

⑥设计变更通知书。

⑦有关的协作配合协议书。

⑧其他。

2. 竣工验收的要求

①建筑工程施工质量应符合《建筑工程施工质量验收统一标准》和相关专业验收规范的规定。

②建筑工程施工应符合工程勘察、设计文件的要求。

③参加工程施工质量验收的各方人员应具备相应的资格。

④验收均应在施工单位自行检查评定的基础上进行。

⑤隐蔽工程在隐蔽前应由施工单位通知有关单位进行验收，并应形成验收文件。

⑥涉及结构安全的试块、试件以及有关材料，应按规定进行见证取样检测。

⑦检验批的质量应按主控项目和一般项目验收。

⑧对涉及结构安全和使用功能的重要分部应抽样检测。

⑨承担见证取样检测及有关结构安全检测的单位应具有相应资质。

⑩观感质量应由验收人员通过现场检查，并共同确认。

3. 竣工验收的条件

①完成建设工程设计和合同约定的各项内容。

②有完整的技术档案和施工管理资料。

③有工程使用的主要建筑材料、建筑工地构配件和设备合格证及必要的进场试验报告。

④有施工单位签署的工程质量保修书。

⑤有勘察、设计、施工、工程监理等单位分别签署的质量合格文件，包括以下内容。

第一，勘察、设计单位对勘察、设计文件及施工过程中由设计单位签署的设计变更通知书进行检查，并提出质量检查报告，质量检查报告应经该项目勘察、设计负责人和勘察、设计单位有关负责人审核签字。

第二，施工单位在工程完工后对工程质量进行检查，确认工程质量符合有关法律法规和工程建设强制性标准，符合设计文件及合同要求，并提出工程竣工报告，工程竣工报告应经项目经理和施工单位有关负责人审核签字。

第三，对于委托监理的工程项目，监理单位对工程进行质量评估，具有完整的监理资料，并提出工程质量评估报告，工程质量评估报告应经总监理工程师和监理单位有关负责人审核签字。

⑥城乡规划行政主管部门对工程是否符合规划设计要求进行检查，并出具认可文件。

⑦有公安消防、环保等部门出具的认可文件或准许使用的文件。

⑧建设项目行政主管部门及其委托的工程质量监督机构等有关部门责令整改的问题已全部整改完毕。

二、建筑工程项目竣工验收管理

（一）施工项目竣工验收阶段管理

1. 施工项目竣工验收各阶段的主要工作

（1）施工项目的收尾工作

第一，对已完成的成品进行封闭和保护。

第二，有计划地拆除施工现场的各种临时设施和暂设工程，拆除各种临时管线，清扫施工现场，组织清运垃圾和杂物。

第三，组织材料、机具以及各种物资的回收、退库，以及向其他施工现场转移和进行处理等各项工作。

第四，做好电气线路和各种管线的交工前检查，进行电气工程的全负荷试验。

第五，对于生产项目，要进行设备的单体试车、无负荷联动试车和有负荷联动试车。

(2)施工方各项竣工验收准备工作

①组织完成竣工图，编制工程档案资料移交清单。施工项目竣工图的绘制主要要求分以下四种情况：

第一，未发生设计变更，按图施工的，可在原施工图样(需是新图)上注明"竣工图"标志。

第二，一般性的设计变更，但没有较大变化的，而且可以在原施工图样上修改或补充。

第三，建筑工程的结构形式、标高、施工工艺、平面布置等有重大变更，应重新绘制新图样，注明"竣工图"标志。

第四，改建或扩建的工程，如涉及原有建筑工程且某些部分发生工程变更者，应把与原工程有关的竣工图资料加以整理，并在原工程图档案的竣工图上填补变更情况和必要的说明。

除上述四种情况之外，竣工图必须做到以下三点。

第一，竣工图必须与竣工工程的实际情况完全符合。

第二，竣工图必须保证绘制质量，做到规格统一，字迹清晰，符合技术档案的各种要求。

第三，竣工图必须经过项目主要负责人审核、签认。

②组织项目财务人员编制竣工结算表。

③准备工程竣工通知书、工程竣工报告、工程竣工验收证明书、工程保修证书等必需文件。

④准备好工程质量评定所需的各项资料。对工程的地基基础、结构、装修以及水、暖、电、设备安装等各个施工阶段所有质量检查的验收资料，进行系统的整理。

2.验收初验

监理工程师在审查验收申请报告后，若认为可以进行竣工验收，则应由监理单位负责组成验收机构，对竣工的项目进行初步验收。在初步验收中发现质量问题应及时书面通知或以备忘录的形式通知施工单位，并指令其在一定期限内完成整改工作，必要时返工。

3.正式验收

①建设、勘察、设计、施工、监理单位分别汇报工程合同履行情况和在工程建设各个环节执行法律法规和工程建设强制性标准的情况。

②审阅建设、勘察、设计、施工、监理单位的工程档案资料。

③实地查验工程质量。

④对工程勘察、设计、施工、设备安装质量和各管理环节等方面做出全面评价，形成经验收组人员签署的工程竣工验收意见。

（二）竣工资料的管理

1.竣工资料的收集整理

竣工验收必须有完整的技术与施工管理资料。竣工资料由以下几部分构成。

（1）工程管理资料

工程管理资料由三部分组成，分别为工程概况表、建设工程质量事故调查记录和建筑工程质量事故报告书。

（2）施工管理资料

施工管理资料由施工现场质量管理检查记录和施工日志组成。

（3）施工技术资料

施工技术资料由施工组织设计资料、技术交底记录、图纸会审记录、设计变更通知单和工程洽商记录组成。

（4）施工测量记录

施工测量记录由工程定位测量记录、基槽验线记录、楼层平面放线记录、楼层标高抄测记录和建筑物垂直度标高记录组成。

（5）施工物质资料

施工物质资料主要包括材料构配件进场检验记录、材料试验报告、半成品出厂合格证和原材料试验报告等。

（6）施工记录

施工记录包括隐蔽工程检验记录、施工检查记录、地基验槽记录、混凝土浇灌申请书、混凝土搅拌测温记录、混凝土养护测温记录和混凝土拆模申请单等。

（7）施工试验资料

施工试验资料包括土工试验报告，回填土试验报告，砂浆配合比申请单、通知书、砂浆抗压强度试验报告，砂浆试块强度统计、评定记录，混凝土配合比申请单、通知书，混凝土抗压强度试验报告，混凝土试块强度统计、评定记录。

（8）结构实体检验记录

结构实体检验记录包括结构实体混凝土强度验收记录、结构实体钢筋保护层厚度验收记录和钢筋保护层厚度试验记录。

（9）见证管理资料

见证管理资料包括各检验批的有见证取样、送检见证人备案书、见证记录和有见证试验汇总表。

（10）施工质量验收记录

施工质量验收记录包括单位工程质量竣工验收记录、单位工程质量控制资料核查记录、地基与基础分部工程质量验收记录、主体结构分部工程质量验收记录、层面分部工程质量验收记录、混凝土结构分部工程质量验收记录、砌体结构分部工程质量验收记录、钢筋分项工程分项质量验收记录、模板分项工程分项质量验收记录、混凝土分项工程分项质量验收记录、土方开挖工程检验批质量验收记录、回填土检验批质量验收记录、砖砌体工程检验批质量验收记录、钢筋加工检验批质量验收记录、钢筋安装工程检验批质量验收记录、模板安装工程检验批质量验收记录、混凝土施工工程检验批质量验收记录、模板拆除工程检验批质量验收记录、混凝土原材料及配合比设计检验批质量验收记录、屋面找平层工程检验批质量验收记录、屋面保温层工程检验批质量验收记录、卷材防水层工程检验批质量验收记录。

2. 工程资料的整理与移交

将以上资料整理汇总装订成册并进行移交。主要包括的内容有工程资料封面、工程资料卷内目录、分项目录、混凝土与砂浆强度报告目录、钢筋连接(原材)试验报告目录、工程资料移交书、工程资料移交目录。

单位工程完工并将以上资料收集整理后,施工单位应自行组织有关人员进行检查评定,向建设单位提交工程验收报告,并参加工程的竣工验收。工程文件的归档整理应按照国家有关标准、法规的规定执行。移交的工程文件档案应编制清单目录,并符合有关规定。

(三)竣工验收组织

第一,单位(子单位)工程按照设计文件、合同约定完工后,施工单位自行进行施工质量检查并整理工程施工技术管理资料,送质监机构抽查。

第二,施工单位在收到质监机构抽查意见书面通知后符合质量验收条件的,填写《工程质量验收申请表》,经工程监理单位审核后,向建设单位申请办理工程验收手续。

第三,监理单位在工程质量验收前整理完整的质量监理资料,并对所监理工程的质量进行评估,编写《工程质量评估报告》提交给建设单位。

第四,勘察、设计单位对勘察、设计文件及施工过程中由设计单位签署的设计变更通知书进行检查,并向建设单位提交《质量检查报告》。

第五,建设单位在收到上述各有关单位资料和报告后,对符合工程质量验收要求的工程,组织勘察、设计、施工和监理等单位和其他有关方面的专家组成质量验收组,制定验收方案。并将验收组成员名单、验收方案等内容的工程质量验收计划书送交质量监督机构。

第六,验收组听取建设、勘察、设计、施工和监理等单位的关于工程履行合同情况和在工程建设中各个环节执行法律法规和工程建设强制性标准情况的汇报。

第七,验收组审阅建设、勘察、设计、施工、监理单位的工程档案资料。

第八,实地查验工程质量。

第九,验收组对工程勘察、设计、施工质量和各管理环节等方面做出全面评价,形成验收组人员签署的工程质量验收意见,并向负责该工程质量监督的质监机构提交单位(子单位)工程质量验收记录。

(四)工程竣工结算

项目竣工验收后,施工单位应在约定的期限内向建设单位递交工程项目竣工结算报告及完整的结算资料,经双方确认并按规定进行竣工结算。竣工结算是施工单位将所承包的工程按照合同规定全部完工交付之后,向建设单位进行的最终工程价款结算。竣工结算由施工单位的预算部门负责编制,建设单位审查,双方最终确定。

1. 竣工结算的依据

①国家有关法律法规、规章制度和相关的司法解释。

②《建设工程工程量清单计价规范》(GB 50500－2013)。

③施工承发包合同、专业分包合同及补充合同,有关材料、设备采购合同。

④招标投标文件,包括招标答疑文件、投标承诺、中标报价书及其组成内容。

⑤工程竣工图或施工图、施工图会审记录,经批准的施工组织设计,以及设计变更、工程洽商和相关会议纪要。

⑥经批准的开、竣工报告或停、复工报告。

⑦双方确认的工程量。

⑧双方确认追加(减)的工程价款。

⑨双方确认的索赔、现场签证事项及价款。

⑩其他依据。

2. 竣工结算的原则

第一,以单位工程或合同约定的专业项目为基础,对工程量清单报价的主要内容进行认真检查和核对,若是根据中标价订立合同,应对原报价单的主要内容进行检查和核对。

第二,在检查和核对中发现不符合有关规定,应填写单位工程结算书与单项工程综合结算书。存在漏算、多算和错算等情况时,均应及时进行调整。

第三,多个单位工程构成的施工项目,应将各单位工程竣工结算书汇总,编制单项工程竣工综合结算书。

第四,多个单项工程构成的建设项目,应将各单项工程综合结算书汇总,编制成建设项目总结算书,并撰写编制说明。

第五,工程竣工结算后,承包人应将工程竣工结算报告及完整的结算资料纳入工程竣工资料,及时归档保存。

3. 竣工结算的程序

第一,工程竣工验收报告经发包人认可后28 d内,承包人向发包人递交竣工结算报告及完整的结算资料,双方按照协议书约定进行工程竣工结算。

第二,发包人收到承包人递交的竣工结算报告及结算资料后28 d内进行核实,给予确认或提出修改意见。承包人收到竣工价款后14 d内将竣工工程交付发包人。

第三,发包人收到竣工结算报告及结算资料后28 d内无正当理由不支付工程竣工结算价款,从第29天起按承包人同期向银行贷款利率支付拖欠工程价款的利息,并承担违约责任。

第四,发包人收到竣工结算报告及结算资料后28 d内不支付结算价款,承包人可以催告发包人支付。发包人在收到竣工结算报告及结算资料后56 d内仍不支付的,承包人可以向发包人协议将该工程折价转让，也可以由承包人向人民法院申请将该工程依法拍卖，并优先受偿。

第五，工程竣工验收报告经发包人认可后 28 d 内，承包人未向发包人递交竣工结算报告及完整的结算资料，造成工程竣工结算不能正常进行或工程竣工结算价款不能及时支付，发包人要求交付工程的，承包人应当交付；发包人不要求交付工程的承包人承担保管责任。

第六，发、承双方对工程竣工结算价款发生争议时，可以和解或者要求有关主管部门调解。如不愿和解、调解或者和解、调解不成的，双方可以选择以下两种方式解决。

①双方达成仲裁协议的，向约定的仲裁委员会申请仲裁。

②向有管辖权的人民法院起诉。作为承包人的建筑施工企业，在申请仲裁或起诉阶段，有责任保护好已完工程。

参考文献

[1]潘智敏,曹雅娴,白香鸽.建筑工程设计与项目管理[M].长春:吉林科学技术出版社,2019.

[2]张亮,任清,李强.土木工程建设的进度控制与施工组织研究[M].郑州:黄河水利出版社,2019.

[3]张鹏飞.基于BIM技术的大型建筑群体数字化协同管理[M].上海:同济大学出版社,2019.

[4]王新武,孙犁.建筑工程概论[M].武汉:武汉理工大学出版社,2019.

[5]韩玉麒,高倩.建设项目组织与管理[M].成都:西南交通大学出版社,2019.

[6]牛广伟.水利工程施工技术与管理实践[M].北京:现代出版社,2019.

[7]韩少男.工程项目管理[M].北京:北京理工大学出版社,2019.

[8]杨春燕,王娟,余晓琨.建筑施工组织[M].成都:西南交通大学出版社,2019.

[9]嵇德兰.建筑施工组织与管理[M].北京:北京理工大学出版社,2018.

[10]刘勤.建筑工程施工组织与管理[M].银川:阳光出版社,2018.

[11]张清波,陈涌,傅鹏斌.建筑施工组织设计[M].3版.北京:北京理工大学出版社,2021.

[12]杨思忠,张勃.装配式混凝土建筑施工与信息化管理关键技术[M].北京:中国建材工业出版社,2021.

[13]汤建新,马跃强.装配式混凝土结构施工技术[M].北京:机械工业出版社,2021.

[14]杨太华.建设项目绿色施工组织设计[M].南京:东南大学出版社,2021.

[15]丁以喜,戚豹.土木工程材料[M].北京:机械工业出版社,2021.

[16]谢晶,李佳颐,梁剑.建筑经济理论分析与工程项目管理研究[M].长春:吉林科学技术出版社,2021.

[17]姚亚锋,张蓓.建筑工程项目管理[M].北京:北京理工大学出版社,2020.

[18]王怀宇,王惠丰,雷旭阳.环境工程施工技术[M].北京:化学工业出版社,2020.

[19]蔡雪峰.建筑工程施工组织管理[M].北京:高等教育出版社,2020.

[20]蔡鲁祥,王岚.建筑装饰工程施工组织与管理[M].北京:中国轻工业出版社,2020.

[21]穆文伦,张玉杰.建筑施工组织设计[M].武汉:武汉理工大学出版社,2020.

[22]李英姬,王生明.建筑施工安全技术与管理[M].北京:中国建筑工业出版社,2020.

[23]蒲娟,徐畅,刘雪敏.建筑工程施工与项目管理分析探索[M].长春:吉林科学技术出版社,2020.

[24]程和平.建筑施工技术[M].北京:化学工业出版社,2020.

[25]张园,斯庆.建筑施工组织与进度控制[M].北京:机械工业出版社,2020.

[26]张东明.绿色建筑施工技术与管理研究[M].哈尔滨:哈尔滨地图出版社,2020.

[27]袁志广,袁国清.建筑工程项目管理[M].成都:电子科学技术大学出版社,2020.

[28]章峰,卢浩亮.基于绿色视角的建筑施工与成本管理[M].北京:北京工业大学出版社,2019.

[29]祁顺彬.建筑施工组织设计[M].北京:北京理工大学出版社,2019.

[30]惠彦涛.建筑施工技术[M].上海:上海交通大学出版社,2019.